BIBLIOTHÈQUE SCIENTIFIQUE CONTEMPORAINE

La Vie

DES OISEAUX

— SCÈNES D'APRÈS NATURE —

PAR

Le Baron D'HAMONVILLE

———

Avec 18 Planches

PARIS

LIBRAIRIE J.-B. BAILLIÈRE ET FILS

RUE HAUTEFEUILLE, 19, PRÈS DU BOULEVARD SAINT-GERMAIN

—

1890

La Vie

DES OISEAUX

— SCÈNES D'APRÈS NATURE —

Travaux ornithologiques du même Auteur

Catalogue des oiseaux d'Europe, ou énumération des espèces et races d'oiseaux, dont la présence soit habituelle, soit fortuite, a été dûment constatée dans les limites géographiques de l'Europe. Paris, 1876, 74 p. in-8.

Note sur l'acclimatation ou la domestication de différents gallinacés, Outardes. Nancy, 8 pages, in-8.

Observations sur quelques oiseaux africains capturés dans l'Europe méridionale, Alouette de Rebout. Paris, 1881, 8 pages, in-8.

Nouveautés ornithologiques, Colibris (1er article). Paris, 1883, 8 p., in-8.

Nouveautés ornithologiques, Colibris (2e article). Paris, 1886, 8 pages, in-8.

Nouveautés ornithologiques, Paradisiers. Paris, 1886, 12 pages, in-8.

De la mue des rémiges chez les Canards sauvages. Paris. 1884, 8 pages, in-8.

Description des divers états de plumage du Canard sauvage. Paris, 1886, 8 pages, in-8.

Note sur les quatre œufs d'*Alca Impennis* de notre collection. Paris, 1888, 4 pages in-8, avec 2 figures coloriées.

Le même, planches retouchées à la main ; instructions pour préparer les œufs d'oiseaux, une feuille double.

Le même. Traduction anglaise.

Catalogue d'oiseaux d'Europe, une feuille in-4.

Catalogue des Trochilidés, une feuille in-4.

Faune ornithologique de la Lorraine (en préparation).

LYON. — IMPRIMERIE PITRAT AÎNÉ, 4, RUE GENTIL

La Vie

DES OISEAUX

— SCÈNES D'APRÈS NATURE —

PAR

Le Baron D'HAMONVILLE

Avec 17 Planches

PARIS

LIBRAIRIE J.-B. BAILLIÈRE ET FILS

RUE HAUTEFEUILLE, 19, PRÈS DU BOULEVARD SAINT-GERMAIN

—

1890

A SON ALTESSE IMPÉRIALE ET ROYALE

L'Archiduc CHARLES-LOUIS

PRINCE DE LA MAISON DE LORRAINE

Ami et Protecteur éclairé des Sciences naturelles

HOMMAGE

DE RECONNAISSANCE ET DE PROFOND RESPECT

UN FIDÈLE LORRAIN,

BARON D'HAMONVILLE

LA
VIE DES OISEAUX

— SCÈNES D'APRÈS NATURE —

INTRODUCTION

Depuis quarante ans, j'ai consacré tous mes loisirs à l'étude des oiseaux pour lesquels j'éprouvais une véritable prédilection. Je ne me suis pas contenté d'en faire des collections pour les comparer entre eux, et de lire un grand nombre d'ouvrages ornithologiques, j'ai fait encore de nombreuses excursions, j'ai entrepris bien des voyages dans les diverses régions de l'Europe et dans l'Afrique septentrionale, supportant bien des fatigues, m'exposant parfois à de véritables dangers et cela dans le seul but de les étudier de près, dans des milieux et sous des climats différents.

Le livre que je présente aujourd'hui est le résumé de ces longues et laborieuses recherches, et si l'œuvre pèche par la forme, si elle n'a pas tous les ornements de style que je n'ai pas su lui donner, elle aura du moins le mérite d'être absolument exacte, et entièrement personnelle ; car je n'ai utilisé dans sa composition que mes souvenirs et mes notes de voyages. J'ai voulu aussi sortir des chemins battus en laissant de côté les descriptions que l'on trouve dans tous les auteurs, et peindre les mœurs, le régime, la propagation et le rôle des oiseaux dans la nature, c'est ce qu'on appelle leur *vie intime*.

J'ai suivi comme classification le catalogue que j'ai publié en 1876 [1] et qui diffère peu de l'excellente *Ornithologie européenne* de MM. Degland et Gerbe ; comme je désire que mon livre puisse être lu avec fruit et intérêt non seulement par les spécialistes mais encore et surtout par ceux qui n'ont pas le loisir d'approfondir l'étude de l'ornithologie et que cependant cette science intéresse, je me suis imposé la règle, tout en conservant un fond rigoureusement scientifique, de simplifier la forme autant que cela m'a été possible. La classification ne comprendra donc que les ORDRES, les FAMILLES et les GENRES, en laissant de côté les différentes divisions employées par les savants, et qui ne m'ont pas paru indispensables ; c'est aussi avec intention que j'ai évité autant que possible d'employer sans nécessité absolue les termes scientifiques et que je me suis servi des expressions les plus usuelles : *serres, rémiges, mandibules* et autres connues de toute personne lettrée.

J'ai cru bien faire d'entrecouper mes chapitres d'épi-

---

1 Degland et Gerbe, *Ornithologie européenne ou catalogue descriptif, analytique et raisonné des oiseaux observés en Europe.* 2ᵉ édition, Paris, 1867, 2 vol. in-8.

sodes de chasse, d'aventures de mer parfois émouvantes, afin de donner à mon œuvre, soit un peu de couleur locale, soit plus d'intérêt et même de vie.

Ce que j'ai surtout en vue, c'est de développer chez les jeunes naturalistes le goût de l'ornithologie et de leur inspirer le désir d'étudier les oiseaux qui ont une si large part dans l'économie générale de la nature. Cette science ne doit pas être l'apanage d'un petit nombre, elle doit être accessible à tous, surtout à une époque démocratique comme la nôtre. Si ce modeste travail pouvait contribuer à la populariser, je me trouverais largement récompensé de mes peines.

Château de Manonville, par Noviant-aux-Prés (Meurthe-et-Moselle).

31 mai 1889.

CHAPITRE PREMIER

ORDRE DES RAPACES

Vulturidés. — Mœurs. — Régime et propagation. — Leur rôle dans la nature.
— Capture d'un Oricou. — Le Vautour fauve et la gazelle. — La Catharte
et le lion. — Chasse aux Vautours. — Gypaètes.

Les Vautours sont avec les Cygnes et les Pélicans les plus grands des oiseaux jouissant de la faculté du vol, puisque l'Autruche, le Casoar, l'Émeu en sont privés et remplacent, jusqu'à un certain point, cette faculté par la rapidité de leur course. Ils ont des ailes puissantes qui atteignent dans certaines espèces plus de trois mètres d'envergure, ce qui leur permet de se transporter d'un point à un autre avec une extrême rapidité. Comme tous les oiseaux de proie, ils sont armés d'un bec fort et crochu, et de serres aiguës. Ces oiseaux vivent de cadavres et de chairs souvent corrompues. Si dans un troupeau ou une caravane, un animal succombe et reste abandonné sur le sol, postez-vous à distance et examinez l'horizon, vous y apercevrez bientôt une quantité de points noirs qui grossiront en se rapprochant, et vous verrez s'abattre sur leur proie une bande de ces rapaces.

Quelques instants leur suffisent pour n'en laisser que les os absolument dénudés, et leur gloutonnerie est telle que souvent après s'être ainsi repus, ils ne peuvent plus s'enlever. La facilité qu'ont ces oiseaux de découvrir leur nourriture à des distances aussi considérables s'explique facilement par la grande perfection de leur vue, bien plutôt que par la finesse de leur odorat qui est encore très contestée.

Les anciens avaient divisé les rapaces en deux catégories, les uns étaient appelés *nobles*, comme les Faucons, qui se nourrissent de proies vivantes, et qui, pour s'en emparer doivent déployer une certaine adresse et se servir de leur force; les autres étaient regardés comme *ignobles*, parce qu'ils se repaissent de cadavres souvent en décomposition. Ce genre de classification n'a aucune raison d'être, chacun de ces oiseaux obéit à un instinct et remplit une mission éliminatrice qui contribue à l'harmonie de la nature. Si les Faucons maintiennent dans de justes proportions la multiplication du gibier, les différentes espèces de Vautours réparties dans les pays chauds remplissent le rôle le plus utile. Depuis Constantinople jusqu'au Gange, ils sont les agents les plus actifs de la salubrité publique, en faisant disparaître les organismes animaux en décomposition; il n'est pas douteux que, sans ces utiles auxiliaires que les mahométans ont l'esprit de protéger, nous serions bien plus souvent visités par le choléra et autres maladies des pays chauds.

Les VULTURIDÉS placent leur aire sur les arbres, et surtout sur les rochers les plus élevés et les plus inaccessibles. Leur nid est plat, grand relativement à la gros-

Vautours abattus sur un cadavre qu'ils se disputent en le dépeçant.

seur de l'oiseau, et formé extérieurement de branches et de brindilles de bois entrelacées qui lui donnent une certaine ressemblance avec un panier. L'intérieur est garni de matériaux mollets sur lesquels la femelle dépose en mars et quelquefois dès la fin de février un ou deux œufs, rarement plus. Ces œufs sont gros, courts et d'un calcaire épais, plus ou moins granuleux, d'un blanc plus ou moins pur selon les espèces, sans tache ou avec des taches plus ou moins nombreuses, rouges, passant par toutes les gammes de cette couleur. On remarque en les mirant que dans la plupart des espèces l'intérieur est nuancé d'azur. L'incubation est très longue, le poussin naît couvert d'un duvet cendré qui ne passe que petit à petit à la nuance définitive qui caractérise l'espèce. C'est seulement pendant les premiers jours qui suivent sa naissance que la mère broie et donne au jeune oiseau sa nourriture, ensuite elle la dépose sur le nid où il doit la prendre lui-même. Dès que les petits sont assez forts pour suivre leurs parents, ils quittent le pays natal pour s'installer dans les régions habitées par les troupeaux; c'est ainsi que chaque année, il en arrive des troupes considérables dans la Crau de Provence où ils débarrassent le pays de tous les animaux qui meurent dans la campagne.

Le Vautour oricou (*Vultur auricularis* Daudin) se trouve quelquefois en Espagne, mais l'Afrique est sa véritable patrie.

En 1856, lors de mon second voyage en Algérie, le gardien d'un caravansérail, ayant appris que je cherchais des oiseaux, me proposa de me conduire à un nid de Vautours, sous la condition que s'il y en avait un jeune, il serait pour lui ; il l'avait promis, disait-il. J'acceptai avec plaisir, et le 25 mai, nous partions pour la forêt de l'Oued-Massin, près Teniet el Haad. L'aire était sur un pin d'Alep et n'avait pas moins de deux mètres cinquante de largeur. La femelle couvait encore son poussin qui avait la taille d'une Poule. A notre approche, elle s'enleva et je l'abattis d'un coup de fusil, mais elle n'était que démontée. La vitalité de cet oiseau est telle, que malgré la grosseur du plomb (21 graines à la charge) dont je m'étais servi et dont il avait plusieurs graines dans le corps, il s'adossa au tronc de l'arbre, nous faisant face et nous menaçant du bec et des serres. Je ne voulais pas lui envoyer un second coup pour ne pas endommager la peau ; nous ne nous en rendîmes maîtres qu'en lui passant autour du cou, une corde dont mon guide et moi prîmes chacun une extrémité, et ce ne fut pas sans peine que nous parvinmes à l'étrangler.

Le VAUTOUR MOINE (*Vultur monachus* Linné) a des mœurs et des habitudes peu différentes de celles de l'espèce précédente. Quelques rares couples se reproduisent sur les rochers, dans les parties les plus élevées des montagnes du centre de l'Espagne ; mais ils sont surtout répandus dans l'Asie centrale et dans l'Europe orientale, particulièrement dans la forêt de Belgrade près Constantinople, où ils établissent leur aire sur les arbres.

Le VAUTOUR FAUVE (*Vultur fulvus* Brisson) est le plus commun des Vautours. Il habite surtout les régions qui avoisinent la Méditerranée. Son régime est le même que celui de ses congénères ; toutefois, il recherche plus volontiers la chair fraîche, comme le prouve la petite scène dont j'ai été témoin.

C'était dans les derniers jours d'avril 1856, j'avais été invité par le commandant Camate, du cercle de Teniet el Haad, à une grande partie de chasse à la gazelle, organisée en l'honneur du colonel Bataille qui commandait alors la subdivision de Milianah. Le campement fut établi à Aïn-Chédida, dans le petit désert où les gazelles vivaient en troupeaux quelquefois considérables.

Il sera peut-être intéressant de dire, en quelques mots, comment se fait cette chasse, tout à la fois à courre et à tir.

Les chasseurs, montés sur des chevaux dressés dans ce but, s'avancent dans le désert, rangés en ligne et à une assez grande distance les uns des autres. Dès qu'on aperçoit les gazelles, les cavaliers les plus rapprochés fondent sur le troupeau, tandis que les autres règlent leur allure de façon que ceux qui se trouvent à l'autre extrémité servent de pivot au cercle que décrivent les coureurs, mais toujours en maintenant la ligne droite, Lorsque les animaux poursuivis se jettent de côté, le rôle des chasseurs change; ceux qui s'étaient lancés les premiers à la poursuite du gibier deviennent pivot à leur tour tandis que leurs compagnons prennent la course. De cette façon, les chevaux ont un temps de repos qu'on ne laisse pas prendre aux fugitives. Les pauvres bêtes ainsi harcelées, se fatiguent et cherchent à forcer la ligne de bataille ; c'est alors qu'on les tire et qu'on en fait quelquefois une véritable hécatombe. Le premier jour de notre chasse, nous en rapportâmes vingt-deux ; j'avais tué ma première gazelle, mais au prix de quelles fatigues ; nous sortions du camp à huit heures du matin, et nous n'y rentrions qu'à six heures, sans avoir quitté nos montures et après avoir fait vingt-cinq ou trente lieues.

Mais revenons à notre Vautour, cause de cette digression. Une gazelle blessée était allée tomber à cent mètres environ de nous ; ses bêlements plaintifs avaient attiré son jeune faon près d'elle. Un Vautour fauve, plus prompt que nos Arabes, tombe sur la pauvre mère ; mais effrayé par un coup de fusil et par les hommes qui arrivaient pour lui disputer sa proie, il s'élève, emportant le petit imprudent qui, inconscient du danger, était resté près de sa mère.

Le Condor ou roi des Vautours, remplace dans la Cordillère des Andes les Vautours de la vieille Europe ; d'après les écrits des naturalistes, leurs mœurs et leur régime sont identiques à ceux de nos régions ; mais ne voulant parler que des oiseaux que j'ai pu étudier moi-même dans la nature, je laisse de côté cette espèce absolument exotique.

Les **Néophrons** sont des vulturiens à bec effilé, de taille beaucoup plus modeste que les Vautours dont ils ont d'ailleurs le régime et les mœurs.

Le NÉOPHRON PERCNOTÈRE *(Neophron percnopterus* Linné) plus connu sous le nom de *Catharte alimoche* habite l'Europe, l'Asie et l'Afrique. Son congénère, la CATHARTE AURA, la remplace en Amérique, où elle joue le même rôle.

Le caractère peu farouche du Percnoptère et la protection dont il jouit dans les pays orientaux l'ont rendu l'hôte habituel des grandes villes où il se nourrit des viandes en décomposition et des immondices de toutes sortes que la négligence des habitants abandonne sur la voie publique. Il est d'une familiarité parfois fatigante, aime à accompagner les chasseurs, à suivre les caravanes dans leurs expéditions ; j'en ai vu arracher des lambeaux de viande des mains de notre cuisinier qui dépouillait une pièce de gibier. Son aire a environ un mètre de diamètre ; il l'établit sur les arbres et sur les rochers, tantôt dans des endroits inaccessibles, tantôt, au contraire, dans des lieux bas où on peut l'atteindre sans difficulté. Elle est construite comme celle des Vautours, et l'intérieur présente parfois un assortiment des plus étranges ; une de celles que j'ai visitées renfermait entre autres choses une corde en poils de chameau, des pièces de burnous, un fourneau de pipe en terre et enfin deux peaux de lapins qu'il avait prises dans un gourbi du voisinage et sous les yeux mêmes des charbonniers qui les ont reconnues. La ponte est de deux ou trois œufs magnifiquement teintés de rouge et de brun, et n'a lieu qu'en avril.

C'est à un nid de Catharte que je dois mes plus vives émotions de chasse.

J'étais parti de bonne heure, le 22 avril 1856, pour la forêt de l'Oued Massin où j'allais chasser et récolter des œufs ; j'étais à peine installé à six mètres de hauteur dans les branches d'un thuya qui avait poussé sur le revers d'un ravin et où se trouvait un nid de Percnoptère, ayant, comme d'habitude, mon fusil au dos, lorsqu'à mes pieds j'entends un bruit insolite, et j'aperçois au fond du ravin, un lion arrêté, grattant la terre avec une de ses pattes de devant. Lorsque le trou qu'il venait de creuser fut rempli d'eau, il s'accroupit à côté et attendit patiemment pour s'abreuver, qu'elle ait repris toute sa limpidité. Tout en observant l'animal, j'avais lentement et sans bruit épaulé mon fusil ; malheureusement, il ne contenait que du plomb destiné à de gros oiseaux et un coup de neuf graines ; je n'avais pas le temps de mettre des balles, je visai l'œil et mon coup partit. Le fauve fit un bond, poussa un rugissement formidable, se frappa bruyamment les flancs avec sa queue et disparut en se traînant dans les épaisses broussailles qui garnissaient le fond du ravin. Je n'étonnerai personne quand j'avouerai que j'étais fort ému en descendant de mon arbre. Le lion était fortement touché, mais était-il mort ou simplement blessé ? Et en apercevant son agresseur n'allait-il pas chercher à se venger ? Avant de mettre pied à terre, j'avais pris la précaution de glisser deux balles dans mon fusil ; je fis d'abord quelques pas lentement, regardant autour de moi, puis me mis à courir jusqu'au gourbi des charbonniers maltais où j'avais laissé mon cheval et mon bagage. Au récit de mon aventure, mes hôtes me donnèrent la description de mon lion qui était connu dans le pays, et sur ma promesse de leur abandonner la prime du gouvernement s'ils me le retrouvaient, ils s'armèrent, et nous partîmes tous ensemble. Dès l'abord, ils constatèrent de larges traînées de sang qu'ils suivirent et qui les conduisirent jusqu'à un fourré inextricable où l'on ne voyait pas à deux pas devant soi. Force donc leur fut d'abandonner provisoirement leurs recherches ; l'animal pouvait n'être que blessé et tomber sur eux sans qu'ils pussent se défendre ; mais ce ne fut, on le comprend, que devant une impossibilité absolue que nous retournâmes sur nos pas. Le soir même j'allai coucher à

Teniet el Haad et racontai en détail les événements de cette journée. Quelles ne furent pas ma joie et ma surprise, le lendemain matin, lorsque, vers dix heures, des Arabes apportèrent un lion qu'ils avaient trouvé mort et dont ils venaient toucher la prime. Aucun doute, c'était le mien ; il répondait à la description que j'en avais faite la veille ; il paraissait âgé de dix-huit mois à deux ans, et n'avait encore qu'une courte crinière ; trois de mes projectiles l'avaient frappé mortellement à la tête, et les Arabes dirent l'avoir trouvé dans une partie découverte du ravin, à une petite distance de l'endroit où je l'avais tué.

Avant de quitter les vulturidés, je crois être utile aux voyageurs naturalistes en leur indiquant le meilleur procédé à employer pour se procurer ces grands rapaces trop méfiants pour se laisser approcher. Il faut avoir recours à un affût préparé, à peu de distance de leur aire, dans le moment de la reproduction ; ou plus tard, lorsqu'ils ont abandonné leurs nids, dans les plaines où paissent les troupeaux. On creuse une fosse d'environ 2 mètres de longueur sur 70 centimètres de largeur et 50 centimètres de profondeur, la terre qu'on enlève est répandue au loin, et l'intérieur du trou est garni d'herbes sèches pour rendre moins dure la place qu'occupera le chasseur. On la couvre de branches et de feuillage au niveau du sol, sur le devant seulement cette sorte de toiture est surélevée de 10 à 15 centimètres pour laisser passer le canon du fusil et pour permettre de surveiller l'appât qui est ordinairement une vieille chèvre morte. On la place à 15 ou 20 mètres en avant de l'affût où l'on se retire en se dissimulant le plus possible. D'abord arriveront des Corbeaux, puis des Milans, des Cathartes et quelquefois des Aigles, enfin les Vautours qui ne se poseront pas directement sur la proie, mais s'abattront à quelque distance et y arriveront par petits sauts, le chasseur n'a plus qu'à choisir sa victime. Il est important d'être approvisionné de plomb convenable : 9 graines dans les petits calibres et au moins 21 graines moulées dans les calibres 12 et 16.

J'ai très avantageusement remplacé la couverture de branchages par une toile à voile ayant 2^m, 40 de longueur sur 1^m, 10 de largeur. Je l'avais clouée sur une guinde en bois blanc de 5 centimètres d'épaisseur environ qui était percée d'un trou à chacune de ses extrémités, ce qui permettait de l'assujettir sur deux piquets et la maintenait à 10 ou 15 centimèrres du sol. Les trois autres côtés étaient fixés à terre au moyen de ficelles régulièrement espacées et attachées à des crochets en bois. La toile ainsi tendue était facilement dissimulée par une légère couche de terre. Ce procédé de chasse réussit à merveille dans plusieurs autres circonstances, je les indiquerai en temps et lieu.

Les **Gypaètes** comme leur nom l'indique : γὺψ-ἀετὸς Vautour-Aigle, forment le passage entre les Vautours et les Aigles ayant des caractères propres aux deux genres. Ce sont des oiseaux de grande taille, pourvus d'ailes immenses leur permettant un vol élevé, soutenu et rapide. Ils se nourrissent de préférence de proies vivantes et de grands animaux qu'ils capturent, mais se contentent au besoin de gibier mort.

Un couple de ces oiseaux qui figurent dans ma collection ont été capturés le même jour près de Tournoux

(Basses-Alpes), le 28 janvier 1871. Ils ont été pris dans des pièges à renard amorcés avec un quartier de lièvre. Leurs gésiers contenaient des pattes de Tétras lyre, des os et du poil de chamois.

On n'en connaît que deux espèces : le *Gypaète nudipes* Brehm, qui est propre à l'Afrique méridionale et le Gypaète barbu, *Gypaetus barbatus* Linné, qui habite le sommet des hautes montagnes de l'Europe méridionale. de l'Afrique septentrionale et de l'Asie.

Ce dernier vit habituellement par couple et, selon MM. Degland et Gerbe, ces oiseaux ne se réuniraient jamais en société. Cependant en février 1854, j'ai vu moi-même dans la plaine de la Mitidjah quinze ou seize de ces rapaces posés à terre. J'ai réussi à les approcher à 100 mètres environ en décrivant autour d'eux un cercle que je rétrécissais graduellement; au moment de leur départ, d'une balle j'abattis un vieux mâle qui figure aujourd'hui dans mes verrières.

Le GYPAÈTE BARBU tresse son aire comme les Vautours et la place dans les trous et les fentes de rochers inaccessibles où l'on ne peut généralement parvenir qu'avec des cordes et souvent au péril de sa vie. Il ne pond ordinairement qu'en avril un seul œuf, rarement deux, il est de couleur ocracée ou vineuse, tantôt d'une teinte uniforme, tantôt marqué de taches plus foncées, mais de même nuance. Le poussin à sa naissance est d'un blanc fauve. Le Gypaète est un grand destructeur de gibier, il est heureux qu'il soit assez rare. C'est le rival des chasseurs de chamois.

Lorsqu'une de ces malheureuses antilopes, poursuivie par un chien, cherche à lui échapper en se réfugiant sur la pointe aiguë d'un rocher, malheur à elle si l'œil perçant de son ennemi l'a aperçue : prompt comme l'éclair il fond sur sa victime, d'un coup de sa large poitrine il la jette dans le précipice où il la suit pour la dévorer à son aise.

CHAPITRE II

RAPACES

— SUITE —

Les Aigles sont surtout caractérisés par les plumes acuminées qui garnissent leur cou et par leur bec et leurs serres relativement les plus robustes parmi les rapaces. Ce sont généralement des oiseaux très forts et très redoutables dont on a cependant exagéré la puissance. Leur taille est très variable, les grandes espèces telles que l'Aigle royal, la Pygargue ordinaire, égalent presque le Vautour fauve, tandis que les plus petits comme l'Aigle botté ne sont que de la grosseur de la Buse. Ainsi armés, et jouissant en outre d'une vue merveilleuse, ce sont d'intrépides chasseurs, détruisant beaucoup de gibier, toutefois s'ils aiment et recherchent la chair palpitante ils sont loin de dédaigner les animaux morts, même lorsqu'ils subissent un commencement de décomposition, car malgré leur force et la rapidité de leur vol célébré par tant d'auteurs, le produit de leur chasse ne suffirait pas à assouvir leur formidable appétit. En effet, leur taille gigantesque les trahit, ils sont aperçus de loin par les oiseaux et par les mammifères qu'ils convoitent et auxquels il suffit souvent d'un buisson, d'une pierre, d'un pli de terrain pour se soustraire à l'attaque de leur redoutable ennemi. Lorsque l'Aigle fond avec une rapidité vertigineuse sur une faible Perdrix, on comprend facilement que son immense envergure lui permet à peine de raser le sol un instant. S'il s'arrête, son coup est manqué, il doit toucher terre, et n'est plus alors qu'un très médiocre marcheur incapable d'atteindre à la course même une simple bergeronnette. C'est la limite que Dieu a mise à son instinct destructeur.

Un grand nombre d'écrivains citent comme exemple de la force et de l'audace de l'Aigle l'enlèvement d'enfants en bas âge, et même celui d'une chèvre pesant cinquante livres. Les faits cités sont si nombreux qu'il est difficile de les nier absolument; mais je crois qu'ils sont excessivement rares, et singulièrement exagérés.

Il est difficile d'admettre qu'un oiseau pesant de huit à douze livres, dont les ailes, si fortes qu'on les suppose, ne s'appuient en somme que sur une surface d'air assez restreinte, puisse enlever cinq ou six fois son poids. Il est plus croyable que les témoins d'une lutte sanglante entre un Aigle et une Chèvre n'ayant le lendemain retrouvé aucun débris de la victime en ont conclu qu'elle avait été enlevée, tandis qu'après s'en être repu, le rapace a peut-être abandonné ses restes à des carnassiers qui les ont fait disparaître.

Si un de ces redoutables animaux a été vu enlevant un enfant, ce ne peut être qu'un de ces malheureux nou-veau-nés que les parents emportent avec eux dans la campagne et qu'ils déposent à l'ombre d'un buisson, tandis qu'à une distance quelquefois considérable ils s'adonnent à leurs travaux. Les cris plaintifs du petit abandonné attirent l'attention de l'oiseau de proie en quête de gibier, il le voit dans l'impossibilité de se défendre, s'en empare, et l'emporte triomphant dans son aire.

Mais que les jeux bruyants de plusieurs enfants aient été interrompus par l'arrivée soudaine d'un de ces ravisseurs et qu'au milieu de ses camarades il ait choisi et enlevé une victime, c'est un fait qui n'existe que dans la tradition populaire, et dont certainement il est bien permis de douter. L'homme est le roi de la création, d'instinct, les animaux le respectent à moins qu'ils ne voient en lui un ennemi les ayant attaqués le premier.

On dit que l'Aigle fond sur le téméraire qui ose approcher de son aire : maintes fois je suis monté, soit avec des cordes, soit en m'aidant des aspérités des rochers à des nids dont j'ai pris ou les œufs ou les jeunes, les parents s'ils me voyaient, poussaient en volant au-dessus de moi des cris perçants ; mais ils n'ont jamais cherché à m'approcher de très près, et les guides ou les dénicheurs des Pyrénées et des Alpes, que j'ai questionnés m'ont affirmé n'avoir jamais été attaqués par un de ces oiseaux.

Le seul fait que je connaisse ne se rapporte pas à un Aigle, mais à un Autour. Un couple de ces rapaces s'était installé sur un grand hêtre, près d'un moulin situé en plein bois. Chaque jour ou à peu près, il venait prélever un impôt sur les couvées de la fermière. Mon meunier, ne pouvant détruire les parents, voulut au moins diminuer leur férocité en détruisant leurs petits. Il monte à l'arbre, et au moment où il s'empare de la couvée, le mâle passe si près du dénicheur, qu'il lui enlève son bonnet de coton. Le pauvre homme descend précipitamment, raconte à tout le monde que l'Autour a voulu lui crever les yeux, et il demeura convaincu toute sa vie qu'il avait échappé à un grand danger.

Les Aigles airent comme les Vautours sur les rochers et sur les arbres, quelquefois même à terre dans les steppes désertes de la Russie méridionale et de l'Asie-Mineure.

La ponte, dans notre région, a lieu depuis la fin de mars jusqu'en mai. Elle est habituellement de deux œufs, quelquefois trois, rarement davantage. Les œufs sont régulièrement ovalaires, à calcaire épais, rugueux. Chez les Aigles pygargues, leucoryphes, leucocéphales, Jean le Blanc et bottés, ils sont d'un blanc légèrement azuré et sans tache ; chez les autres espèces, ils sont d'un blanc sale plus ou moins couverts de macules rouges, brunes ou violacées. Les poussins naissent avec un duvet d'un blanc plus ou moins pur.

On ne trouve jamais qu'un Aiglon, deux au plus dans chaque nid, parce que les parents limitent leur postérité. Malgré leur amour maternel, ils jettent au dehors ceux de leurs petits qui sont chétifs, ou qui leur paraissent surabondants. Cette coutume est commune à tous les grands rapaces et certaines autres espèces la partagent avec eux. Leur instinct les avertit sans doute du nombre de petits qu'ils peuvent nourrir et leur fait sacrifier dès leur naissance ceux qu'ils seraient obligés d'abandonner plus tard.

Tous les Aigles, à l'exception de l'Aigle royal, du Jean le Blanc et de l'Aigle botté se tuent au hutteau comme les Vautours, et tous se piègent facilement comme les Gypaètes. L'Aigle royal vit par couple, il est le seul qui soit fidèle au domaine qu'il s'est attribué et où il ne souffre pas de concurrent ; il ne descend dans la plaine que lorsque les grands froids lui rendent la chasse trop improductive sur les hautes montagnes.

La migration de la plupart des autres espèces est tantôt régulière, tantôt irrégulière. Il y a quinze ou dix-huit ans, le comte Alléon a publié, en collaboration avec M. J. Vian[1], des notes très remarquables sur la migration des oiseaux de proie, et des Aigles en particulier qui se réunissent en troupes considérables sur les rives du Bosphore de Thrace où ont lieu les passages d'Asie en Europe, et *vice versa*.

Les Aigles qui séjournent en hiver dans notre pays se réfugient ordinairement dans les grandes forêts où un chasseur de Champagne m'avait assuré qu'on les approchait facilement la nuit. Un de ces grands rapaces m'ayant été signalé, je me rendis compte par moi-même et par les rapports des gardes du lieu où il avait établi son perchoir, et par un ciel pur, à la tombée du jour, bien prémuni contre le froid, je pris le chemin du bois ; j'avançais lentement et avec précaution, une neige fine et fraîchement tombée assourdissait le bruit de mes pas, et

[1] Alléon et Vian, *Revue de Zoologie.*

lorsque la lune dans son plein éclaira la cime des arbres, j'aperçus très distinctement et à bonne portée la pièce que je convoitais ; je l'eus bientôt à mes pieds, et souvent depuis j'ai usé de ce procédé qui m'a presque toujours réussi pour d'autres gros oiseaux, en particulier pour la Buse pattue qui abandonne les pays scandinaves pour venir passer l'hiver avec nous.

L'AIGLE FAUVE OU ROYAL *(Aquila fulva* Linné) est le plus grand et le plus fort de tout le genre ; il est d'un brun foncé, variable selon l'âge et passe souvent au fauve plus ou moins doré ; il devient sous cette livrée l'Aigle doré de quelques auteurs. Il habite spécialement les grandes forêts du centre de l'Europe, les montagnes de l'Écosse et de l'Irlande, les Alpes et les Pyrénées. L'espèce diminue beaucoup et l'œuf, qui se vendait une dizaine de francs il y a dix ans, a triplé de valeur aujourd'hui.

Je n'ai jamais eu l'occasion de tirer cet oiseau quoique l'ayant observé plusieurs fois ; mais j'ai visité son aire, et le récit de cette excursion intéressera peut-être le lecteur :

En mai 1853 j'étais à Bagnères-de-Bigorre où je m'étais mis en relations avec un chasseur émérite très bon observateur, connu de tous les naturalistes, le guide Philippe. Il avait été convenu que nous ferions ensemble toutes les excursions qui pourraient me permettre d'étudier les oiseaux de la région, et me procurer leurs œufs ; de plus le brave Philippe avait connaissance d'un ours et espérait me mettre en rapport avec lui. Un jour, nous avions fortement marché sans grande trouvaille, si ce n'est près d'un ruisselet la trace peu fraîche malheureusement de l'ours désiré ; nous étions assis au pied d'un énorme rocher et y prenions tranquillement notre déjeuner, quand je vis à quelques pas de nous un poussin mort. Le ramasser et le montrer au guide fut l'affaire d'une seconde. « Mais c'est un Aiglon, s'écria-t-il, l'aire est là au-dessus de nous, je la connais, elle était inhabitée depuis des années. Ah ! mais nous allons faire chasse aujourd'hui, buvons un coup, et en route. »

J'étais jeune, plein d'ardeur, ayant adresse et sang-froid ; avec quelle joie je suivis le guide ! Il fallut marcher, ou plutôt grimper longtemps, risquant sans cesse de rouler dans le ravin. Enfin, nous arrivons au faîte ; puis s'approchant d'un pin rabougri poussé dans une fissure de la roche : « L'aire est là, dit-il, sous cette large écaille de rocher qui fait toit, je vais attacher mon cordeau et je saurai bientôt ce qu'il y a dedans. »

Mais je voulus tenter moi-même l'aventure. Philippe n'y consentit qu'à la condition de m'attacher autour de la taille un cordeau dont il tiendrait l'extrémité dans la main. Il fut convenu qu'une fois dans l'aire je donnerais une secousse, qu'il attacherait le cordeau au pin et s'apprêterait à tirer les Aigles s'ils arrivaient à portée. Je commençai ma descente, non sans peine, la roche était terreuse, tantôt un caillou roulait sous un pied, tantôt une main se détachait entraînant un morceau trop friable. Il me semblait dans ce parcours de dix mètres peut-être que je n'arriverais jamais au but. Il est certain qu'aujourd'hui le vertige m'eût bientôt précipité au fond de l'abîme.

J'arrivai enfin sur l'aire occupée par un seul Aiglon de la grosseur d'une Buse, qui, accroupi sur ses genoux, le corps incliné en avant, entr'ouvrait le bec comme pour se défendre, ce que ne lui permettait pas encore la mollesse de ses tissus. Près de lui se trouvait un chevreau de quelques jours et plusieurs débris informes et déjà en partie décomposés. Le nid était placé sur une plate-forme triangulaire d'au moins trois mètres de côté et avait environ deux mètres de diamètre, il était élevé de plus d'un mètre; sa base, composée de branches plus grosses que le pouce paraissait très ancienne; mais la couche supérieure était nouvellement construite et garnie de bruyères et de fougères qui devaient en faire une assez bonne couchette.

Pendant que je passais mon inspection, les Aigles m'aperçurent, vinrent tournoyer dans l'espace à une grande hauteur au-dessus de moi, en poussant des cris stridents, puis tout à coup l'un d'eux se laissant tomber vint me passer à quelques mètres. Pourquoi le fusil de mon ami Philippe était-il resté muet, lui l'habile tireur connu dans le pays par son adresse? N'avait-il pu suivre le rapace dans son vol rapide? Non, ce n'était pas possible, il y avait là quelque chose d'extraordinaire. Je mis mon Aiglon dans mon sac et au moyen de ma corde j'arrivai promptement sur la pointe du rocher.

Mon compagnon paraissait désolé. « Que n'ai-je pris votre fusil, me dit-il, ma carabine a raté. » Tout s'expliquait, mais c'était chance pour le roi des airs, car le guide Philippe n'avait pas l'habitude de jeter sa poudre aux moineaux.

L'Aigle impérial (*Aquila imperialis* Bechstein) est un peu plus petit que l'espèce précédente et s'en distingue facilement par le sommet de la tête d'un blanc fauve, et par ses scapulaires blanches. Il habite tout l'ancien monde, mais il est particulièrement commun en Turquie et dans les pays limitrophes. Il place généralement son aire sur les arbres.

L'AIGLE ADALBERT *(Aquila Adalberti* Brehm) ressemble à l'Aigle impérial, mais il s'en distingue par la place qu'occupent ses épaulettes blanches. Cette espèce ou race est spéciale à l'Espagne. Elle se reproduit sur les rochers, dans les hautes montagnes du centre de cette région où M. Louis Bureau l'a chassée avec succès. Il en a tiré à l'affût des séries remarquables qui ornent aujourd'hui son propre musée, celui de la ville de Nantes dont il est le directeur et la magnifique collection de M. Bonjour.

L'AIGLE RAVISSEUR *(Aquila planga* Pallas) que M. J. Vian a identifié au *Rapax* de Temminck est sensiblement plus petit que les précédents. Son plumage est analogue, mais sans épaulettes. Il se trouve spécialement en Afrique et dans l'Europe orientale.

L'AIGLE CRIARD *(Aquila nævia* Brisson) ressemble beaucoup au précédent, mais il est plus petit. Il est assez répandu dans toute l'Europe. Il niche généralement sur les arbres comme l'Aigle ravisseur et l'Aigle à queue barrée.

L'AIGLE A QUEUE BARRÉE OU BONELLI *(Aquila fasciata* Vieillot) habite l'Europe, l'Asie et l'Afrique. C'est une jolie espèce de moyenne taille, dont toutes les parties inférieures sont blanches, finement lancéolées de brun. Chez les jeunes sujets ces mêmes parties sont rousses.

Cette espèce me rappelle un combat d'Aigles et de Chacals auquel mon coup de fusil mit fin.

C'était en juin 1854, je revenais du désert avec ma petite caravane, ayant quitté Boghari le matin pour gagner Médéah le soir du même jour. Déjà j'étais arrivé sur les hauteurs qui dominent la cité arabe, et j'admirais à mes pieds la ville baignée dans un magnifique soleil couchant, quand, à ma droite, j'entends aboyer une troupe de chacals au-dessus desquels planaient en poussant des cris stridents deux superbes Aigles Bonelli. « Prends ton fusil, me dit mon fidèle Ali, il y a là un coup à faire, nous t'attendrons plus bas ». Je suivis le conseil, descendis de cheval, me glissai dans les broussailles et parvins à gagner sans bruit un ravin où je pus me défiler sans être vu. Bientôt une coupure dans la roche me permit de voir à quarante pas au plus, sur un plateau dénudé, une scène des plus curieuses.

Une troupe de chacals s'étaient emparés d'un cadavre que les Aigles leur disputaient. Les combattants aériens tombaient de toutes leurs forces sur les voleurs, les frappaient de leurs terribles serres, et sans attendre la riposte s'enlevaient de nouveau pour retomber encore, tandis que les malheureux quadrupèdes impuissants à les suivre, poussaient les cris furieux qui avaient attiré mon attention.

J'étais tout entier à la contemplation de cet étrange tableau quand, l'instinct du chasseur reprenant le dessus, je lâchai mes deux coups de fusil. Du premier j'abattis un des Aigles, le second coucha sur terre deux chacals et en blessa un troisième qui s'enfuit en poussant son glapissement plaintif. J'étais maître du champ de bataille et me rendis compte facilement des motifs du combat. Un sanglier gisait à terre, dépecé évidemment par les oiseaux de proie qui avaient jonché le sol de lambeaux de chair, et il n'est pas douteux qu'ils festoyaient joyeu-

sement quand vers le soir les chacals vinrent leur disputer ce somptueux repas.

L'AIGLE BOTTÉ *(Aquila pennata* Gmélin) est reconnaissable à sa petite taille, il est de couleur fauve et passe
fréquemment au brun; aussi certains auteurs en avaient-
ils fait deux espèces; mais le Dr Louis Bureau a nettement établi[1] que les deux formes appartiennent à une
seule et même espèce. Il habite l'Europe et l'Afrique
septentrionale, on le trouve quelquefois, mais rarement,
dans différentes parties de la France où il niche sur les
arbres élevés.

En Orient, au contraire, il établit souvent son aire sur
des buissons, à quelques mètres de hauteur, mais où il
sait fort bien se dissimuler.

La PYGARGUE ORDINAIRE *(Aquila albicilla* Linné) diffère
de l'Aigle fauve par ses tarses moins emplumés et par sa
queue cunéiforme. Elle est relativement commune, on
la trouve en Europe, au nord de l'Asie et de l'Afrique.
Elle est très amateur de poisson et de gibier aquatique.
C'est le tyran des eaux, comme l'Aigle fauve est celui des
montagnes. En France, on la voit souvent en hiver, et
c'est à cette époque que, me trouvant à Dieppe, chez
l'excellent M. Hardy, j'eus le plaisir de tuer l'une de
celles qui font partie de sa collection.

Un marsouin échoué était l'appât naturel qu'une Pygargue venait visiter à peu près tous les jours; nous
fîmes une marque sur le haut de la falaise vis à vis du
cétacé, puis le lendemain, en contournant les rochers
pour éviter d'être vus de la pleine mer, nous débou-

---

1 Bureau, *Bulletin de la Société de Zoologie.*

chions le plus près possible du marsouin, à environ
30 mètres. L'Aigle était là, se gorgeant de cette chair
huileuse et nauséabonde; mon coup de fusil le fit tomber
en pleine eau, mais le vent du large se chargea de nous
le ramener.

L'AIGLE LEUCOCÉPHALE (*Aquila leucocephala* Linné) est
le représentant en Amérique de notre Pygargue ordinaire.
Toutefois il est plus petit, sa tête et sa queue sont d'un
blanc plus pur que chez ses congénères. On le voit quelquefois dans l'ancien continent. Un sujet bien adulte a
été capturé en Suisse, et orne aujourd'hui le cabinet du
capitaine Vouga, à Cortaillod. Ses mœurs sont les mêmes
que celles de la Pygargue commune.

L'AIGLE LEUCORYPHE (*Aquila leucorypha* Pallas) appartient au même groupe; il habite l'Asie et s'égare quelquefois en Europe. Dans le Népaul il se reproduit au
mois de novembre, tandis que dans l'Altaï sa ponte a
lieu beaucoup plus tard.

Le BUZARD FLUVIATILE (*Pandion haliaetus* Linné) a été
génériquement séparé des Aigles; il est caractérisé par
les plumes courtes et serrées qui garnissent ses cuisses,
et par ses ongles arrondis inférieurement. Les parties
supérieures sont d'un brun cendré et le dessous du
corps est blanc. Il est assez répandu en Europe et en
Asie; c'est un pêcheur de premier ordre qui, s'il ne dé-
daigne pas le gibier, préfère de beaucoup le poisson
qu'il saisit très habilement en plongeant, aussi est-il très
redouté des propriétaires d'étangs. Il aire sur les rochers
et sur les arbres, spécialement au nord et à l'est de l'Europe. Ses œufs au nombre de trois varient beaucoup, ils
sont assez allongés, d'un blanc sale, couverts de nom-

breuses taches grosses ou petites, diversement disposées, et d'un beau rouge.

Le Circaète Jean le Blanc (*Circaetus Gallicus* Gmélin) forme passage entre les Aigles et les Buses. Il est caractérisé par les plumes arrondies de la tête et du cou, des formes massives et des tarses très allongés. Il est d'un brun cendré en dessus, et les parties inférieures sont blanches, maculées de roux. C'est un oiseau un peu indolent comme la 'Buse; il se trouve en Europe, en Asie et dans le nord de l'Afrique. Quelques couples sont sédentaires en France, et on les trouve dans les Pyrénées, les Alpes, les Vosges, et même en Bourgogne, en Lorraine et en Anjou.

Il niche sur les arbres élevés et ne pond qu'un seul œuf blanc. Les auteurs qui lui en croient plusieurs doivent se tromper, du moins quant à ceux qui se reproduisent en France, car j'ai deux fois déniché ce rapace dans les Alpes et en Bourgogne; je connais en outre neuf ou dix autres captures bien authentiques, et toujours l'œuf était unique.

Le Jean le Blanc varie un peu sa nourriture, mais ses préférences sont pour les reptiles, et en particulier pour les couleuvres. S'il attaque quelquefois les basses-cours ce n'est qu'en hiver, lorsqu'il est pressé par la faim.

Il est à regretter que cette espèce tende à diminuer, car c'est un des plus grands et des plus beaux rapaces de notre pays.

CHAPITRE III

RAPACES

Falconidés (suite). — Buses. — Leur utilité. — Incubation. — Bondrée et son régime. — Milans. — Faucons et fauconnerie. — Vol du Lièvre et de l'Outarde. — Dîner chez le Bach-Agha des Atafs. — Acte de férocité du Faucon de Barbarie. — Exemple d'audace du Hobereau. — Utilité des petits Faucons. Incursion dans la vie intime des Cresserelles. — Autours. — Leurs instincts sanguinaires. — Leur valeur au moyen âge. — L'Autour et le Canard sauvage. — Acte d'audace d'un Epervier. — Buzards. — Leur nocuité. — Leur chasse.

Tout le monde connaît les Buses ; aussi je ne veux pas en donner une description, même sommaire, comme je l'ai fait pour les genres précédents, et j'agirai de même dans tout le cours de cet ouvrage ; lorsque je traiterai des espèces très communes, je me contenterai d'indiquer les principaux caractères qui les différencient.

On confond souvent sous le nom générique de *Buses* tous les oiseaux de proie de moyenne taille qui habitent nos forêts et que l'on voit planer plus ou moins haut dans l'air : l'Autour, la Bondrée, le Milan, les Buzards. Lorsqu'une ménagère perd une volaille, elle dit volontiers : « La Buse me l'a prise », et cependant, il y a entre toutes ces espèces des différences qu'il est bon de connaître, afin de détruire celles qui réellement sont nuisibles et de protéger celles qui nous sont utiles.

Les **Buses** ont une certaine analogie avec les Aigles. Comme chez ceux-ci, leur forte charpente aurait pu servir des instincts sanguinaires, mais il n'en est rien ; elles sont, au contraire, d'une nature indolente, savent se contenter de peu et font surtout la guerre aux rongeurs et aux reptiles.

La Buse vulgaire *(Buteo vulgaris* Linné) est répandue un peu partout ; la grande variété de son plumage avait amené des auteurs à en faire trois formes distinctes qui ont été longtemps admises ; mais aujourd'hui il n'y a aucun doute sur l'unité de l'espèce. Moi-même, j'ai tué plusieurs fois deux sujets accouplés, l'un blanc et l'autre brun. J'ai trouvé aussi dans la même couvée les deux variétes.

Dans les nombreux nids de Buse vulgaire que j'ai visités, j'ai toujours constaté au dessus des matériaux mollets qui feutrent l'intérieur, la présence de plusieurs branches de lierre, fraîches et garnies de leurs feuilles ; j'ai fait la même remarque dans les aires d'Autours, de Bondrées et de Milans, où le lierre est remplacé par des rameaux verts, des feuilles d'érable, de hêtre et d'autres essences. Ces oiseaux couvent très chaud, et il est à supposer que cette fraîcheur doit avoir un but réfrigérant pour la couveuse, tout en produisant sur les œufs une certaine humidité nécessaire à l'incubation.

J'ai eu entre les mains des Buses vulgaires de tout âge et à toute époque de l'année, et je dois dire, à leur louange, que je n'ai jamais trouvé dans leur estomac ni gibier, ni volaille ; sur vingt observations de ce genre, j'ai constaté dix-huit fois, dans le gésier, la présence de souris, campagnols, mulots, orvets.

La BUSE PATTUE *(Buteo lagopus* Brunnich) habite le nord des deux continents, tandis que la BUSE ROUGRI *(Buteo desertorum* Dandin) et la BUSE FÉROCE *(Buteo ferox* Gmélin) sont localisées dans les parties chaudes de l'Europe, de l'Asie et de l'Afrique. Ces rapaces, comme la Buse vulgaire, airent sur les arbres, pondent de deux à quatre œufs, ressemblant beaucoup, pour la forme et la coloration, à ceux de l'Aigle criard, mais ils sont plus petits.

La BUSE BONDRÉE *(Pernis apivorus* Linné) se distingue immédiatement de ses congénères par les petites plumes imbriquées qui couvrent l'espace compris entre l'œil et le bec, tandis que chez les autres espèces, cette partie est pileuse. Elle arrive du Midi dans nos climats tempérés, vers la fin d'avril ou le commencement de mai. Elle aire sur les arbres et pond invariablement du 1er au 10 juin, deux œufs d'un joli rouge sang, tachés de brun.

J'ai toujours trouvé, dans l'estomac des individus que j'ai étudiés, des larves diverses, des frelons, des abeilles, des guêpes, des mouches piquantes connues sous le nom de *taons ;* mais elle ne paraît pas cependant dédaigner la volaille, car le 27 avril 1869, j'ai tué un mâle qui tombait sur de petits Poulets dans le village de Manonville, notre résidence habituelle.

Les **Milans** se reconnaissent immédiatement à leur queue plus ou moins profondément échancrée. Ce sont des oiseaux légers, d'un vol élégant et facile, de la taille des Buses, mais plus faiblement armés. Ils sont très voraces, et bien qu'ils fassent profit de tout, chair fraîche, ou corrompue, reptiles, détritus de toutes sortes, ils préfèrent de beaucoup le gibier, la volaille et surtout le poisson, dont ils savent très habilement s'emparer dans les étangs en pêche. Naturellement fuyards, ils deviennent très audacieux quand ils ont des petits, et ne craignent pas d'enlever des Poulets et des Cannetons sous les yeux de la fermière imprévoyante.

Les espèces de ce genre sont :

Le MILAN ROYAL *(Milvus regalis* Brisson) qui se trouve en Europe et en Asie.

Le MILAN NOIR *(Milvus niger* Brisson) qui est spécialement européen.

Le MILAN ÉGYPTIEN *(Milvus Ægyptius* Gmélin) qui habite l'Afrique et l'Europe orientale.

Le MILAN GOVINDA *(Milvus Govinda* Sykes) qui, tout en étant propre à l'Asie, se voit accidentellement dans la Turquie d'Europe.

Le MILAN DE LA CAROLINE *(Milvus furcatus* Linné) est indigène en Amérique et nous honore rarement de ses visites. Il a été souvent cité pour la finesse de ses formes, la beauté de sa robe blanche et noire, et l'élégance de son vol. Mais toutes ces qualités ne sont qu'extérieures, dans le fond il ne vaut pas mieux que ses congénères; il est tout aussi destructeur.

Les **Faucons** sont facilement reconnaissables à leur bec denté, recourbé dès sa naissance, à leurs ailes étroites et allongées, enfin à leur queue longue et large. Ce sont les oiseaux chasseurs par excellence, légers, entreprenants, audacieux jusqu'à la témérité, et d'une persévérance à toute épreuve. Ces qualités de combat jointes à

une grande facilité d'éducation et même d'attachement
à leurs maîtres, avaient donné à nos pères l'idée de les
utiliser pour un genre de chasse très à la mode autrefois,
et qui avait été perfectionné au point d'être devenu une
science complète presque oubliée aujourd'hui.

Les Faucons se nourrissent exclusivement de chairs
palpitantes, les grandes espèces capturent les lièvres, les
Canards, et toute sorte de gibier ; les plus petites s'adres-
sent à de plus faibles proies, quelques-unes même ne
font la guerre qu'aux petits rongeurs, aux insectes et
nous sont alors fort utiles. Ces oiseaux placent leur aire
sur les rochers, sur les arbres, dans les trous des édifices élevés et des falaises.

Leurs œufs, au nombre de trois ou quatre dans les
grandes espèces, de six ou sept chez les plus petites sont
de tailles différentes, mais se ressemblent tous quant à
leur aspect. Ils sont régulièrement ovalaires, assez courts,
d'un grain fin, colorés de rouge plus ou moins teinté de
jaunâtre, et marbrés de brun.

Malgré quelques essais plus ou moins heureux, le vol
du Faucon n'est plus en honneur chez nous, il n'est pra-
tiqué de nos jours que chez les Arabes et chez les peuples
orientaux.

Un jour me trouvant au Cercle des officiers à Milianah,
je laissai voir le plaisir que j'aurais à suivre une véritable
chasse au Faucon. Le lendemain on vint m'offrir de me
présenter à un grand seigneur arabe extrêmement riche,
le Bach-Agha des Atafs qui possédait un grand nombre
d'oiseaux de chasse avec tout le personnel nécessaire
pour l'utiliser. Il m'adressa séance tenante une invita-
tion pour une grande partie. La veille du jour fixé, j'arri-

vais chez le grand chef qui me reçut avec cette hospitalité large et charmante qu'on ne trouve qu'en ce pays.

La réunion était imposante, des caïds et des amis du voisinage se trouvaient au rendez-vous, et par une belle matinée de la fin de l'hiver 1854 nous montions à cheval escortés des piqueurs, des rabatteurs, tenant en laisse plusieurs de ces magnifiques lévriers connus sous le nom de *slougis,* et enfin des fauconniers dont les oiseaux étaient entravés, encapuchonnés et portés sur le poing ou sur le pommeau de la selle ; les uns étaient destinés au gibier à plumes, les autres au gibier à poils.

La première pièce levée fut un lièvre ; en une seconde le Faucon est lancé et a vu sa proie ; il suit d'abord une ligne droite, puis planant un instant comme pour calculer sa distance, il tombe sur sa victime, lui étreint la tête dans ses serres, et attend tranquillement l'arrivée des cavaliers.

Un second lièvre fut plus heureux : il gagna un fourré dont ni chiens ni rabatteurs ne purent le faire sortir. Le Faucon qui planait impatient dut revenir sans avoir trouvé son gibier.

Un frugal déjeuner nous donna quelques instants de repos, puis on se prépara pour le vol à l'Outarde.

On se dirigea vers une vaste plaine dépourvue d'arbres et couverte d'artichauts sauvages, une troupe de cinq ou six Cannepétières s'enleva ; le Faucon choisit sa victime, et le combat commença. L'Outarde, favorisée par le vent qui au contraire entravait les mouvements du chasseur ailé, se défendait vaillamment par de brusques crochets, s'élevant toujours pour ne pas se laisser dominer ; mais bientôt le rapace gagna visiblement du terrain et dans une dernière attaque où les combattants étaient à une hauteur vertigineuse, on vit l'oiseau de proie lier sa victime et se laisser tomber à terre avec elle, sans desserrer ses inexorables serres.

Aussitôt que la chasse fut terminée, les caïds impatients de faire parler là poudre exécutèrent pendant notre retraite une brillante fantasia.

A notre retour chez notre hôte, nous attendait un somptueux repas servi sous une tente, sans table, ni siège, mais sur un monceau de splendides tapis, selon la coutume du pays. Un mouton rôti entier, du couscous, une quantité et une variété incroyable de pâtisseries du pays étaient offerts sur de la vaisselle plate et arrosés de champagne ; deux autres tables étaient abondamment fournies des restes de la nôtre.

Le lendemain, je regagnais Milianah, emportant le meilleur souvenir de cette journée et de la magnifique réception du grand chef arabe.

Les **Gerfauts** forment un groupe très naturel de grands Faucons, ayant entre eux de grandes affinités. Ils sont caractérisés par un plumage très pâle, passant du blanc pur au brun cendré.

Le FAUCON BLANC (*Falco candicans* Gmélin) est presque entièrement blanc quand il est adulte, et habite le nord de notre hémisphère.

Le FAUCON ISLANDAIS (*Falco Islandicus* Brisson) qui ne devient jamais entièrement blanc, même dans sa vieillesse, est confiné dans l'Islande.

Le FAUCON NORVÉGIEN (*Falco gyrfalco* Schlegel) est spécial à la Norvège ; il est plus petit et surtout plus foncé de nuance que ses deux congénères. Au beau temps de

Gerfaut liant un Héron cendré.

la fauconnerie, ces trois espèces étaient les plus recherchées et avaient une grande valeur.

Le FAUCON SACRÉ *(Falco sacer* Brisson) et le FAUCON LANIER *(Falco lanarius* Schlegel) étaient aussi très estimés pour la chasse ; ce sont deux espèces très voisines, la première est répandue dans l'Asie, l'Europe orientale et l'Afrique septentrionale ; la seconde ne se trouve généralement que dans l'Europe centrale et l'Europe orientale. L'une et l'autre diffèrent extrêmement selon leur âge. J'en ai admiré à Leipzig, chez M. Kuntz, une série remarquable, et en les comparant, on comprend quelles difficultés les ornithologues ont eues à vaincre pour bien caractériser ces deux formes.

Le FAUCON ALPHANET *(Falco barbarus* Linné) habite le nord de l'Afrique où il est employé par les fauconniers arabes ainsi que le Faucon sacré auquel il ressemble, bien qu'il soit plus petit.

Dans un de mes séjours en Algérie, un chef arabe m'avait donné trois Faucons alphanet, bien dressés, dont je me promettais monts et merveilles ; mais après quelques jours de route, je trouvai très incommode de voyager toujours avec mes trois Faucons au poing et j'imaginai de les mettre dans une cage, bien plus facile à transporter. Hélas ! mon inexpérience fut bien punie ; dès le lendemain, un de mes Faucons était étranglé ; le second, tellement maltraité qu'il fallut le tuer ; quant au troisième, j'étais tellement mystifié que, pour simplifier le voyage, je le fis étouffer et mettre en peau. Il orne aujourd'hui ma collection.

Le FAUCON PÈLERIN *(Falco peregrinus* Brisson) a le dos et les parties supérieures d'un joli gris bleuté, le ventre et les parties inférieures blanches, barrées de brun, sous l'œil une belle moustache noire. On le trouve dans tout l'ancien monde. En France, sans être commun, il se re-produit cependant dans plusieurs endroits, notamment dans les falaises de Dieppe, où je l'ai déniché autrefois, mais où il est devenu très rare.

Le FAUCON PÈLERINOÏDE (*Falco pelerinoides* Kaup) est un peu plus petit que le précédent auquel il ressemble beaucoup ; il n'habite que l'Afrique septentrionale.

Le FAUCON ÉLÉONORE (*Falco Eleonoræ* Gené) est à peine de la taille du Faucon pèlerin avec lequel il a une certaine analogie, quoique son costume soit plus sombre. La femelle et les jeunes sont d'un beau brun de suie. Il est confiné dans l'Afrique septentrionale, la Sardaigne et les îles qui avoisinent la Grèce.

Les Arabes l'emploient quelquefois comme oiseau de chasse, mais l'estiment peu « attendu, disent-ils, que jamais nègre ne fut bon à rien ».

Le FAUCON HOBEREAU (*Falco subbuteo* Linné) est, en miniature, le portrait du Faucon commun. Comme lui, il habite tout l'ancien monde; comme lui aussi, il est un grand destructeur de gibier, quoiqu'il sache à l'occasion se contenter d'insectes. Son audace est extrême, et j'ai constaté par moi-même la vérité des faits avancés à son sujet par divers écrivains. C'est ainsi que, le 9 septembre 1869, j'ai abattu dans la plaine de Manonville, un mâle adulte de Faucon hobereau qui s'était jeté sur une Alouette à moins de vingt pas de moi. Il fait partie de ma collection.

Le FAUCON CONCOLORE (*Falco concolor* Temminck) qui se distingue par une teinte uniforme d'un brun cendré, est une espèce d'Afrique qui s'est quelquefois égarée en Espagne et dans les îles de la Grèce.

Le FAUCON ÉMERILLON *(Falco lithofalco* Brisson) est le plus petit du genre ; il a les parties inférieures d'un blanc fauve et les parties supérieures d'un gris ardoisé, d'autant plus accusé que le sujet est plus adulte. Il habite tout l'ancien monde, mais se reproduit de préférence dans les régions du Nord. Il clôt la série des Faucons destructeurs d'oiseaux ; les espèces suivantes chassent plus particulièrement les petits mammifères et les insectes.

Le FAUCON KOBEZ *(Falco vespertinus* Linné) trouve ici tout naturellement sa place, ayant les caractères extérieurs du genre, mais se distinguant par des habitudes différentes et par un régime spécial. Le mâle est entièrement d'un brun bleuâtre avec les cuisses d'un roux brun ; la femelle a la gorge, le ventre et le reste des parties inférieures fauve. Ce petit Faucon vit en troupes en Asie, en Afrique et dans les contrées chaudes de l'Europe. Il se nourrit d'insectes, particulièrement de névroptères, qu'il accompagne dans leurs migrations.

Pendant un voyage que je fis en Provence, me promenant un jour dans la campagne, je vis toute une famille de Kobez qui escortaient une bande de criquets voyageurs et qui leur faisaient une guerre acharnée.

On ne peut donc trop insister sur l'utilité de cette espèce qu'il faudrait protéger par des mesures spéciales, surtout en Algérie où les sauterelles causent de si grands ravages.

Les Cresserelles forment aussi un groupe distinct, composé seulement de deux espèces européennes qui se ressemblent extrêmement et ne diffèrent que par la taille. Elles portent une livrée roussâtre flammée de noir, ont les ailes courtes, la queue longue d'un gris bleuâtre, liserée de brun à l'extrémité.

Le FAUCON CRESSERELLE *(Falco tinnunculus* Linné) se trouve dans tout l'ancien monde et habite indifféremment les forêts ou les falaises, les clochers ou les tours des édifices élevés. Peu difficile pour la nourriture, il se contente de reptiles, d'insectes, et surtout de petits rongeurs.

On regarde généralement la Cresserelle comme nuisible et on l'accuse de détruire beaucoup de petits oiseaux ; je suis d'un avis diamétralement opposé, et pour justifier mon opinion j'entrerai à ce sujet dans quelques détails.

J'en ai depuis longtemps deux couples qui nichent au sommet d'une des tours du château que nous habitons, et où ils vivent en compagnie d'Effraies, de Chevêches et de Bisets redevenus sauvages. J'ai fait pratiquer à l'intérieur des murs de la tour de petites ouvertures correspondant aux trous occupés extérieurement par ces oiseaux ; au dedans ces ouvertures sont habituellement fermées par un morceau de bois que je retire doucement quand je veux observer ce qui se passe dans le domicile de mes hôtes emplumés. L'épaisseur de la muraille étant d'un mètre au moins, ils ne se doutent pas de mon indiscrétion. Depuis vingt ou vingt-cinq ans, pendant l'éducation des jeunes, je monte fréquemment à mon observatoire, j'étudie consciencieusement la vie intime de mes protégés, et je dois dire que pendant cette longue période je n'ai trouvé près de mes jeunes Faucons qu'un orvet, un Pigeonneau et un petit oiseau, tandis que les élytres de hannetons, les campagnols, les mulots, les souris, sont là en abondance. Habituellement, il y a six ou huit de ces petits mammifères au garde-manger, mais un jour j'en ai compté quatorze. On peut juger par là si je suis fondé à dire que la Cresserelle est un oiseau utile.

J'ajoute une remarque intéressante : Une femelle, que je reconnais à son bec plus échancré et plus blanc d'un côté que de l'autre, revient régulièrement depuis huit ans faire chaque année son nid dans le même trou.

Le FAUCON CRESSERELLETTE (*Falco cenchris* Naumann) habite les mêmes continents que le Faucon cresserelle, mais sous des latitudes plus chaudes. C'est aussi une espèce très utile ; je l'ai observée de très près donnant la chasse aux rongeurs et aux gros insectes, près des rochers adossés à la montagne de Boghar, en Algérie, où l'espèce se reproduit communément.

Les **Autours** sont caractérisés par un bec recourbé, des serres minces et longues, des tarses élancés ; leurs ailes sont courtes, et leur queue longue. Ils ont le dos et les parties supérieures d'un cendré plus ou moins brun, les parties inférieures et le ventre blancs, mais rayés transversalement de gris brun. Leur taille est très variable, comme chez tous les rapaces diurnes, le mâle est sensiblement plus petit que la femelle. Ce sont des oiseaux redoutables, armés comme les Faucons pour vivre de proies palpitantes et organisés à pouvoir chasser sous bois dans les hautes futaies.

Ils ont été aussi très employés au moyen âge par les fauconniers qui appréciaient en eux une excessive audace jointe à une grande docilité. Nos pères attachaient une grande valeur à la capture de l'Autour commun, comme le prouve le passage suivant que nous empruntons à M. Dumont : « Le prévôt avait le devoir de prendre grand soin des nids d'Autour auxquels on attachait grande importance à l'époque où ces oiseaux étaient utilisés pour la chasse. Dès que les gardes en signalaient un, on en donnait avis au grand fauconnier qui commandait toutes les mesures jugées nécessaires pour sa conservation. En 1568, celui qui fut découvert dans la forêt de la Reine fut gardé par Thiébaut Ponthenot, forestier à Ansauville, et son fils, qui reçurent trente livres pour leur peine. Les jeunes Tiercelets étaient au nombre de trois qui furent envoyés : un au duc de Lorraine, Charles III, qui le donna au roi de France, Charles IX ; l'autre à M. de Nemours, et le troisième à M. de Vaudémont[1]. »

Cette citation prouve que l'Autour était beaucoup plus rare autrefois que de nos jours.

L'AUTOUR COMMUN (*Astur palumbarius* Linné) est de la taille de la Buse, quoique plus svelte. Il se trouve dans tout l'ancien monde. S'il n'est pas rare, il n'est cependant pas commun, car il ne souffre aucun concurrent dans un rayon d'au moins cinq ou six cents hectares.

Il aire sur les grands arbres, au centre des forêts, de préférence sur un hêtre très élevé. Sa ponte est de quatre œufs, rarement plus ou moins, ils sont d'un blanc bleuâtre sans tache. Les poussins sont blancs, et il arrive souvent que la mère en détruit un ou même deux, pour limiter sa redoutable postérité.

Il chasse la Perdrix, le levreau, les Pigeons sauvages

---

[1] Dumont, *Ruines de la Meuse*, tome Ier, p. 5.

ou domestiques, qu'il ne craint pas d'enlever au milieu des villages, sous les yeux du propriétaire, et avec une rapidité telle que celui-ci n'a même pas le temps de penser à décrocher son fusil. Il s'empare également des écureuils, des Geais, et spécialement des Grives et des Alouettes, dont j'ai presque toujours trouvé des débris dans son estomac.

J'ai pu juger par moi-même de la force de cet audacieux falconidé. Je longeais le ruisseau d'Esse, au-dessous du moulin de Manonville, le fusil sous le bras, lorsque tout à coup, des roseaux où il était caché, s'élève lourdement un oiseau que je reconnus immédiatement pour un Autour; il emportait une proie dans ses serres. Porter le fusil à l'épaule, tirer, fut l'affaire d'une seconde : le ravisseur tombe, se relève plusieurs fois, et finalement m'échappe. Je revins alors chercher la proie qu'il avait dû lâcher, et je trouvai un Canard sauvage parfaitement plumé, mais pas encore entamé et qui, quelques jours plus tard, passait de la table du rapace sur la nôtre.

L'Autour a tête noire (*Astur atricapillus* Wilson) remplit dans l'Amérique septentrionale le rôle attribué en Europe à l'Autour commun.

L'Autour épervier (*Astur nisus* Linné) est en général de la taille du Ramier, toutefois il varie beaucoup sous ce rapport, et l'on a même érigé la grande taille en espèce. Le mâle est d'un cinquième plus petit que la femelle, ce qui l'a fait désigner communément sous le nom de Tiercelet. Il est assez commun, habite tout l'ancien monde; dans notre pays, il se reproduit particulièrement dans l'ouest de la France, niche sur les arbres, et pond de quatre à sept œufs d'un blanc verdâtre, couverts de taches rouges ou vertes, plus ou moins nombreuses, souvent réunies en couronne.

L'Épervier poursuit des oiseaux plus petits que ceux auxquels l'Autour fait la chasse ; mais il n'est ni moins hardi ni moins audacieux.

Il y a déjà nombre d'années, je me trouvais un jour à Vitry-la-Ville (Marne), chez le comte de Riocour, et nous travaillions ensemble dans les galeries de sa magnifique collection ; un oiseau empaillé était posé à l'intérieur de la salle, sur l'appui d'une fenêtre fermée ; quand tout à coup une vitre vole en éclats, un Épervier nous effleure, soulève l'oiseau qu'il manque et repasse par le carreau brisé sans que nous ayons eu même le temps de nous rendre compte de l'événement.

Souvent aussi, il se jette sur les appelants que le tendeur a disposés entre les nappes du filet de jour, et si l'oiseleur est agile, les nappes se relèveront rapidement et feront partager à l'imprudent rapace le sort de ceux dont il voulait faire ses victimes. J'ai maintes fois capturé de cette manière, non seulement l'Épervier, mais encore le Hobereau, et même l'Émerillon.

L'AUTOUR BRUN (*Astur brevipes* Severtzof) se sépare nettement de l'Épervier par la brièveté de ses tarses comme son nom l'indique. Il habite l'Asie et même l'Europe orientale où il se reproduit quelquefois. Je possède ses œufs, ils sont d'un blanc azuré sans tache et ont été dénichés sur le mont Olympe, près d'Athènes.

Les **Busards** sont caractérisés par un bec recourbé, à bords festonnés, des tarses longs et grêles, des doigts courts, une queue allongée et une collerette plus ou moins apparente qui les rapproche des strigidés. Ils sont sveltes, et la longueur de leurs pattes leur permet de se poser fréquemment à terre ; aussi leur aire est-elle placée près du sol, dans les roseaux, dans les bois bas, souvent aussi dans les buissons et dans les prairies. Leur ponte est de trois à six œufs d'un blanc azuré, unicolores dans notre pays, mais, chose digne de remarque, ceux qui nous viennent des régions orientales sont parsemés de petites taches d'un roux plus ou moins vif. Spécialement chargés de l'élimination dans les grandes plaines, les terrains marécageux et les étangs, ce sont de vrais destructeurs de gibier, du moins les fortes espèces ; les petites chassent les reptiles et les insectes.

Le Busard harpaye ou des marais (*Circus æruginosus* Linné) est très reconnaissable à son plumage brun roux, plus ou mois varié de cendré et à sa calotte d'un roux clair. Il est commun autour des lacs et des étangs, en Europe, en Asie et dans l'Afrique septentrionale. En France il est presque sédentaire, se reproduit sur les étangs où il établit son aire, au milieu des fourrés de roseaux immergés.

Il pond du 1ᵉʳ au 10 mai, quatre œufs, rarement cinq. Les poussins sont d'un blanc légèrement fauve ; leur croissance est assez longue, car ils ne quittent leur nid qu'au commencement de juillet.

La femelle couve très assidûment et avec tant de ténacité qu'on peut quelquefois la prendre à la main. Le fait m'est arrivé à moi-même.

Le 8 juin 1888, j'étais monté sur une petite barque et cherchais à approcher une aire de Busard, lorsque je fus surpris par un orage épouvantable, accompagné de pluie et de grêle. Le trouble des éléments servit mon projet ;

j'avançai avec précaution ; le bruit du vent couvrait le clapotement de l'eau et la pointe de mon bateau effleura le bord du nid. La femelle était serrée sur ses œufs, les yeux fermés, la tête pendante. Je la saisis par les ailes et par le cou et la rapportai vivante, non sans avoir essuyé de vigoureux coups de serres qui me mirent un doigt en sang.

Près de son nid, le Busard dispose souvent une plate-forme qu'il établit avec des roseaux coupés et qui lui sert à la fois de perchoir et de salle à manger.

J'ai constaté, par de nombreuses remarques, que ce rapace mange de tout, insectes, mammifères, reptiles, tout lui plaît, mais il a une préférence marquée pour le poisson, pour le frai et pour les jeunes oiseaux d'eau douce. J'ai calculé qu'un couple de Busards établi sur un étang bien peuplé de foulques peut détruire quatre-vingt ou cent jeunes, depuis le mois de juin jusqu'en septembre.

C'est donc avec raison que les chasseurs et les maîtres d'étangs cherchent à le faire disparaître. Indépendamment de l'excellent procédé que j'emploie depuis long-temps, de tuer au fusil les femelles au départ du nid, il y a un moyen aussi simple de se défaire des mâles. Au moment de l'appareillade, une femelle empaillée, fixée sur un poteau ou mieux encore sur un arbre sec au bord de l'étang attirera promptement les mâles du voisi-nage, et le chasseur, caché à bonne distance, s'il est adroit, en abattra facilement un bon nombre.

Le BUSARD SAINT-MARTIN (*Circus cyaneus* Linné) se dis-tingue du précédent par sa coloration d'un cendré bleuâtre. Il a le même habitat, mais il est beaucoup moins répandu en France. Il fréquente les grandes plaines qu'il sillonne de long en large, en volant près de terre pour y saisir, en passant, les reptiles, les rongeurs et les insectes dont il fait sa nourriture habituelle. Toutefois, comme le Busard harpaye, il a un goût décidé pour les jeunes oiseaux qu'il saisit dans leur nid.

Le Busard Montagu (*Circus cineraceus* Montagu) est également un habitant de l'ancien monde, rare sur certains points, commun sur d'autres. Il se réunit en troupes considérables au moment des migrations, et à cette époque, les îles de la basse Loire en sont quelquefois couvertes. Cette espèce est plus insectivore que les précédentes et, par conséquent, beaucoup moins nuisible.

Le Busard pale (*Circus Swainsonii* Schmit) a, sous tous les rapports, beaucoup d'analogie avec le Busard Montagu ; il habite les mêmes pays, mais sous une latitude plus chaude.

CHAPITRE IV

RAPACES

Strigidés. — Surnies. — Chouettes. — Hiboux. — Mœurs et régime. — Preuves de leur utilité. — Nidification et poussins. — Destruction des Chevêches par le froid. — L'hyène du Ghar el Ghol. — Etude sur l'Effraie. — Combat de Pies et de Moyens-Ducs.

Les STRIGIDÉS forment une famille bien tranchée et distincte. Ils sont facilement reconnaissables à la forme de leur tête, à la position de leurs yeux, à leur disque facial et enfin à leurs plumes moelleuses qui leur permettent de voler sans bruit. Les Surnies ont le disque facial échancré sous le bec ; les Chouettes l'ont complet et les Hiboux se distinguent par deux aigrettes doubles, plus ou moins épaisses, qu'ils portent de chaque côté du sommet de la tête.

Quelques espèces émigrent, mais la plupart sont sédentaires et vivent isolément.

Leur nourriture consiste en proies animales, mais ce n'est qu'exceptionnellement qu'ils s'attaquent au gibier ; en général, ils font une guerre acharnée aux petits rongeurs qui nous causent tant de dommages, et ce sont, sans contredit, parmi les oiseaux de proie, ceux qui rendent le plus de services à l'homme. Aussi, ne puis-je m'empêcher de gémir quand je vois une malheureuse Chouette clouée, les ailes étendues, à la porte du cultivateur auquel elle était si utile. Il serait facile de prouver qu'un seul couple de Chouettes dans un village, peut sauver, par la destruction des souris, mulots, campagnols, etc., bien des hectolitres de grain, et elles devraient, à ce titre, être l'objet d'une protection spéciale.

Les Strigidés ne font pas de nid; ils déposent leurs œufs de deux à huit, selon les espèces, sur le sol de la retraite qu'ils se sont choisie pour élever leurs petits. Le Hibou brachyotte est le seul qui niche à terre, les autres espèces s'installent dans les crevasses de rochers, dans les nids abandonnés, dans des trous d'arbres, ou même dans les vieux édifices. Leurs œufs sont peu brillants, de forme sphérique; l'Effraie seule pond des œufs ovalaires.

Les poussins naissent couverts d'un duvet blanc qui prend la couleur définitive avant d'être remplacé par les plumes.

La CHOUETTE CAPARACOOK (*Surnia funera* Linné) est de la taille du pigeon; elle a le dessus du corps brun, taché de blanc, les parties inférieures blanches, barrées transversalement de brun, et la queue relativement longue. Elle habite les régions boréales de notre hémisphère où elle se nourrit d'insectes et de petits mammifères.

La CHOUETTE TENGMALM (*Surnia Tengmalmi* Gmélin) est à peu près de la taille d'une Grive, elle est surtout reconnaissable à ses tarses et à ses doigts très emplumés. Elle ne se trouve qu'en Europe, dans les bois qui couronnent les hautes montagnes des Alpes et des Vosges ; elle y vit sédentaire et ne les quitte momentanément que lorsque la persistance de la neige éloigne les mulots et les campagnols qui constituent le fond de son régime alimentaire.

La CHOUETTE CHEVÊCHE *(Surnia noctua* Brisson) diffère peu de la Caparacook, mais elle habite des climats plus tempérés, aussi a-t-elle les tarses et les doigts beaucoup moins vêtus.

Elle se trouve en Europe et en Asie ; elle était même très commune et sédentaire en Lorraine. Au printemps de 1879, dans un rayon de quelques kilomètres, j'en connaissais dix couples ; mais le rigoureux hiver de 1879-80 est venu détruire une grande partie de ces oiseaux que l'on trouvait morts de tous côtés, non de froid, mais de faim, car tous les individus qu'on m'a apportés et que j'ai ouverts étaient extrêmement maigres, et avaient l'estomac complètement vide. L'hiver presque aussi long de 1880 à 1881 les a fait complètement disparaître : aujourd'hui, je n'en connais plus un seul couple.

La Chevêche vit de petits rongeurs et d'insectes, elle fait surtout une destruction considérable de hannetons qu'elle chasse habituellement dans la matinée et dans la soirée, et dont elle nourrit presque exclusivement ses petits. La consommation qu'elle en fait est telle que certains nids sont exhaussés par une couche de 7 à 8 centimètres d'épaisseur, composée uniquement d'élytres de ce coléoptère.

La ponte a lieu du 10 au 20 avril, elle est de quatre à six œufs. J'ai remarqué que les sujets très adultes habitant depuis longtemps le même nid ont de plus fortes couvées que les jeunes sujets dans les nids desquels je ne trouvais en général que quatre ou cinq œufs.

La Chouette méridionale *(Surnia Persica* Vieillot) a la plus grande ressemblance avec la Chevêche, mais toutes les parties brunes dans celle-ci sont fauves dans la Chouette méridionale, ce qui indiquerait qu'elle est plutôt une race locale qu'une espèce. Elle est propre à l'Afrique septentrionale et s'égare quelquefois en Espagne et en Grèce.

Son régime et ses mœurs sont identiques à ceux de l'espèce précédente, comme j'ai pu m'en convaincre en l'observant en Algérie.

Le 4 mai 1856, j'étais allé visiter la forêt des cèdres située près de Teniet-el-haad, sur le revers de l'Atlas, exposé au nord ; j'avais passé des heures délicieuses, respirant à pleins poumons la fraîcheur parfumée de ces arbres splendides, dont la végétation plantureuse contraste d'une façon si frappante avec les buissons rabougris et brûlés qui l'entourent. Avant de les quitter je restais un instant en admiration devant ces majestueux conifères dont les cimes étalées formaient d'immenses dômes se recouvrant les uns les autres ; lorsque mon guide arabe, un cavalier des goums, m'arracha à ma contemplation pour me proposer une visite à la caverne du Ghar el Ghol[1]. Elle était creusée dans une chaîne de rochers très rapprochée de nous, et nous pouvions y

---

[1] Le Ghol est un diable humain qui mange ses semblables.

trouver une Hyène. Lorsque nous eûmes atteint l'ouverture du souterrain, il fut convenu que mon guide, qui heureusement ne partageait pas les superstitions de ses compatriotes, entrerait seul, et que j'attendrais un signe de lui.

C'est alors que mon attention fut attirée par un couple de Chevêches méridionales qui faisaient des visites incessantes à un trou du rocher, où sans doute elles portaient la nourriture à leurs petits. J'en tuai une et je pus me convaincre qu'elle chassait des coléoptères assez semblables à nos hannetons. Je ramassais mon gibier quand le ricanement prolongé de l'hyène me rappela au but de notre excursion.

Un instant après, mon guide était près de moi. « J'ai trouvé la *vieille femme*[1], me dit-il, suis-moi, mais si tu la tues, tu me donneras un douro. » Il me conduisit vers un creux bas et sombre, au ras de la roche, et me le montrant me dit : « Elle est là, tire ». Ne voyant absolument rien, j'hésitais. Cependant après quelques explications je me décidai à lâcher mon coup de fusil. Mon homme sonda avec son bâton et me déclara que « la vieille était *morto*[2] ». Il se traîna dans la tanière du fauve et en retira une magnifique hyène qui fut dépouillée sur le champ et dont je rapportai la peau.

La CHOUETTE CHEVÊCHETTE (*Surnia passerina* Linné) est de beaucoup le plus petit des strigidés européens, car l'Amérique en possède de plus petits encore.

Elle est peu commune, est propre au nord de l'Europe

---

[1] Nom que les Arabes donnent à l'hyène.
[2] Expression arabe vulgaire.

et de l'Asie, et on la trouve quelquefois sur les hautes montagnes de l'Europe centrale.

La Chouette harfang *(Surnia nyctea* Linné) est l'une des plus grandes et des plus belles espèces du genre. Elle est de la taille du Grand-Duc, blanche, tapissée de taches grises transversales dans sa jeunesse, mais devenant avec l'âge d'un blanc pur. C'est dans cette magnifique livrée que j'en ai un exemplaire capturé dans les monts Ourals par M. Martin. Quoique cette belle Surnie ne soit pas rare dans l'extrême nord de notre hémisphère, son régime est encore peu connu. Toutefois, les voyageurs sont d'accord pour admettre que c'est un ennemi acharné des rongeurs, et particulièrement des lemmings pour lesquels elle paraît avoir une préférence marquée, et ce n'est que très exceptionnellement qu'elle chasse les oiseaux.

La Chouette hulotte *(Surnia Aluco* Linné) plus connue sous le nom de *Chat-Huant*, est commune et répandue dans les forêts de la région tempérée de l'ancien monde. Le mâle est très différent de la femelle par sa coloration ; il est gris brun, tandis que celle-ci est rousse, de sorte que les anciens auteurs en avaient fait deux espèces ; mais l'erreur a été parfaitement reconnue et je suis du nombre de ceux qui en ont acquis personnellement la preuve.

La Hulotte se nourrit de phalènes, d'insectes divers, de reptiles et surtout de rongeurs, et je n'ai jamais constaté qu'elle détruise du gibier comme on l'en a accusée.

Elle s'accouple de très bonne heure et pond au commencement de mars ou fin février, dans les trous d'arbres ou de rochers, et très exceptionnellement dans les vieux nids de Corneilles ou de Buses. Les jeunes poussins ne sont qu'à moitié de leur taille que déjà les mâles sont d'un brun gris, et les femelles prennent la teinte rousse ; ils sont couverts de raies nombreuses et transversales brunes qui leur constituent une livrée spéciale.

La CHOUETTE DE L'OURAL *(Surnia Uralensis* Pallas) est caractérisée par une queue longue et étagée. Elle habite la zone glaciale ; on la trouve aussi dans les monts Ourals, mais elle y est très rare ; aussi connaît-on peu ses mœurs et son régime.

La CHOUETTE LAPONNE *(Surnia Laponica* Retzius) est aussi une grande espèce, remarquable par sa belle robe cendrée, rayée transversalement de brun ; elle est confinée dans l'Europe et dans l'Asie septentrionale où on connaît très peu ses habitudes.

La CHOUETTE EFFRAIE *(Strix flammea* Linné), oiseau cosmopolite, est à la fois le plus connu de tous les rapaces et le moins apprécié à sa juste valeur.

Le cri strident qu'elle fait entendre en quittant sa retraite, au crépuscule, pour commencer sa chasse, son vol silencieux qui ne produit pas le moindre bruissement, son travail qui commence lorsque tout dans la nature rentre dans le repos, ont-ils contribué à exciter l'imagination populaire? c'est possible ; toujours est-il qu'on lui a fait une réputation sinistre. C'est un oiseau de malheur, le messager avant-coureur de la mort, et il est l'objet d'une haine superstitieuse dont il est trop souvent la victime.

Et cependant, les services que nous rend ce chasseur persévérant, infatigable, modeste, sont incalculables. Si tout le monde ne peut se créer un observatoire comme celui que j'ai décrit à l'article de la Cresserelle, et compter le nombre de rats, souris, mulots, campagnols qu'elle apporte chaque jour à son nid, où elle en fait de vrais monceaux, du moins, toute personne avide de s'instruire, peut ramasser, autour du lieu occupé par un couple d'Effraies, les boulettes que leur estomac rejette, et en consultant ces témoins incorruptibles, se convaincre qu'elles sont exclusivement composées de poils et et d'os provenant des petits rongeurs que j'ai énumérés plus haut, et qu'elles ne contiennent jamais ni plumes, ni débris d'oiseaux. On touvera naturel, après cette étude, que je sois le défenseur déclaré des Chouettes ; je leur ai bâti des retraites assurées, et je les protège par tous les moyens possibles. Aussi, lorsque des invasions de rats, de souris, de mulots, ravagent les campagnes, qu'ils les sillonnent de leurs galeries, ma terrasse, les jardins et les champs voisins ne subissent aucun dégât, et c'est bien certainement à mes Effraies qu'on le doit.

Elles nichent dans la plus haute tour du château, y pondent cinq ou six œufs et quelquefois sept, du 10 au 20 avril. Les poussins naissent au commencement de mai, couverts d'un duvet blanc : ils ne prennent la couleur rousse qu'avec les premières plumes et sont très longs à atteindre leur taille définitive.

Le HIBOU BRACHYOTE *(Otus brachyotus* Gmélin) est de la grosseur de l'Effraie ; comme elle, c'est un oiseau cosmopolite, caractérisé par de très courtes aigrettes.

Ses migrations sont extrêmement irrégulières ; dans le même pays, on peut en voir des passages considérables, tandis qu'il y sera ensuite très rare pendant plusieurs années. Ses voyages sont déterminés par les invasions des petits rongeurs dont il est chargé par la Providence de régler la trop grande multiplication.

Le Hibou brachyote a des habitudes toutes particulières ; il ne perche presque jamais, se pose à terre, se rase à la façon du lièvre, en plaine, dans les lieux arides, les queues d'étangs, se laisse approcher de très près, et le chasseur est toujours surpris en le voyant s'enlever à ses pieds, sans le moindre bruit. Il niche à terre, ordinairement dans les marais et pond de quatre à six œufs.

Le HIBOU DU CAP (*Otus Capensis* Smith) est une jolie petite espèce propre à l'Afrique, que l'on voit rarement en Espagne ; il a les mêmes mœurs et les mêmes habitudes que ses congénères d'Europe.

Le HIBOU MOYEN-DUC (*Otus vulgaris* Flemming) est très connu, car il est répandu dans toute l'Europe, en Asie et en Afrique ; toutefois, il n'est très commun nulle part. C'est un hôte des forêts où il est généralement sédentaire et si parfois il se lance dans les voyages, c'est surtout en hiver, et ils sont probablement motivés par la recherche de sa nourriture. Lorsqu'il a fixé son domicile, il prend des habitudes très régulières. Il choisit un arbre pour y établir son perchoir et il y vient exactement passer toutes ses journées, et cela, pendant plusieurs années, s'il n'est pas dérangé.

C'est ainsi que l'an dernier, un couple de ces oiseaux vint, au commencement de l'hiver, s'installer dans mon jardin ; ils avaient choisi pour perchoir un grand épicéa très touffu, qui se trouvait en bordure près d'une allée. Chaque jour, j'allais faire une visite à mes hôtes, perchés quelquefois seul à seul, le plus souvent l'un près de l'autre, serrés contre le tronc de l'arbre. Au commencement, on s'envolait à mon arrivée, mais peu à peu on prit confiance, et bientôt je pus me promener indéfiniment sous mon sapin, m'y arrêter même quelquefois, sans exciter l'inquiétude de mes amis. Ils se contentaient de dresser leurs aigrettes et d'ouvrir démesurément leurs paupières.

Mais au printemps, deux Pies vinrent troubler nos relations et disputer la place aux premiers arrivés ; ce furent alors des jacasseries continuelles, bientôt suivies de batailles. Je donnai d'abord peu d'attention à ces luttes ; je savais mes Hiboux bien armés, et je les croyais de force à se défendre. Toutefois, quand la querelle se prolongeait, j'allais par ma présence y mettre fin, craignant que mes protégés fatigués de ces perpétuelles attaques, ne finissent par quitter le pays.

Un jour, la guerre s'alluma plus ardente que jamais, et, impatienté de tout ce bruit, je pris mon fusil, bien décidé à avoir raison de mes insupportables querelleuses. Hélas ! il était trop tard ; en arrivant près de l'épicéa, je trouvais au pied, un de mes Moyens-Ducs affreusement plumé et le corps déchiré en maints endroits ; le conjoint avait disparu. Les vainqueurs s'étaient éloignés, mais je me promis de venger mon hôte.

Le Moyen-Duc niche de très bonne heure, dès le commencement de mars ; il pond six ou sept œufs, en général dans les vieux nids de Corneilles ou de Buses. Il se nourrit, comme ses congénères, d'insectes et de rongeurs.

Le HIBOU-ASCALAPHE (*Otus ascalaphus* Savigny) est une

grande espèce qui habite les parties chaudes de l'Asie et l'Afrique orientale et ne fait que de rares apparitions dans l'Europe orientale.

Le Hibou grand-duc *(Otus bubo* Linné) est une magnifique espèce, de forte taille, répandue en Europe et en Asie. En France, on le trouve dans l'est, en Lorraine, où il est devenu très rare, dans le Dauphiné et surtout dans les Alpes. C'est un hôte des grandes forêts de montagnes où il sait très habilement dissimuler sa grosse personne. Il fait son ordinaire de reptiles et de petits mammifères ; ce n'est qu'exceptionnellement qu'il attaque les oiseaux.

La ponte a lieu en mars, elle est de un ou deux œufs, rarement davantage ; la femelle les dépose dans les crevasses ou les cavités des rochers les plus inaccessibles.

Des crapauds, des grenouilles, des insectes, des petits rongeurs forment la nourriture des très jeunes poussins ; plus tard, les parents leur apportent des rats, des écureuils et même des levreaux et des lagopèdes.

Quand les grands froids les chassent de la montagne, ils s'établissent dans le voisinage des marais où ils se contentent de reptiles et de ce qu'ils peuvent trouver dans cette saison si dure pour eux.

Son congénère, le Hibou sibérien *(Otus sibiricus* Lichtenstein) n'en diffère que par une teinte plus blanche ; il a les mêmes habitudes, mais se tient dans les régions plus septentrionales de l'Europe et de l'Asie.

Le Hibou scops *(Otus scops* Linné) qui est à peu près de la taille d'une Grive est une charmante petite espèce dont la robe est agréablement variée de brun et de cendré. Elle est assez commune en Asie, en Europe et dans l'Afrique septentrionale. Quelques couples viennent parfois se reproduire en Lorraine ; ils arrivent au printemps et nous quittent en automne. J'ai trouvé une nichée de quatre petits dans un trou naturel, sur le revers d'une gravière à pic, près de Saint-Mihiel (Meuse). En Provence, où il est plus commun, il niche dans les trous des arbres, des rochers ou des édifices.

Il fait la guerre exclusivement aux insectes et aux petits rongeurs. Pendant ses migrations, il voyage isolément et lorsqu'il est perché, il fait entendre un petit sifflement très doux, presque agréable, qui ne rappelle en rien le cri strident des autres Strigidés.

CHAPITRE V

PASSEREAUX

PSITTACIDÉS. — Les Perroquets ont été élevés par certains auteurs, notamment par le prince Bonaparte, à la dignité d'ordre et placés, en raison de leur intelligence, au premier rang parmi les oiseaux. D'autres les ont classés entre les rapaces dont ils ont le bec crochu, et les grimpeurs parce qu'ils ont, comme ceux-ci, les doigts partagés également, deux devant et deux en arrière. Les Strigops, par leurs plumes moelleuses, forment le passage naturel entre les Chouettes et les Perroquets.

Les Psitacidés ont les sens développés à un haut degré ; leur langue est charnue et sensuelle, ils flairent souvent leur nourriture avant de l'attaquer ; les deux mandibules de leur énorme bec sont mobiles, et chacun sait avec quelle adresse ils s'en servent et s'aident de leurs pattes pour ouvrir des noisettes et des amandes. Ils ont une intelligence remarquable, et savent fort bien discerner les personnes qui leur témoignent de la sympathie de celles qui leur sont hostiles ou indifférentes. Ils caressent les premières et sont fort adroits à prendre leur revanche sur les autres.

J'ai connu une Perruche à laquelle le domestique de la maison avait sans doute manqué d'égards ; toutes les fois qu'en grande tenue, culotte courte, habit à la française, il entrait au salon apportant le thé, *Cocotte* l'attendait à la porte et se précipitait sur ses mollets, passant de l'un à l'autre, selon sa plus grande commodité. Le malheureux Baptiste exécutait en portant son plateau, une danse macabre qui nuisait fort à sa dignité.

On connaît leur esprit d'imitation ; ils parlent, sifflent, chantent et reproduisent à s'y méprendre, tous les cris qu'ils entendent.

On les divise en quatre groupes bien tranchés : les *Aras* et les *Perruches* qui ont la queue longue, plus ou moins étagée ; les *Perroquets proprement dits* et les *Cacatois* qui ont généralement la queue courte et carrée.

Tous habitent la zone torride et vivent en troupes dans les grandes forêts dont ils égaient la solitude par leur tapage incessant. A terre, leur démarche est lourde et manque d'élégance, aussi quittent-ils rarement les arbres où ils savent se mouvoir en tous sens et où leurs riches couleurs pourraient les faire prendre pour des fleurs animées. Ils nichent généralement dans des trous d'arbres où ils pondent de deux à quatre œufs blancs. Leur nourriture est très variée ; ils sont de préférence frugivores, mais les amandes et graines de toutes sortes leur conviennent.

Ils vivraient facilement dans nos pays s'ils pouvaient s'accommoder de nos hivers.

J'en ai eu personnellement la preuve il y a dix ans, en 1878. Le garde venait souvent le soir me rendre compte de sa tournée, et plusieurs fois il m'avait signalé un oiseau extraordinaire orné de couleurs éclatantes, ayant une longue queue, et qu'il voyait toutes les fois qu'il passait sur la chaussée d'un petit étang situé en plaine près de Boucq (Meurthe-et-Moselle).

Sans attacher aucune importance à cette prétendue découverte, ayant été trompé tant de fois par les exagérations populaires, le lendemain 9 août, la journée promettant d'être belle, je pris mon fusil et partis pour l'étang Dampré. En arrivant, je vis en effet sur un saule un oiseau de la grosseur d'une Grive, mais paré des plus vives couleurs. Je l'abattis, et qu'on juge de mon étonnement en ramassant une Perruche-Souris, *Psittacus murinus*, évidemment échappée de cage et qui, depuis un mois, vivait sur l'étang à l'état sauvage. Elle venait de loin, car je n'ai jamais pu savoir à qui elle avait appartenu.

En la préparant, je constatai qu'elle était bien portante, presque grasse, et qu'elle avait le gésier et l'œsophage garnis de graines de roseaux d'étang *(arundo phragmitis)*.

PICIDÉS. — Les Pics constituent une famille naturellement distincte. Ils sont pourvus d'un bec solide, allongé, un véritable pic à creuser le bois, de pattes fortes, ayant deux doigts devant et deux en arrière et une queue arrondie à rectrices rigides sur laquelle ils s'appuient quand ils grimpent au tronc des arbres. Ils sont doués d'une langue très extensible, agglutinante, qui leur permet de s'emparer sans difficulté des plus petits insectes. Leur vol est lourd et saccadé, et leur caractère sauvage leur fait rechercher l'isolement. Leur robe est diversement colorée selon les espèces ; celles d'Europe peuvent se diviser en trois groupes, les *Pics à robe verte*, ceux *à robe noire barrée de blanc* et ceux qui sont entièrement *noirs*.

On considère quelquefois les Picidés comme nuisibles, et à ce sujet une polémique dont on parle encore en Anjou s'est élevée entre l'abbé Vincelot et le comte de Baracé. L'abbé, le défenseur des Pics, l'emporta, mais non sans peine. Pour moi, qui ai étudié ces oiseaux de très près, je suis absolument de son avis. Ils sont chargés spécialement par le Créateur de débarrasser les arbres des vers, insectes xylophages et autres qui y vivent en parasites ; et ils n'attaquent jamais les bois durs, chêne, hêtre, etc., que lorsque ceux-ci sont malades et gâtés à l'intérieur, et si parfois ils creusent un arbre blanc, il faut avouer que le dommage est de bien peu d'importance.

Ils pondent dans des trous d'arbre, creusés par eux, quatre à huit œufs ovalaires, blancs, à pores très serrés, et polis comme de l'ivoire. La nourriture des jeunes est exclusivement composée d'insectes.

Le PIC VERT (*Picus viridis* Linné) est sédentaire en Europe et fréquente surtout les parcs et les bois de peu d'étendue. En hiver, quand il manque de nourriture, il attaque quelquefois les ruchers. C'est ainsi qu'en 1886 un de mes voisins eut un panier de mouches à miel percé à jour par un Pic vert qui en avait mangé toutes les abeilles, sans toutefois toucher au miel. Mais il faut avouer que le propriétaire avait été bien imprudent de ne pas avoir défendu son rucher qui aurait pu être détruit par des maraudeurs bien autrement redoutables, le blaireau, en particulier, qui est très friand de miel.

Le PIC CENDRÉ *(Picus canus* Gmélin), à l'inverse du Pic vert, recherche de préférence les grandes forêts. Il est européen et a un cri très différent de celui du Pic vert.

Le PIC DE SHARPE *(Picus Sharpii* Saunders) vit confiné en Espagne.

Le PIC NOIR *(Picus martius* Linné) est la plus grande espèce du genre ; il vit sédentaire dans les forêts montagneuses de l'Europe et de l'Asie occidentale.

Le PIC ÉPEICHE *(Picus major* Linné) est commun dans les forêts des régions tempérées de l'Europe et de l'Asie. On l'attire facilement, comme la plupart de ses congénères, en frappant quelques coups secs et irrégulièrement intervallés sur la crosse d'un fusil. On imite ainsi assez bien le bruit qu'ils font eux-mêmes en cherchant à faire sortir les insectes d'une branche sèche.

Le PIC LEUCONOTE *(Picus leuconotus* Bechstein) habite, de même que le Pic noir, les forêts des hautes montagnes. On le trouve dans les Pyrénées, en Corse, en Suède et aux monts Ourals.

Le PIC MAR *(Picus medius* Linné) recherche aussi les forêts montagneuses des diverses parties de l'Europe. Il niche dans les Vosges, et nous ne le voyons en Lorraine que lorsque les froids d'un trop rude hiver l'obligent à quitter les hauteurs qu'il affectionne.

Le PIC ÉPEICHETTE *(Picus minor* Linné) est une gracieuse miniature du genre. On le voit en Europe et dans l'Afrique septentrionale, mais il est rare partout. Trop faible pour creuser un arbre en pleine vigueur, il fait son nid dans le tronc ou les branches d'un arbre vermoulu.

Pic noir creusant un tronc vermoulu pour y poursuivre les insectes xylophages.

Le Pic TRIDACTYLE *(Picus tridactylus* Linné) habite les montagnes boisées de l'Europe et de l'Asie. Il se reproduit au mont Pilate, près Lucerne, où je l'ai déniché le 12 juin 1866.

Le Pic VELU *(Picus villosus* Linné) et le Pic PUBESCENT *(Picus pubescens* Linné) sont spéciaux à l'Amérique septentrionale et on ne les voit que très accidentellement en Europe, de même que le Pic DORÉ *(Picus auratus* Linné) qui est caractérisé par ses rémiges à baguettes d'un beau jaune d'or. Cette famille renferme en outre un grand nombre d'espèces exotiques qui ont été décrites avec beaucoup de soin par M. Malherbe dans sa belle *Monographie des Picidés.*

Les **Torcols** sont encore des Picidés, mais forment un genre tout différent des Pics par leur plumage sombre et leur queue non plus rigide et arrondie, mais souple et carrée. Ce genre ne contient qu'une seule espèce européenne qui habite tout l'ancien monde, mais vit isolée.

Le TORCOL VULGAIRE *(Yunx torquilla* Linné) nous arrive au printemps, se fixe généralement dans les jardins ou sur la lisière des bois, y niche dans les trous d'arbre où il dépose six ou huit œufs d'un blanc moins vif et un peu plus petits que ceux du Pic épeichette. Il se nourrit exclusivement d'insectes et particulièrement de fourmis dont il est très friand et qui donnent à sa chair un goût désagréable. Son cri est fort et sombre comme son plumage. Chacun sait qu'il doit son nom à la singulière façon dont il tourne le cou et la tête sans déranger le corps.

CUCULIDÉS. — Cette famille comprend un certain nombre de genres qui n'ont point de représentants en

Europe. Les Coucous et les Coulicous seuls habitent ou visitent fortuitement nos contrées.

Les **Coucous** ont le bec très petit, profondément fendu, des ailes minces, aiguës dont la forme, jointe à la coloration de leurs plumes, leur donne une certaine ressemblance avec la Cresserelle; mais ils ont les pattes fines des Passereaux. Ils partagent avec les Indicateurs la singulière habitude de ne pas faire de nid et de déposer leurs œufs dans ceux des autres oiseaux. Les Coulicous, au contraire, font un nid et n'ont recours à personne, du moins habituellement, pour élever leur famille.

Le Coucou gris (*Cuculus canorus* Linné) habite l'Europe, l'Asie et l'Afrique. Il est migrateur, nous arrive en avril pour nous quitter en septembre.

On connaît son cri qui annonce le retour de la belle saison; mais sa vie intime est entourée d'erreurs qui masquent la vérité. Un fait certain est que les mâles sont beaucoup plus nombreux que les femelles, qu'ils se cantonnent dans les bois taillis, les boqueteaux en plaine, dans tous les endroits enfin où les petits oiseaux sont nombreux et où ils trouvent abondamment les insectes lanigères, les chenilles velues, etc., dont ils font leur principale nourriture; c'est là que les femelles vont successivement les visiter.

Comme je l'ai dit plus haut, elles ne font pas de nid, pondent à terre un œuf qu'elles emportent dans leur gorge pour le mélanger à ceux d'autres oiseaux. Pendant quelques jours la mère surveille son dépôt, puis recommence ailleurs le même manège. Il en résulte que la ponte est assez prolongée, car j'ai trouvé des œufs frais depuis le 8 mai jusqu'au 30 juin environ. Quoique cette manière d'agir des Coucous ne soit pas discutée, j'ai été bien aise de l'expérimenter par moi-même. Lors d'une promenade matinale que je fis en forêt, le 26 mai 1853, je tirai un Coucou et en le ramassant je vis l'oiseau dégorger un œuf, malheureusement cassé, que je reconnus immédiatement pour son propre produit. C'était une femelle que j'avais tuée évidemment au moment où elle allait confier sa progéniture à une mère étrangère.

Il ne faudrait pas croire qu'elle se débarrasse ainsi de toutes les sollicitudes de la maternité. La femelle du Coucou sait fort bien où sont ses petits, et lorsque la mère adoptive, qui est généralement un oiseau de moindre taille, ne suffit plus pour alimenter le petit intrus devenu fort, la vraie mère vient l'aider, et de nid en nid apporte à ses enfants les grosses chenilles et les insectes velus qui doivent devenir leur nourriture ordinaire.

Depuis 1850 jusqu'aujourd'hui, j'ai trouvé et collectionné une trentaine d'œufs de Coucous, et je crois intéressant de donner la liste des nids dans lesquels je les ai pris. C'étaient des Pouillots siffleurs, Rouges-Gorges, Bouvreuils communs, Troglodytes, Rubiettes de Caire, Bergeronnettes grises, Accenteurs mouchets, Bruants de roseaux, Verdiers, Pipis des prés, Pipis des arbres, Bergeronnettes Yarrel, Rossignols, Fauvettes pitchous, Effarvates, Locustelles, Phragmites, Pouillots Bonelli. Il faut ajouter un jeune Coucou que j'ai trouvé dans un nid d'Alouette des champs.

C'est un des oiseaux qui viennent le mieux à l'appeau.

Le COUCOU GEAI (*Cuculus glandarius* Linné) habite l'Europe méridionale et l'Afrique septentrionale. Il a les mêmes habitudes que le Coucou gris, mais étant plus gros, il confie ses œufs à des nids de Pies ordinaires, de Pies bleues ou de Freux. Il est probable que d'autres espèces lui prètent aussi leur concours; mais je n'ai constaté que celles que j'indique.

Le COULICOU AMÉRICAIN (*Coccyzus americanus* Linné) et le COULICOU A ŒIL ROUGE (*Coccyzus erythrophthalmus* Wilson) sont des habitants de l'Amérique septentrionale et ont été accidentellement tués en Angleterre et à Lucques. Dans leur pays, ils font un nid de petites bûchettes dans lequel ils déposent trois ou quatre œufs d'un joli bleu vert mat qui ne diffèrent dans les deux espèces que par la taille.

CORACIDIDÉS. — Les Rolliers sont de charmants oiseaux de la taille de la Tourterelle ou du Geai, revêtus de riches et brillantes couleurs où le bleu vif domine habituellement. Ils sont représentés par plusieurs espèces dont une seule habite l'Europe méridionale et l'Afrique septentrionale.

Le ROLLIER ORDINAIRE (*Coracias garrula* Linné) est très méfiant et se laisse difficilement approcher.

En Algérie, où il est connu sous le nom de *Chasseur d'Afrique,* on le recherche non seulement pour son joli plumage, mais aussi pour sa chair fine et délicate. C'est un grand destructeur d'insectes dont il se nourrit exclusivement, et il serait à désirer que pour ce motif on le ménageât davantage. Son nid est ordinairement installé dans des trous d'arbres, de rochers, ou dans les berges à pic des torrents ; il y dépose de cinq à sept œufs ovalaires, presque sphériques, d'un blanc pur, et lustrés comme ceux des Pies et des Martins-Pêcheurs.

En 1854, au mois de juin, j'étais allé chasser près du lac Fetzara ; mes Arabes qui craignaient le crépuscule, voyant que je m'attardais à la poursuite d'une colonie de Rolliers m'avaient abandonné, et je revenais seul en suivant le bord du lac, lorsque je rencontrai un indigène assis, armé d'un long fusil arabe et qui paraissait posté pour un affût. Je lui adressai le *vachentah*[1] d'usage et continuai mon chemin. Après quelques instants, les conseils de prudence que l'on m'avait souvent donnés me revinrent à l'esprit, et une sorte d'inquiétude me saisit ; je me retourne, l'Arabe me tenait en joue, j'épaulai ; le malheureux vit le mouvement et leva lentement son fusil comme suivant un oiseau volant au loin. Il était temps, moins d'une seconde plus tard il était mort. Je continuai ma route à reculons, le fusil en garde jusqu'à ce que je fusse hors de portée, et regagnai sain et sauf mon campement situé au pied des collines qui me séparaient de Bône. J'eus lieu de rendre grâce au ciel, car de l'avis de tous le brigand était là pour m'assassiner, me jeter dans le lac et s'emparer de mes armes perfectionnées qui font l'ambition de tous les Arabes ; on sait que pour se les procurer ils ne reculeraient pas devant un crime.

MÉROPIDÉS. — Les Guêpiers ont beaucoup d'analogie avec les Rolliers par leurs mœurs et la vivacité des couleurs de leur plumage ; mais ils en diffèrent par leur conformation. Ils ont un bec long et recourbé, les tarses très courts, les ailes aiguës et allongées, ce qui leur donne comme aux Hirondelles de la difficulté à s'enlever quand

[1] Salutation arabe.

ils sont posés à terre. Parmi les espèces réparties dans l'ancien monde, deux seulement sont européennes.

Le GUÊPIER VULGAIRE (*Merops apiaster* Linné) est un charmant oiseau qui passe la plus grande partie de sa vie dans les airs où il poursuit les mouches et les moucherons. Comme son nom l'indique, il fait la chasse aux guêpes, qu'il confond malheureusement avec les abeilles; aussi les apiculteurs lui ont-ils voué une haine quelque peu justifiée.

Il niche par petites colonies en Provence, en Algérie et particulièrement sur les flancs du Rhummel, près de Constantine, où j'ai eu occasion de l'étudier en 1854. Il pond de quatre à six œufs, semblables à ceux du Martin-Pêcheur ordinaire, mais un peu plus gros; il les dépose sur un peu de mousse au fond d'une galerie longue de trois à quatre pieds, creusée sur la paroi d'un torrent, dans l'endroit le plus escarpé et le plus inaccessible.

Le GUÊPIER DE SAVIGNY OU D'ÉGYPTE (*Merops Ægyptius* Forskal) a les mêmes mœurs et habitudes que le précédent. Il est commun en Égypte. Je l'ai capturé au Rhummel; mais il y est beaucoup plus rare que le Guêpier vulgaire.

ALCÉDINÉS. — Les Martins-Pêcheurs sont trapus et robustes, ont un bec long et fort, la queue courte, les pattes très petites, les ailes rondes peu développées, ce qui ne les empêche pas d'avoir le vol rapide et droit. Malgré les couleurs vives qu'ils portent en général, ce sont des oiseaux tristes qui ne chantent jamais, se cantonnent et recherchent la solitude.

Le MARTIN-PÊCHEUR VULGAIRE (*Alcedo hispida* Linné)

habite tout l'ancien monde, vit sédentaire sur les bords des cours d'eau où il se nourrit de petits poissons et, à leur défaut, d'insectes et de crustacés aquatiques. Il établit son nid au fond de longues galeries qu'il creuse très habilement dans les berges des rivières ou dans les sablières environnantes. Il y pond de six à huit œufs d'un blanc glacé. Cet oiseau a la spécialité de se dessécher sans se corrompre, aussi lui prête-t-on quelquefois la propriété d'éloigner les insectes, ce qui lui a valu le surnom de *Garde-robe*.

Les maîtres d'étangs le redoutent comme un destructeur d'alevin. On le voit pendant des heures entières, immobile sur la pointe d'une pierre, sur l'extrémité d'une branche ou même sur un roseau, guettant le petit poisson sur lequel il se laisse tomber aussitôt qu'il l'aperçoit.

Le Martin-Pêcheur se prend facilement à la raquette, il suffit de maintenir le piège au fond de l'eau au moyen d'une pierre en laissant émerger la partie supérieure et l'oiseau arrive immédiatement à cet observatoire improvisé.

Le MARTIN-PÊCHEUR DU BENGALE (*Alcedo Bengalensis* Brisson) plus petit que le précédent auquel il ressemble beaucoup, vient quelquefois en Turquie. Le comte Aléon est le premier qui ait constaté sa présence dans la Dobrudscha.

Le MARTIN-PÊCHEUR PIE (*Alcedo picus* Linné) est noir et blanc comme son nom l'indique. Il habite spécialement l'Europe orientale, l'Afrique et l'Asie occidentale; il a les mœurs et les habitudes de ses congénères.

CHAPITRE VI

PASSEREAUX

— SUITE —

Les CERTHIIDÉS sont de petits oiseaux qui se rapprochent des Pics par leur faculté de grimper ; mais sous d'autres rapports, notamment par leur nidification, ils pourraient être placés près des Mésanges. Ils sont plutôt sédentaires que voyageurs, n'ont pas de chant, et vivent isolément au lieu de se réunir en troupes comme le font généralement les petits Passereaux.

Les Sittelles, les Grimpereaux et les Tichodromes font partie de cette famille.

La SITTELLE TORCHE-POT (*Sitta cæsia* Meyer et Wolf) habite toute l'Europe tempérée. C'est un oiseau d'un bleu ardoisé, actif, toujours en mouvement, parcourant en tous sens les troncs et les branches d'arbres pour les débarrasser des parasites qui y vivent.

Lorsqu'il a choisi le trou où il doit élever sa famille, il

en rétrécit l'ouverture juste au diamètre de son corps avec une bâtisse en terre gâchée très solide, ce qui lui a fait donner vulgairement le nom de *Maçon*. La Sittelle est très courageuse et défend énergiquement son domicile envers et contre tous. J'en ai vu un exemple très intéressant.

En me promenant un jour dans la forêt de Saint-Pierremont (Meurthe-et-Moselle), mon attention fut attirée par des cris inaccoutumés et un tapage d'oiseaux tout à fait insolite ; je m'approchai doucement, et quand j'aperçus mes batailleurs je me mis en observation. J'avoue que dès le début je n'y comprenais rien. Deux Sittelles agitées et furieuses harcelaient un malheureux Étourneau perché sur un hêtre. Mais l'objet de la querelle me fut bien vite expliqué : un autre Étourneau arrive et s'abat près d'un trou creusé dans l'arbre. Aussitôt mes deux Torche-Pots abandonnent leur premier ennemi, fondent sur le nouvel arrivant, lui arrachant force plumes sans qu'il puisse les éloigner par ses coups de bec presque toujours donnés dans le vide. Évidemment on se battait pour la possession d'un logement ; l'Étourneau cramponné n'osait pénétrer dans la cavité où ses deux ennemies pouvaient se mouvoir plus facilement que lui ; enfin, après plusieurs tentatives inutiles, il lâcha prise et vint se poser près de son conjoint. Une des deux victorieuses commença à travailler tandis que l'autre faisait le guet d'un air de défi. De temps en temps les Étourneaux essayaient une nouvelle attaque, ils manœuvraient si lourdement qu'il furent vaincus par l'agilité et la souplesse de leurs adversaires et prirent leur vol ensemble.

Le lendemain, je voulus m'asssurer du résultat définitif de la lutte ; je trouvai mes deux Sittelles installées et l'entrée de leur nid maçonnée et réduite au diamètre voulu : décidément elles avaient remporté la victoire.

Le Torche-Pot pond de quatre à six œufs blancs, à points rougeâtres.

Les autres espèces ont exactement les mêmes mœurs et habitudes, tous vivent exclusivement d'insectes.

La Sittelle d'Europe (*Sitta Europœa* Linné) est un habitant des pays scandinaves.

La Sittelle syriaque (*Sitta Syriaca* Ehrenbert) et la Sittelle de Krueper (*Sitta Krueperii* Pelzeln) sont confinées en Syrie et dans l'Europe orientale.

La Grimpereau brachydactyle (*Certhia brachydactyla* Brehm) est répandu dans toute l'Europe, tandis que le Grimpereau familier (*Certhia familiaris* Linné) qui a les mêmes habitudes, vit presque exclusivement sur les Alpes suisses et scandinaves ou dophrines.

Le Grimpereau familier est un tout petit oiseau gris, très actif, travailleur incessant qui court comme une souris sur le corps et les branches des arbres, les bois pourris, les murs, pour y chercher les vers, les araignées et les larves dont il se nourrit. Il est si confiant, ou plutôt si occupé à son travail qu'il ne voit pas le promeneur arrêté à quelques pas de lui. Il est sédentaire, place son nid composé de bûchettes et de mousse dans les cavités des murs, des rochers, quelquefois sous l'écorce soulevée d'un vétéran de la forêt, ou dans l'épaisseur d'un fagot d'épines. Il y dépose de six à huit petits œufs ronds, blancs et pointillés de rouge.

Le Tichodrome échelette (*Tichodroma muraria* Linné)

est un oiseau aussi joli qu'intéressant. Ses ailes sont en grande partie d'un beau rouge carmin ; son bec long, en forme de faucille, lui permet de fouiller les interstices des rochers et des murs, contre lesquels il passe sa vie entière. Quand on le voit grimper en s'aidant de ses ailes contre une paroi à pic, d'un bond se laisser tomber et monter de nouveau, sondant, examinant tout sur son passage, et recommençant indéfiniment le même manège, on le prendrait facilement pour un énorme papillon. Il n'est pas commun ; et c'est encore dans les gorges des montagnes de la Suisse et de la Savoie que je l'ai rencontré le plus souvent.

C'est donc par un fait tout à fait exceptionnel que j'ai vu, à la fin d'octobre 1885, un Tichodrome visiter pendant toute une demi-journée les murailles du château de Boucq (Meurthe-et-Moselle).

Son nid est habituellement posé à une grande hauteur dans les crevasses des rochers ou des murs ; il y dépose de cinq à sept œufs ovés, blancs, à très petits points noirs, qui valent de huit à douze francs pièce, précisément à cause de la difficulté de se les procurer.

UPUPIDÉS. Cette famille originale ne se rapproche d'aucune autre, elle n'est représentée que par un petit nombre d'espèces dont une seule habite l'ancien continent.

La HUPPE VULGAIRE *(Upupa epops* Linné), vulgairement appelée *Coq-Bois* est haute sur patte, de la grosseur d'une Grive, et remarquable par une huppe très élevée qu'elle dresse ou abaisse selon qu'elle est sous l'impression de la crainte ou de la colère. Tout son corps est d'un roux clair uniforme, barré transversalement de raies noires. Son long bec en faucille lui permet de saisir les insectes qu'elle cherche habituellement dans les excréments animaux, aussi la voit-on souvent sur les routes et dans les pâturages où elle émiette les résidus qui lui fournissent ses proies favorites.

Elle nous arrive à la fin d'avril, ne fait pas de nid, mais dépose dans un creux d'arbre cinq ou six œufs ovalaires presque cylindriques d'un gris vert ou violacé très pâle et assez brillants; puis elle nous quitte en septembre. Le Coq-Bois passe pour un oiseau très sale en raison de l'odeur infecte qui se dégage de son nid, peut-être à cause de son mode de nourriture, ou parce qu'il ne rejette pas au dehors les fientes des petits comme le font généralement tous les oiseaux qui se logent dans les trous profonds. Dans les espèces qui nichent à l'air libre, on sait de quelle façon quelquefois comique les petits se soulèvent pour projeter leurs déjections le plus loin possible.

La Huppe ne chante pas, mais pousse de temps en temps sur le même ton que le Coucou un *bot, bot, bot*, qui lui a fait aussi donner dans les campagnes le surnom de *Bout-Bout*.

PARADISÉIDES. — Les Paradisiers sont caractérisés par leurs pieds robustes dont les deux doigts externes sont soudés jusqu'à la première phalange; par un plumage tout spécial et des parures extraordinaires. Le bec falciforme des Épimaques les rapproche des Huppes, tandis que le bec droit et fort des Paradisiers proprement dits leur donne plus d'analogie avec les Corbeaux.

Ces oiseaux, par leur histoire légendaire tout autant que par la splendeur de leur livrée ont, de tout temps, excité l'admiration comme la convoitise des voyageurs et des savants. C'est qu'en effet, la nature semble avoir réuni sur ces êtres privilégiés toutes ses facultés décoratives. Tantôt leur robe emprunte au velours sa douceur et ses reflets irisés, tantôt c'est à la soie qu'elle ravit ses teintes les plus vives et les plus chatoyantes. Ce n'est pas tout, les ornements les plus variés, les plus bizarres leur sont prodigués, les filets, les parements, les huppes, les collerettes, les camails aux nuances les plus riches et les plus éclatantes viennent à l'envi compléter ces merveilleux plumages.

Ces oiseaux admirables habitent presque exclusivement la Papouasie, leurs mœurs sont encore peu connues. On sait que tout en préférant les fruits, ils sont en général omnivores.

Leur dépouille est très recherchée, une belle peau de mâle adulte est payée par la mode parisienne jusqu'à cent francs, et certaines espèces ont atteint pour les naturalistes jusqu'à quatre et même cinq cents francs. Il est à craindre que ces prix élevés et l'importation des armes à feu chez les indigènes n'amènent rapidement la grande rareté et peut-être même la disparition entière de ces magnifiques créatures.

Il y a quelques années, un naturaliste voyageur, M. Léon Laglaize, a importé en France deux couples vivants de Paradis émeraude (*Paradisea minor* Sharr), l'un d'eux fut vendu cinq ou six mille francs à son arrivée, l'autre fut exposé pendant un mois ou deux au Jardin des plantes où tout Paris a pu l'admirer.

Ces oiseaux fortement charpentés ont les allures des Corbeaux, sautent et marchent comme eux, paraissent lourds et selon l'expression des préparateurs, sont ingrats au montage; c'est au vol qu'il faut les voir pour se rendre compte de la légèreté et de la grâce de leurs mouvements. Ces parures qu'ils font jouer constamment, en particulier ces immenses filets qu'ils rejettent au-dessus de leurs ailes, doivent aux yeux des voyageurs leur donner, sous le soleil brillant de leur pays natal, l'apparence de splendides météores.

CORVIDÉS. — Tout le monde connaît les Corbeaux, oiseaux rustiques, lourds, avec un bec et des pieds robustes, médiocres voiliers; mais très intelligents et faciles à apprivoiser.

Le CORBEAU ORDINAIRE (*Corvus corax* Linné) est répandu dans toute l'Europe, l'Asie et l'Afrique septentrionale. Il ne partage pas les habitudes migratrices des autres espèces du genre; mais il est sédentaire sur un grand nombre de points. Il est omnivore, mais paraît préférer à toute autre nourriture la viande, même corrompue. Comme je l'ai fait remarquer au chapitre des Vautours, si un animal mort est disposé pour un affût, les Corbeaux sont toujours les premiers arrivés.

Le grand Corbeau établit une sorte d'aire dans les trous, ou les anfractuosités des rochers élevés et y dépose quatre ou cinq œufs d'un joli vert, marbrés de brun comme ceux de ses congénères. Je l'ai pris dans les Pyrénées, dans les Basses-Alpes, près de la roche de Rubenc et sur les rochers d'où s'élance la curieuse cascade de Kaf el Mezioud, en Algérie.

Corbeau apprivoisé, surveillant les Moineaux qui cherchent à picorer dans sa gamelle.

J'ai admiré chez M. Lunel, conservateur du Musée de Genève, le fameux Corbeau dont il a écrit l'histoire ; non seulement il fait une foule de tours d'adresse et semble comprendre tout ce qu'on lui dit ; mais il pousse l'esprit d'observation à tel point que je l'ai vu un jour s'approcher de la fontaine, en ouvrir le robinet, boire à son aise, puis le refermer exactement comme le ferait la plus soigneuse ménagère.

Le CORBEAU CORNEILLE *(Corvus corone* Linné) est commun dans toute l'Europe et l'Asie centrale. C'est un oiseau très familier qui suit le sillon ouvert par le laboureur et débarrasse son champ de tous les vers blancs, larves et autres insectes que le soc de la charrue met à découvert.

Pris jeune, il vit dans l'intimité du foyer domestique, partageant la nourriture de ses maîtres. Celui que j'ai eu pendant quelque temps me suivait fréquemment à la promenade, voletant ou sautant selon l'allure que je prenais.

Lorsque la neige couvre le sol, les enfants le capturent très facilement au moyen de cornets faits en papier dur, du diamètre de la tête de l'oiseau : ils placent au fond, un petit morceau de viande, puis enduisent le bord intérieur d'un peu de glu, et les enfoncent debout dans un tas de menue paille. Aussitôt que le Corbeau aperçoit un espace de terrain nu, il s'y abat et découvre rapidement l'amorce. Pour saisir le petit morceau de viande, il s'empresse d'enfoncer son bec au fond du cornet qu'il s'attache ainsi sur la tête. Privé de lumière le pauvre oiseau s'élève un instant, fait quelques zigzags, puis se laisse tomber et demeure immobile. Que le petit chasseur s'approche sans bruit, il le prendra facilement.

La Corneille niche sur les arbres et le plus souvent ne fait pas de nid, mais s'empare de celui qu'un oiseau de proie a abandonné et qu'elle restaure. Dailleurs elle n'est pas difficile sous ce rapport. Le 10 mai 1870 j'en ai pris quatre œufs dans un nid de Busard Saint-Martin, posé à terre au milieu des prés de Voissoigne (Meurthe-et-Moselle). Une autre fois dans la forêt de Saint-Pierremont, une Corneille couvait cinq œufs à elle, avec un œuf rouge qui évidemment appartenait à une Cresserelle. J'eus le tort de prendre la nichée pour ma collection ; il eût été curieux de savoir si la couveuse aurait fait éclore et nourri le jeune Faucon.

En hiver, les différentes espèces de Corneilles vivent en plaine où elles se réunissent en grandes troupes.

Le CORBEAU MANTELÉ *(Corvus cornix* Linné) habite l'Europe et l'Asie septentrionale ; il se reconnaît à la couleur gris cendré de son corps. Ses mœurs et ses habitudes sont les mêmes que celles du Corbeau ordinaire. En hiver on le voit souvent dans les troupes de Corneilles noires et de Freux.

Le CORBEAU FREUX *(Corvus frugilegus* Linné) a tout le tour du bec dépourvu de plumes. Comme son nom l'indique, il s'attaque volontiers aux fruits sans toutefois dédaigner les insectes. Il vit en colonies, même au moment de la pariade, où l'on voit souvent dix ou quinze nids de cette espèce établis les uns près des autres sur le même arbre, témoin ceux qui s'installent sur les peupliers de l'Élysée, à Paris ; j'en ai vu de nombreuses troupes dans plusieurs autres endroits, en Champagne, près de Dreux, en Bretagne, etc.

Le CORBEAU CHOUCAS *(Corvus monedula* Linné) a les

mêmes mœurs et habitudes que les précédents, mais c'est l'hôte des cathédrales, des falaises, des tours élevées où ils se rassemblent en grand nombre. A Nantes, le château d'Anne de Bretagne en loge une quantité si prodigieuse, qu'au moment de la sortie du nid, les arbres voisins sont couverts de jeunes oiseaux qui font un tapage assourdissant.

Les **Pyrrhocorax** diffèrent des Corbeaux par la couleur rouge ou jaune de leur bec, mais ils leur ressemblent par leur livrée noire et par leurs habitudes.

Le Pyrrhocorax Chocard (*Pyrrhocorax Alpinus* Vieillot) est confiné sur les Alpes et les Pyrénées où il vit en société et niche sur les rochers inaccessibles. Nulle part je ne l'ai vu aussi abondant qu'aux roches de Lhéris, au-dessus de Bigorre (Hautes-Pyrénées).

Le Pyrrhocorax grave (*Pyrrhocorax granulus* Linné) a une aire de dispersion plus étendue. On le trouve non seulement dans les Alpes et les Pyrénées où il est plus rare que le précédent, mais encore en Bretagne, en Angleterre et sur quelques montagnes de l'Asie et de l'Afrique septentrionale.

Le Casse-Noix vulgaire (*Nucifraga caryocatactes* Linné) est un habitant des forêts résineuses des hautes montagnes de l'Europe et de l'Asie occidentale. Sa livrée est assez originale; il est uniformément d'un brun chocolat parsemé de gouttelettes blanches. C'est un oiseau confiant qui vit d'insectes et de semences et qui sait se faire à l'avance des provisions de graines de pin Cembro et autres qu'il cache dans les trous d'arbres ou de rochers et qu'il vient chercher en hiver. Il se reproduit de très bonne heure, aux confins des neiges éternelles. Son nid est composé de petites bûchettes, comme celui du Geai, mais plus chaud et bien feutré de mousse. Les œufs que je possède, ont été pris du 15 au 20 mars, au Jura neuchâtellois et à la montagne du Pillet (Basses-Alpes). Ils sont d'un vert bleuâtre clair, parsemés de petits points bruns. Cet oiseau émigre de temps en temps. Tous les dix ou quinze ans, on en voit des passages en Lorraine. Le dernier sujet que j'ai tué, le 7 octobre 1887, avait le gésier garni d'insectes et de faînes.

La PIE ORDINAIRE (*Pica caudata* Linné) répandue dans tout l'ancien monde est un oiseau rusé, audacieux, méfiant et qui ne donne dans aucun piège ; ajoutez à cela la manie du vol, l'instinct du mal et vous aurez le portrait de l'être le plus désagréable qui puisse fréquenter votre parc. Me dira-t-on pour sa défense qu'elle mange des insectes, des larves, des vers blancs, je l'admets; mais elle me fait plus de tort que de bien, car elle détruit les œufs et les jeunes oiseaux chanteurs et insectivores que je protège dans mes jardins. Quel chasseur ne considère pas comme une ennemie celle qui lui enlève les poussins de Cailles et de Perdreaux. A l'article du Moyen-Duc, j'ai donné une idée de son caractère dominateur et méchant, il est bon que l'on connaisse aussi ses ruses.

Lorsque dame Margot songe à multiplier son espèce, ne croyez pas qu'à la manière des oiseaux elle va se bâtir un nid et y travailler sous vos yeux jusqu'à ce qu'il soit terminé ! Que de fois j'ai ainsi surveillé des nids de Pies qui n'aboutissaient pas. Aussi, j'ai étudié de très près un couple de ces oiseaux et j'ai pénétré leur ruse. Toute la journée, avec une agitation et des jacasseries continuelles, parfois des airs effarés, elles portent des brindilles de bois sur un peuplier, quelques jours après sur un autre, font quatre ou cinq nids à la fois et paraissent travailler avec le plus grand zèle; mais, sortez de grand matin et observez mes fines commères; elles portent, dans un endroit bien caché, des bûchettes de bois qu'elles relient avec de la terre, garnissent ensuite, et font sans bruit et dans le secret, un vrai nid que personne ne soupçonne et où elles elèveront leurs petits.

La PIE BLEUE (*Pica cyana* Wagner) est plus petite et plus jolie que la précédente, moins nuisible, dit-on. Elle habite l'Espagne et le nord de l'Afrique.

Le GEAI ORDINAIRE (*Garrulus glandarius* Linné) ne mérite pas beaucoup plus d'indulgence que la Pie. S'il détruit moins de jeunes oiseaux, c'est parce que, habitant les bois, les nids sont pour lui moins faciles à trouver qu'en rase campagne ; mais aussi malheur aux jardins qui avoisinent les forêts : le maraudeur surveille la maturité des fruits et des semences, et la veille du jour où le jardinier vient cueillir ses pois, la récolte est faite, s'il n'a pas eu la précaution de recourir à la poudre.

Il faut cependant être juste, le forestier l'apprécie comme semeur. Le Geai n'aime pas à manger sur place le gland qu'il a cueilli. Il l'emporte, de préférence dans une plantation de sapins ; dans ses courses, il en laisse souvent tomber qu'il ne ramasse jamais et qui germent l'année suivante.

Lorsque j'étais enfant, si j'avais pris un Geai aux raquettes, je me gardais de le tuer et j'employais quelquefois un moyen assez original pour m'en procurer d'autres. J'emportais dans la forêt ma première victime, je la plaçais sur le dos et la maintenais dans cette position au moyen de deux petits crochets en bois enfoncés dans la terre de chaque côté du corps de façon à serrer les ailes sur le sol, puis je me cachais à peu de distance. Le captif poussait des cris perçants et appelait au secours ; mais dès qu'un confrère approchait à portée de ses pattes, il le saisissait et ne le lâchait plus ; j'avais tout le temps d'arriver pour dégager ma nouvelle prise.

Le GEAI IMITATEUR (*Garrulus infaustus* Linné) habite le nord de l'Europe et de l'Asie ; il est insectivore et a meilleure réputation que celui de nos régions.

LANIIDÉS. — Les Pies-Grièches, comme leur nom l'indique, sont loin d'avoir le caractère parfait. Ce sont des oiseaux hardis, entreprenants malgré leur petite taille, d'un naturel hargneux, mais qui nous rendent cependant quelques services par leur goût prononcé pour les insectes. Les grandes espèces ajoutent à leur ordinaire de petits mammifères et malheureusement aussi de petits oiseaux.

La PIE-GRIÈCHE GRISE (*Lanius excubitor* Linné) est sédentaire dans les bois du nord de la France et seulement de passage dans le Centre et au Midi. En général, elle ne vient en Lorraine qu'en automne ou en hiver ; on la voit alors dans les plaines, perchée à l'extrémité de la branche la plus élevée d'un buisson, d'où elle peut apercevoir de loin, soit une proie, soit un ennemi. Malgré ses ailes rondes, son vol est rapide et droit, et lorsqu'elle plane, elle prend volontiers les allures d'un petit Faucon et, comme lui, se laisse tomber tout d'un coup sur l'objet de sa convoitise. Malheur au petit Passereau qui se laisse surprendre dans les guérets ! Bientôt saisi, il est emporté sur un prunellier sauvage et enfoncé sur une épine où la sanguinaire Pie-Grièche peut le déchirer à son aise. Cet oiseau établit sur les arbres un nid de brindilles, de mousse et de graminées et y pond comme son congénère de quatre à sept œufs.

La PIE-GRIÈCHE MÉRIDIONALE (*Lanius meridionalis* Temminck) et la PIE-GRIÈCHE D'ITALIE (*Lanius minor* Gmélin) ont les mœurs et les goûts de l'espèce précédente et habitent le midi de l'Europe et l'Afrique septentrionale.

La PIE-GRIÈCHE ROUSSE (*Lanius rufus* Brisson) est une petite espèce caractérisée par une calotte d'un rouge assez vif. Elle habite l'Europe et l'Afrique et nous arrive seulement à la fin d'avril ou au commencement de mai. Elle se cantonne dans les taillis ou dans les vergers, où elle s'occupe immédiatement de sa reproduction. Je ne l'ai jamais vue, pas plus que les deux espèces suivantes, faire la chasse aux petits oiseaux, mais j'ai constaté que sa nourriture consiste en éphémères, forficules et insectes variés.

La PIE-GRIÈCHE ÉCORCHEUR (*Lanius collurio* Linné) est, avec sa poitrine rose et ses ailes rouges, un charmant petit oiseau dont les habitudes de migration et de régime sont les mêmes que celles de la précédente. Je l'ai vue souvent, comme la Pie-Grièche grise, fixer sur une longue épine l'insecte qu'elle va dévorer.

La PIE-GRIÈCHE MASQUÉE (*Lanius nubicus* Lichtenstein), propre à l'Afrique, est au physique et au moral le portrait en petit de la Pie-Grièche rousse.

STURNIDÉS. — Les Étourneaux et les Martins sont des oiseaux de moyenne taille, très sociables, qui vivent en troupes, sauf pendant le temps des nichées, et qui fréquentent souvent les Corneilles avec lesquelles ils ont une certaine analogie. Ils sont actifs, méfiants, mais cependant faciles à apprivoiser et grands destructeurs d'insectes. On sait que les Martins ayant été détruits inconsidérément à l'île Bourbon, les sauterelles pullulèrent à tel point qu'on dut faire revenir à grands frais ces utiles éliminateurs qui surent rapidement réparer les désastres dont les colons imprévoyants avaient été les victimes.

L'Étourneau vulgaire *(Sturnus vulgaris* Linné), connu aussi sous le nom de *Sansonnet*, est répandu dans l'Europe et dans l'Afrique septentrionale, tandis que son congénère, l'Étourneau unicolore *(Sturnus unicolor* de la Marmora) qui n'en diffère que par une robe plus foncée, reste confiné dans une zone méridionale.

En raison de sa rusticité, de sa docilité, de son aptitude à apprendre à siffler et même à prononcer quelques mots, c'est un des oiseaux dont l'homme fait le plus volontiers son compagnon. A l'état sauvage, ce n'est pas un chanteur, mais il a une sorte de gazouillement qui n'est pas sans charme.

En hiver, il vit très sobrement, au besoin de quelques graines, mais il préfère de beaucoup les vers blancs et les insectes parasites des animaux. Aussi le voit-on souvent autour des troupeaux courir entre les bestiaux, passer entre leurs jambes, se poser sur leur dos sans s'inquiéter du berger qui est à quelques pas d'eux. Mais si un chasseur veut l'approcher, l'intelligent animal connaît la portée du fusil et se tient à distance. Le Sansonnet a, hélas! un goût malheureux : il adore les cerises et les raisins. En un jour ou deux, une volée d'Étourneaux récolte un cerisier, et il ne lui faut pas plus de temps pour ravager une vigne isolée. Donc, en nous rendant de grands services, cet oiseau nous cause des dommages appréciables, et il est bien difficile de prendre complètement sa défense.

Il s'accouple au mois de mars, niche dans les trous d'arbre et de rochers, et dépose sur un nid sans art de quatre à six œufs d'un joli bleu tendre lustré. L'Étourneau fait deux couvées; lorsque la première se suffit à elle-même, il commence la seconde, et lorsque celle-ci est élevée, ils se réunissent tous pour vivre en société. Un fait très intéressant est la réunion quotidienne de toutes les volées d'une région pour passer la nuit en commun. Un étang en plaine, bien garni de roseaux à balais et à proximité d'une forêt, est en général le lieu qu'ils choisissent pour leur cantonnement.

L'étang Dampré, en Meurthe-et-Moselle, est dans ces conditions, et de plus situé près d'un vignoble important. En août et septembre quand le raisin commence à rougir, les vignerons qui savent par expérience le goût prononcé du Sansonnet pour le raisin viennent souvent me demander de lui faire la guerre. Habituellement je me contentais de prendre mon fusil, de partir à la chute du jour, et quand la nuit était tombée j'arrivais à l'étang et tirais quelques coups de fusil au jugé dans les roseaux. La troupe de ces oiseaux est si compacte, que le lendemain on en ramassait un grand nombre.

En 1884, la récolte promettait d'être belle et plus que jamais je voulais éloigner nos voleurs. J'imaginai un système nouveau qui réussit au delà de mes espérances. Je fis faire deux nappes en filet, à mailles proportionnées, ayant 60 mètres de longueur sur une hauteur de $1^m,50$, et j'adaptai de fortes perches aux deux extrémités ; la nuit venue, je me mis en route avec un renfort d'hommes de bonne volonté. J'avais fait pratiquer au travers du fourré de roseaux et sur toute sa longueur une tranchée d'un mètre de largeur, j'y fis placer quatre hommes munis de perches avec mission de maintenir perpendiculaires mes deux nappes, que j'avais d'ailleurs fixées solidement aux deux extrémités ; puis, avec le reste de mes volontaires, je pris les roseaux à revers et nous rabattîmes en ligne de bataille vers les engins en faisant le plus de bruit possible. Les malheureux Étourneaux surpris dans l'obscurité s'enlevaient ahuris, se reposaient plus loin, finalement se jetèrent dans le filet, mais avec une telle force et en si grande quantité que les nappes et les hommes tout fut renversé et que nous ramassâmes à peine trente prisonniers. Nous nous promîmes de recommencer le lendemain en assujettissant plus solidement nos engins ; mais les Étourneaux en avaient assez de la première expérience ; ils quittèrent le canton pour tout l'automne, allèrent s'établir dans un étang situé de l'autre côté de la forêt et manger les raisins de nos voisins. En une fois, j'avais obtenu un résultat que dix nuits de chasse au fusil ne m'auraient peut-être pas donné.

Le MARTIN ROSELIN (*Pastor roseus* Linné) ou Merle rose des Provençaux est un habitant de l'Asie, de l'Afrique et de l'Europe méridionale. Il se mêle volontiers aux volées d'Étourneaux dont il a toutes les habitudes. Son œuf est aussi joli, mais d'une nuance un peu plus pâle.

CHAPITRE VII

PASSEREAUX

— SUITE —

Nourriture des jeunes oiseaux. — Fringillidés. — Omelette d'œufs de Moineaux. Bouvreuils. — Les fleurs animées de Sidi-Makrelouf. — Loxiens. — Cerises et Gros-Becs — La Niverolle du Mont Saint-Bernard. — Fringille. — Intelligence des Chardonnerets. — Le chat et le nid de Linottes. — Bruants et Plectrophanes.

Avant d'aborder les petits Passereaux granivores et insectivores, il est nécessaire de dire que tous les jeunes oiseaux ont besoin à leur naissance d'une nourriture généreuse, azotée, et que tous les Passereaux et la plupart des espèces des autres ordres, pour satisfaire à cette loi de la nature, donnent des insectes à leurs petits, soit à l'état de larves ou d'œufs, soit à l'état parfait. Le fait est si bien admis que les oiseleurs et les faisandiers ne manquent pas de présenter à leurs jeunes élèves des œufs de fourmis, des vers de farine et autres, sans lesquels ils perdraient une partie notable de leurs nourrissons; tandis que les mêmes sujets, devenus adultes, se trouvent à merveille d'un régime exclusivement végétal. Quand donc j'indiquerai que tel oiseau est granivore ou frugivore, il sera entendu que cette indication ne concernera que les sujets adultes.

Chez les Passereaux, les mœurs et habitudes sont généralement les mêmes dans tout le genre, je préviens donc le lecteur que si, pour éviter les redites, je ne donne de détails intimes que sur une seule espèce, ils s'appliqueront au genre tout entier.

FRINGILLIDÉS. — Cette famille se compose de petits oiseaux remuants, actifs, munis d'un bec court et solide, le plus souvent conique, qui leur permet de broyer ou de décortiquer les graines dont ils font habituellement leur nourriture. Presque tous acceptent facilement la captivité et sont faciles à élever; on y comprend : les Moineaux, les Bouvreuils, les Becs-Croisés, les Gros-Becs, les Niverolles, les Fringilles, les Linottes et les Bruants.

Le MOINEAU DOMESTIQUE (*Passer domesticus* Linné) est l'oiseau sédentaire le plus commun en Europe et certainement celui qu'on connaît le mieux. Il est hardi, batailleur, quoique sachant s'éclipser quand il n'est pas le plus fort, rusé, ne donnant presque jamais dans le piège et disposé surtout à vivre sur le compte d'autrui. Doué d'un appétit robuste, il est presque omnivore dans le voisinage de l'homme. Il aime tous les insectes, happe le papillon ou broie le hanneton avec bonheur et sans mépriser la miette de pain qu'il ramasse en passant, surveille le blé qui mûrit, pille les semences du jardinier et gobe jusqu'à la dernière les cerises qui rougissent dans son voisinage. Aussi mauvais architecte que détestable chanteur, il fait grossièrement un nid sans art qu'il place tantôt dans des creux de murailles ou sous les tuiles d'un toit, tantôt au sommet d'un arbre ou même dans celui d'une Hirondelle qu'il en a expulsée. Les œufs de tous les Moineaux sont blancs mouchetés de brun à l'exception de celui du Soulcie dont les taches sont plutôt rousses.

Le MOINEAU FRIQUET *(Passer montanus* Linné) vit plutôt dans les champs que près des habitations.

Le MOINEAU SOULCIE *(Passer petronia* Linné) doit son nom au croissant jaune qui orne sa gorge ; il est peu commun et ne se trouve que dans l'Europe méridionale et l'Asie occidentale.

Le MOINEAU CISALPIN *(Passer Italiæ* Vieillot) est une espèce ou race italienne.

Le MOINEAU ESPAGNOL *(Passer hispaniolensis* Temminck) se rencontre en Espagne et en Italie, mais sa véritable patrie est l'Afrique septentrionale où il remplace notre espèce indigène. Il y est tellement commun qu'au printemps de 1858, dans une excursion que je fis dans l'Atlas algérien, j'ai rencontré dans un fourré de myrtes et de pistachiers sauvages de cent mètres de long environ, une colonie où il y avait au moins cinq cents nids de cet oiseau. En une heure à peine, les quatre militaires qui m'accompagnaient ramassèrent un nombre d'œufs suffisant pour se faire une large omelette, après avoir rejeté tous ceux qui avaient subi un commencement d'incubation. Le fait n'est pas rare ; c'est une des bonnes aubaines que nos soldats rencontrent quelquefois.

Le BOUVREUIL VULGAIRE *(Pyrrhula vulgaris* Latham) est répandu dans toute l'Europe, ainsi que la grande race, le Bouvreuil ponceau *(Pyrrhula coccinea* de Sélys). C'est un joli oiseau à dos bleu et à tête noire ; malheureusement le rose carmin de ses parties inférieures perd sa vivacité aussitôt qu'il est mort. Il en est de même pour toutes les espèces du genre. Le Bouvreuil est très estimé des oiseleurs tant à cause de sa beauté que par sa docilité et la facilité avec laquelle il apprend à siffler les airs qu'il entend. Il se nourrit de baies, de semences dures et de bourgeons pendant l'hiver. Son nid ressemble en petit à celui du Geai ; on le trouve ordinairement dans les buissons ; il y pond de quatre à cinq œufs d'un bleu clair et piquetés de brun.

Le BOUVREUIL ROSELIN (*Pyrrhula rubicilla* Güldenstaedt) et le Bouvreuil cramoisi (*Pyrrhula erythrina* Pallas) sont de charmantes espèces asiatiques qui viennent de temps en temps visiter l'Europe orientale.

Le BOUVREUIL GITHAGINE (*Pyrrhula githaginea* Lichtenstein) est une espèce plus méridionale que les précédentes et qu'on ne rencontre que dans l'Europe méridionale, l'Asie occidentale et l'Afrique septentrionale. C'est un délicieux petit oiseau qui, par ses habitudes, se rapproche des Linottes ; mais il a le même mode de nidification et la même couleur d'œufs que les Bouvreuils.

La première fois que je le vis, c'était le 10 juin 1856 ; j'étais avec ma petite caravane dans le désert du Sahara algérien, en marche vers El-Aghouat dont je n'étais plus séparé que par une forte étape. Tous nous étions pressés d'arriver pour prendre un repos bien gagné et devenu nécessaire. Le voyage avait été heureux jusque-là, sans accident, sauf la perte d'un chameau qui s'était cassé une jambe dans les sables mouvants et qu'il fallut abattre. Nous nous réjouissions, mes compagnons de route et moi, surtout mon préparateur, de coucher dans un lit tel quel, pourvu que ce fût un lit, de manger du pain, peut-être de boire du vin ; tout ce confort nous attendait à El-Aghouat.

En arrivant près d'un lieu appelé Sidi-Makrelouf, mon attention fut attirée par un amas de roches amoncelées que l'on est surpris de voir émerger de cette immense plaine de sable ; mais quel ne fut pas mon étonnement lorsque j'aperçus, semées sur ces roches brûlées et au milieu de cette nature désolée et aride, une quantité de superbes fleurs d'un rouge éclatant, dont la fraîcheur contrastait d'une façon si extraordinaire avec le ton uniformément gris du désert. La curiosité me fit hâter le pas, et au fur et à mesure que j'approchais, je vis distinctement mes petites fleurs sauter et changer de place ; plus intrigué encore lorsque je reconnus des oiseaux, je m'arrêtai pour étudier leurs mouvements et écouter leur délicieux gazouillement ; mais bientôt l'esprit du collectionneur se réveilla, je tirai dans un groupe et ramassai six Bouvreuils githagines, les uns adultes avec un bec d'un joli rouge orangé, les autres jeunes et, par conséquent, d'un rouge moins vif et avec le bec moins coloré.

Le DUR-BEC VULGAIRE (*Corythus enucleator* Linné) est un habitant des régions arctiques qui descend rarement dans l'Europe tempérée. Il vit dans les massifs de conifères où il se reproduit. Son œuf est marqué de taches plus grandes et de couleurs plus vives que celui des Bouvreuils, dont cet oiseau se rapproche beaucoup par son caractère et ses habitudes.

Les Loxiens sont aussi des habitants des grandes forêts de pins de notre hémisphère. Ils se reconnaissent à leur forme lourde, ramassée et à leur bec dont les mandibules amincies vers la pointe se croisent à leur extrémité.

Le BEC CROISÉ ORDINAIRE (*Loxia curvirostra* Linné) est un oiseau sans méfiance qui ne s'effraie de rien ; il vit sédentaire sur les montagnes élevées où il trouve facilement sa nourriture qui consiste presque exclusivement en semences de conifères. La conformation de son bec lui permet de vider rapidement les cônes les mieux garnis. Il niche de très bonne heure, place son nid dans les sapins et y dépose de quatre à cinq œufs d'un blanc verdâtre finement tachés de brun rouge. Ceux de ma collection ont été pris du 15 février au commencement de mars dans la forêt de Tournoux et dans celle de Coulloubroux (Basses-Alpes). Quand les jeunes sont grands, ils voyagent souvent en petites bandes avec leurs parents, et c'est dans ces conditions que nous les voyons quelquefois sur les grands conifères de nos parcs.

Le BEC-CROISÉ PERROQUET (*Loxia pithyopsittacus* Bechstein) et le Bec-Croisé bifascié *(Loxia bifasciata* Brehm) sont des espèces très voisines ayant les mêmes mœurs.

Le GROS-BEC ORDINAIRE (*Cocothraustes vulgaris* Vieillot) est répandu dans tout l'ancien monde. C'est un bel oiseau orné de couleurs vives et tranchées, à queue très courte et carrée et armé d'un énorme bec avec lequel il ne faut pas plaisanter. C'est l'outil avec lequel il ouvre les noyaux les plus durs pour en prendre les amandes dont il est très friand.

A l'époque de la maturité des fruits, il est très intéressant à observer. Vous pouvez vous asseoir à quelques pas d'un cerisier — mais cachez-vous bien, car il est très méfiant — et vous vous rendrez compte de la manière dont il procède. Après s'être posé au sommet de l'arbre, vous le verrez cueillir une cerise, en déchirer ou en laisser tomber la pulpe, puis il emportera sur un autre arbre le noyau qu'il casse et dont il mange l'amande. Telle est l'explication d'un fait qui paraît parfois singulier, c'est la quantité de pulpes de cerises qu'on trouve sans noyau sous certains arbres.

Le Gros-Bec fait en avril un nid composé extérieurement de petites buchettes, il y pond de quatre à six œufs d'un joli vert olive maculés de violet. Il nous quitte en automne pour gagner des régions plus méridionales.

La NIVEROLLE DES NEIGES *(Montifringilla nivalis* Brisson) est une sorte de grand Pinson à dos gris, à ventre d'un blanc sale avec la plupart des rémiges, des rectrices et les couvertures d'un blanc pur. C'est un Oiseau doux, confiant et que, sous ce rapport, on pourrait comparer au Rouge-Gorge. Il habite les hautes montagnes, aux confins des neiges. Lorsque l'excursionniste visite ces régions, il rencontre souvent une Niverolle presque toujours perchée sur une pointe de roche. Qu'il l'observe, il verra la charmante petite bête le regarder avec curiosité, indiquer, par les frémissements de son corps, le balancement de sa queue, le plaisir que lui procure cette visite inattendue, elle l'accompagne, le devance, paraît lui indiquer sa route et, dans son langage muet, lui souhaiter la bienvenue.

En été, elle est friande d'insectes et de petits mollusques, en hiver elle se contente de semences. On trouve généralement son nid dans les crevasses des rochers ; j'en ai observé plusieurs sur la façade du couvent du Saint-Bernard ; mais les bons pères les protègent avec tant de sollicitude que je n'ai pas voulu leur en demander une pour ma collection. Leur petit gîte n'est pas fait avec plus de soins que celui du Moineau et contient quatre ou cinq œufs d'un blanc pur.

Le FRINGILLE PINSON (*Fringilla cœlebs* Linné) est répandu en Europe et même au moment de la reproduction dans une partie de l'Asie. Il quitte le Nord en hiver pour aller se cantonner dans l'Ouest et dans le Midi sans, toutefois, passer la Méditerranée. C'est un chanteur déterminé qui commence à se faire entendre dès les premiers rayons de soleil, quelquefois à la fin de janvier ou au commencement de février. Sa nourriture est variée, il mange des insectes et des graines, il est surtout friand de pépins de poires et de pommes. Son nid, placé à l'enfourchure des branches ou contre le tronc des arbres, est artistement bâti. A l'extérieur, il est tapissé de lichens reliés avec des toiles d'araignées qui le dissimulent à merveille, tandis que l'intérieur est chaudement garni de plumes et de crins habilement entrelacés. C'est dans ce charmant berceau que la mère dépose en avril quatre ou cinq œufs d'un vert pâle ponctués de rouge vineux. Lors même que la première nichée réussit, le Pinson en fait habituellement une seconde deux mois plus tard.

Le FRINGILLE SPODIOGÈNE (*Fringilla spodiogena* Bonaparte) remplace en Algérie notre Pinson et s'égare quelquefois en Europe.

Le FRINGILLE DES ARDENNES (*Fringilla montifringilla* Linné) se reproduit dans l'extrême Nord. Il nous arrive avec le Pinson et passe tout ou partie de l'hiver avec nous. Il est surtout commun dans les années où la faîne est abondante ; c'est dans ces conditions qu'étant à la chasse un jour d'hiver j'en ai vu une troupe immense s'abattre dans une forêt riche en hêtres. Le soleil était brillant, mais leur vol était si compact qu'il produisit une ombre très appréciable pendant près d'une heure.

Le FRINGILLE VERDIER *(Fringilla chloris* Linné) est un oiseau maussade, peu intéressant, dont le cri est rauque et le chant sans agrément. Il arrive de bonne heure au printemps et repart en automne après avoir fait une ou deux couvées. Ses œufs, semblables à ceux des espèces dont nous allons parler, sont d'un blanc verdâtre à petits points d'un rouge brun.

Le FRINGILLE CHARDONNERET *(Fringilla carduelis* Linné) est un excellent petit chanteur qui se trouve à peu près partout dans l'ancien monde et vit sédentaire au milieu de nous. Vif, sémillant, volontiers batailleur, il semble avoir conscience de sa valeur ; peut-être est-il un peu vaniteux, mais quel est le beau cavalier auquel on ne pourrait adresser ce reproche ? Le Chardonneret aime toutes les graines, particulièrement celles de salade, de salsifis ce qui le fait voir d'assez mauvais œil par les jardiniers. En hiver il fréquente les bois taillis où abondent les chardons qui constituent alors sa provision et qui lui ont valu son nom.

Il s'habitue très bien à la captivité, on peut même le dresser à quelques exercices, particulièrement à tirer un seau d'eau d'un petit puits, ce qu'on a nommé « la galère ».

Son nid ressemble à celui du Pinson, il est aussi bien fait mais plus petit. Il le place à l'extrémité des branches en sorte que, par les grands vents, il arrive parfois que le nid trop balancé laisse échapper les œufs.

A ce propos, j'ai été témoin d'un fait qui prouve de la réflexion chez ce Fringille :

Un nid avait été construit comme je viens de le dire et renversé par le vent. Dès le lendemain mes Chardonnerets en recommençaient un nouveau que, cette fois, et contrairement aux habitudes de leur espèce, ils placèrent sur une grosse branche de tilleul taillée et coupée court en sorte qu'elle était entourée de brindilles enfeuillées qui cachaient admirablement le précieux édifice. Leur prévoyance fut récompensée et les quatre petits furent élevés sans encombre.

Le FRINGILLE TARIN (*Fringilla spinus* Linné) est propre à l'Europe et à l'Asie, mais il se reproduit dans le Nord et nous ne le voyons qu'à son double passage ou quelquefois pendant l'hiver.

C'est encore un oiseau très intéressant, qui a quelque ressemblance morale avec le Chardonneret. Il est vif, perpétuellement en mouvement, sans défiance, mais quinteux quand on le dérange, au demeurant de bonne composition avec les autres oiseaux. C'est plaisir de le voir visitant un à un les cônes des arbres verts, des mélèzes ou des aulnes, montant, descendant, se suspendant la tête en bas pour en extraire les graines. Son chant, quoique peu varié, est agréable et se marie très bien avec celui des autres oiseaux.

Son nid, profond, presque aussi bien bâti que celui du Chardonneret, est placé sur les branches des sapins et contient ordinairement quatre œufs.

J'ai possédé longtemps un Tarin capturé au filet de

Chardonneret et Tarin se querellant en présence d'un Bouvreuil

D'HAMONVILLE, La Vie des Oiseaux.

jour, il s'était rapidement apprivoisé et lorsqu'on ouvrait sa cage, après avoir fait un tour de vol pour se dégourdir les ailes, il revenait au premier appel se poser sur mon doigt ou sur mes lèvres et cherchait le grain de chènevis qui était sa récompense. Pour l'obtenir, il furetait partout dans mon poing fermé, dans mes poches, le moindre signe lui faisait comprendre où il trouverait cette petite friandise.

Le FRINGILLE CINI (*Fringilla serinus* Linné) est spécial à l'ancien monde. Il nous arrive dès le début du printemps pour nous quitter en automne. Il n'est pas commun et ne s'installe que dans quelques localités privilégiées, généralement situées en côte, où il trouve de l'eau vive en abondance pour son bain quotidien. Il recherche les très petites graines, comme celle de la renouée des oiseaux, de la bourse à pasteur, du plantain, du séneçon et les mange à demi mûres. Il s'établit de préférence dans les jardins paysagers où il les trouve en quantité. C'est aussi un gentil chanteur qui aime à fredonner sa chanson dans les airs. On le voit tout d'un coup s'élever vers le ciel, planer en chantant à la façon de l'Alouette et descendre lentement sans interrompre son refrain. Il a un art extrême à cacher son nid qui ressemble à celui du Chardonneret ; tantôt il le dissimule sur une longue branche horizontale entre deux ou trois petits rameaux, tantôt il le suspend en dessous d'une branche de sapin au milieu de brindilles pendantes qu'il rassemble et qui le masquent à merveille. Sa ponte est de quatre œufs, rarement plus ou moins.

Le FRINGILLE VENTURON (*Fringilla citrinella* Linné) n'habite que l'Europe méridionale, sur le revers des montagnes et des collines boisées. Il a la plus grande ressemblance morale et physique avec le Cini.

Les **Linottes** se réunissent comme les Fringilles en bandes nombreuses lors de leurs migrations ; leur robe est grise, rehaussée généralement d'une teinte rose sur la poitrine. Elles ne nichent pas sur les arbres, mais près de terre, sur les buissons. Leur nid, fait très simplement, se compose habituellement de tiges de graminées entrelacées sans art. Leurs œufs sont les mêmes que ceux des Fringilles.

La LINOTTE ORDINAIRE *(Cannabina linota* Gmélin) est répandue dans tout l'ancien monde. Elle est de passage dans le Nord et sédentaire dans le Midi, elle habite volontiers les plaines entrecoupées de haies et de buissons. C'est un oiseau peu familier qui accepte toutefois la captivité sans trop de regret et dont le chant doux et flûté est apprécié des amateurs. Il vit de semences fines et variées, et cause souvent du tort dans les jardins par son goût pour les porte-graines. Son nid est caché sur les épines, les lilas, les groseilliers, il contient de quatre à six œufs.

Les plus grands ennemis des oiseaux dans les jardins, ce sont les chats. Depuis plusieurs années un couple de Linottes vient chaque printemps construire son nid sur ma terrasse, à quelques pas de ma fenêtre, escomptant une protection qui ne lui a jamais fait défaut, et lui a permis d'élever sans encombre maintes et maintes couvées.

En mai dernier, mes Linots avaient choisi un lilas pour y établir le berceau de leur future famille, et tout allait bien pour eux lorsqu'un jour j'entends des cris d'effroi auxquels je ne pouvais me tromper, et en même temps je vois un affreux chat gris s'enfuir dans une allée. Je cours au nid, je constate qu'il est encore là avec cinq oisillons tout petits, mais qu'il a été visité par le félin dont les griffes avaient laissé leur empreinte toute fraîche dans l'écorce du lilas. Pourquoi le braconnier n'avait-il pas mangé les jeunes Linots, me demandai-je ? En tout cas je surveillai mes protégés de plus près afin qu'il ne leur arrivât pas malheur.

Tout alla bien pendant quelque temps : les oiseaux grossissaient à vue d'œil, s'emplumaient et j'espérais les voir bientôt s'envoler, quand un matin j'entends de nouveau des cris d'alarme. Je courus, hélas ! il était trop tard. Je trouvai le nid déchiré, des plumes éparses, les pauvres petits enlevés et dévorés en quelques instants par le chat dont je trouvai les traces.

Dès lors, je compris sa tactique, une première, une seconde fois, il avait trouvé les oisillons trop petits et avait su attendre que ses victimes fussent à point. J'étais furieux, aussi quelques jours plus tard un piège bien tendu avait fait justice.

La Linotte montagnarde (*Cannabina flavirostris* Linné) est plus rousse que la précédente dont elle a les habitudes ; mais elle est confinée dans le Nord-Ouest, particulièrement en Irlande.

La Linotte cabaret (*Cannabina minima* Brisson) est un gentil petit oiseau du nord de l'Europe où il se reproduit. Il nous visite irrégulièrement, soit en automne, soit en hiver. D'un caractère confiant, il se prend à tous les pièges, et ce sont quelquefois des bandes entières que l'oiseleur capture dans son filet. Les Cabarets ont le caractère du Tarin et se promènent comme lui en tous sens sur les cônes des arbres verts dont ils détachent très adroitement les semences. Leur chant n'est point désagréable quoiqu'il varie peu, et que leur voix soit nazillarde. Leur nid fait extérieurement comme celui de la Linotte ordinaire est plus profond, et garni à l'intérieur d'une doublure épaisse et bien arrondie d'édredon qu'ils vont sans doute dérober dans le nid des Anatidés qui sont dans leur voisinage.

La Linotte sizerin (*Cannabina Linaria* Linné) et la Linotte Holböll (*Cannabina Holböllii* Brehm) sont des espèces très voisines de la précédente, mais spéciales aux régions arctiques, et que nous voyons rarement.

Les **Bruants** sont caractérisés par la forme particulière de leur bec, ils sont plutôt insectivores que granivores et se répartissent en trois groupes distincts. Le premier comprend ceux qui vivent spécialement dans les broussailles, le second, ceux qui se plaisent au voisinage des eaux, et le troisième ceux qui, ayant une grande affinité avec les Alouettes, ont été nommés *Bruants Alouettes*.

Le Bruant auréole (*Emberiza aureola* Pallas) et le Bruant crocote (*Emberiza melanocephala* Scopoli) vivent en Asie et dans l'Europe orientale. Ils posent leur nid à terre, ou près du sol. Les œufs de l'Auréole sont de couleur olive clair, à taches brunes, et ceux du Crocote sont verdâtres à petits points noirs.

Le Bruant Proyer (*Emberiza miliaria* Linné) habite tout l'ancien monde, il nous arrive en avril pour se reproduire, et nous quitte en août-septembre. Il s'établit de préférence dans les prairies où il cache son nid et où le mâle perché au sommet d'une ombellifère répète constamment sa chanson monotome. Le Bruant Proyer détruit beaucoup de névroptères et ne mange de graines qu'à défaut d'insectes. La ponte de tous les Bruants est de quatre à six très jolis œufs, ceux-ci sont d'un blanc lilacé, ponctués et marbrés de roux et de brun.

Le BRUANT JAUNE (*Emberiza citrinella* Linné) est très commun dans toute l'Europe. Il est de passage dans le Nord, mais sédentaire dans le Centre. Sa jolie couleur d'un jaune vif au printemps le rend charmant à voir sautiller dans les terrains en friche, les broussailles et à la lisière des bois. C'est un médiocre chanteur, comme tous ses congénères, plus granivore que la plupart d'entre eux il a particulièrement un goût prononcé pour l'avoine. Son nid posé à terre ou au bas d'un buisson est fait sans art, mais bien garni de crin à l'intérieur ; il contient quatre ou cinq œufs d'un blanc sale, ornés de taches et de traits bruns ou noirs.

Le BRUANT ZIZI (*Emberiza cirlus* Linné) ressemble en tous points au précédent ; il est plus rare, quoique son aire de dispersion soit plus étendue.

Le BRUANT FOU (*Emberiza Cia* Linné), tout en habitant les mêmes pays, est plus méridional. Son œuf est le plus joli de tous ceux des Bruants : d'un blanc bleuâtre il est sillonné d'une quantité de traits d'un brun noir, fins comme des cheveux et qui s'enchevêtrent dans tous les sens.

Le BRUANT ORTOLAN (*Emberiza hortulana* Linné) est une espèce européenne mais peu commune. Il voyage par petites troupes et n'est sédentaire que dans le midi où il se reproduit habituellement ; toutefois quelques couples s'avancent dans l'ouest jusqu'en Bretagne et même au-delà. L'Ortolan habite volontiers les terrains cultivés et couverts de petites plantations comme la vigne; c'est à l'extrémité de la branche la plus élevée d'un arbuste que le mâle s'installe pour répéter sa chansonnette. Il place son nid sur le revers d'un talus et la femelle y pond quatre ou cinq œufs d'un blanc vineux parsemés de petits points noirs.

L'Ortolan est célèbre par la finesse de sa chair, aussi est-il dans le Midi, l'objet d'un commerce assez important. Les oiseleurs le prennent vivant au filet de jour, et pour lui donner cette délicatesse qui le fait admettre sur les tables les plus somptueuses, ils enferment leurs victimes dans une pièce sombre, où ils ont à manger à volonté, mais pas d'eau. Dans ces conditions ils engraissent rapidement et le marchand ramasse chaque jour pour les porter au marché ceux que l'embonpoint a étouffés.

Le Bruant cendrillard (*Emberiza cæsia* Cretzsth) et le Bruant a couronne lactée (*Emberiza pithyornus* Pallas), bel oiseau d'un roux vif dont la tête noire est entourée d'une couronne blanche, sont des formes asiatiques qui visitent parfois l'Europe méridionale.

Le Bruant de roseaux (*Emberiza schœniclus* Linné) habite les marais et les étangs et ne les quitte qu'au moment des migrations. Répandu dans toute l'Europe il n'est commun nulle part, se nourrit d'insectes aquatiques, et dissimule très bien son nid au pied d'un roseau ou d'un saule. Ce petit architecte, tout en posant son berceau sur le sol, comme ses congénères, élève sa construction assez haut pour que ses petits soient à l'abri des crues d'eau. Ses œufs au nombre de quatre ou cinq sont d'un brun clair lustré, marqués de points et de traits d'un noir absolu.

Le Bruant de marais *(Emberiza pyrrhuloïdes* Pallas) qui ne diffère du précédent que par un bec très gros et une taille plus forte, le remplace en Asie et dans l'Europe orientale.

Le Bruant nain *(Emberiza pusilla* Pallas) et le Bruant rustique *(Emberiza rustica* Pallas) sont de petites espèces asiatiques que l'on voit rarement dans l'Europe méridionale.

Le Plectrophane des neiges *(Plectrophanes nivalis* Linné) est confiné au cercle arctique qu'il n'abandonne que forcé par l'envahissement des neiges, il émigre alors en suivant les côtes maritimes, s'arrêtant où il trouve a se nourrir, et remontant dès que la température le lui permet. C'est dans ces conditions qu'il arrive sur nos côtes de France où on le trouve quelquefois en grand nombre, mêlé aux bandes d'Alouettes. Dans son pays, il est peu farouche, semble plutôt rechercher les visites que les éviter. Il vit sur les rochers dont il utilise les crevasses pour installer son nid. Il y dépose de cinq à six œufs d'un blanc gris maculés de rouge et de brun.

Le Plectrophane lapon *(Plectrophanus Lapponicus* Linné) habite les mêmes régions que le précédent dont il a les mœurs et les habitudes; ses œufs ne diffèrent de ceux du Plectrophane des neiges que par leur teinte sensiblement plus foncée.

CHAPITRE VIII

PASSEREAUX

— SUITE —

Alaudidés. — Habitudes et migrations. — Alouettes africaines. — L'oasis d'El Aghouat. — Un rôti de Sirlis-Dupont. — Le Moka. — Motacillidés. — Mœurs et régime. — Les œufs des Bergerettes : leur familliarité. — Hydrobatidés. — Étude sur le Merle d'eau. — Oriolidés. — Coloration intérieure du Loriot.

ALAUDIDÉS. — Les alaudidés portent une livrée généralement modeste, vivent à terre et ne perchent presque jamais. Ils sont surtout caractérisés par l'ongle droit et allongé de leur pouce. Ils recherchent les terrains secs et chauds, font à terre un nid contenant de quatre à six œufs habituellement d'un blanc gris ou fauve et tachés de marbrures d'un brun roux ou d'un brun verdâtre, différant peu les uns des autres.

L'ALOUETTE DES CHAMPS (*Alauda arvensis* Linné) est répandue dans tout l'ancien monde où elle fréquente surtout les grandes plaines. Comme chez la plupart de nos Passeraux granivores, leurs migrations se font par bandes se portant en automne du nord-est au sud-ouest et passant rarement la Méditerranée.

L'Alouette est un oiseau aimable, gai, fidèle, travailleur, mais d'une curiosité qui lui est souvent fatale. Qui ne l'a vue accourir de loin au miroir du chasseur, non pour se mirer comme on l'a dit, mais le prenant pour une de ses compagnes, puis planer au-dessus de l'engin trompeur pour chercher à se rendre compte se son erreur. C'est un chanteur puissant, infatigable et rempli de talent. Est-elle assez gracieuse quand elle s'élance dans les airs à perte de vue pour redire au haut du ciel, avec une joie communicative, sa longue épopée si pleine de vie, de lumière et d'amour !

Malgré la guerre dont elle est l'objet, elle ne paraît pas diminuer, il est vrai que nos cultures protègent singulièrement ses deux couvées qu'elle réussit presque toujours. D'ailleurs elle nous récompense grandement de la protection que nous lui accordons en débarrassant nos champs d'une foule d'insectes et de petites graines nuisibles.

L'ALOUETTE LULU (*Alauda arborea* Linné) habite les mêmes pays que la précédente avec laquelle elle a beaucoup d'analogie, toutefois elle est plus farouche, choisit de préférence les terrains en friches ou en côte, et voyage par petites bandes.

L'ALOUETTE CALANDRELLE (*Alauda brachydactyla* Leisler) recherche les plaines les plus sèches et les plus brûlantes de l'ancien continent. En France, on la trouve surtout en Champagne dont elle égaie les plaines crayeuses par un chant plus doux que celui de l'Alouette commune.

L'ALOUETTE DE REBOUD (*Alauda Reboudia* Loche) est une petite espèce du désert africain qui fait des apparitions à Malte et en Espagne. Elle a beaucoup d'analogie avec l'espèce précédente, comme elle, se nourrit d'insectes et de très petites graines. Elle pousse, en se levant, un petit cri aigu et vole par oscillations comme les Pipis.

C'est le 11 juin 1856, à Aïn el Ibel dans le Sahara algérien que je tuai pour la première fois cette espèce nouvelle pour la science. Je la remis, avec d'autres que j'avais découvertes, à mon ami Jules Verreau qui, après les avoir étudiées avec le prince Bonaparte négligea de les publier à temps, et me fit perdre ainsi la priorité. L'Alouette de Reboud fut seulement décrite sous ce nom par Loche en mars 1858 [1].

L'ALOUETTE PISPOLETTE (*Alauda pispoletta* Pallas) est répandue en Asie et dans l'Europe orientale où elle semble remplacer l'Alouette calandrelle dont elle a les mœurs et les habitudes.

L'ALOUETTE ISABELLINE (*Alauda Lustiana* Gmélin) est spécialement une habitante des déserts de l'Afrique septentrionale qui s'est parfois égarée dans le sud de l'Europe. Je ne l'ai observée qu'en été, et à cette époque elle vit par couples ou en famille. Elle se nourrit presque exclusivement d'insectes, chante agréablement et aime beaucoup à se rouler dans la poussière comme la Cochevis dont elle me rappelait les habitudes.

Je l'ai trouvée assez communément aux environs d'El Aghouat en mai et juin 1856; j'ai à cette époque consigné bon nombre d'observations sur les oiseaux de cette région où j'ai fait un assez long séjour. Mes im-

---

1 Nous avons publié sur cette espèce une note détaillée dans le *Bulletin de la Société zoologique de France* pour 1881.

pressions d'alors sont encore si vives aujourd'hui que le lecteur me pardonnera de chercher à les lui faire partager.

Rien que ce seul mot « l'oasis » éveille une profonde émotion dans l'âme du voyageur qui traverse sous un ciel de feu les sables échauffés du désert, exposé à tout instant au souffle embrasé du simoun qui l'enveloppe de nuages d'une poussière âcre et brûlante, s'infiltrant par tous les pores et étouffant parfois la respiration. J'en étais là le 18 mai 1856, lorsque j'arrivai à El Aghouat. Quand j'aperçus le dôme splendide formé par les 40.000 palmiers sous l'ombre desquels la ville est assise, une indicible joie s'empara de tout mon être, je lançai mon cheval au galop vers ce paradis de verdure dont je respirais déjà la fraîcheur enivrante. Je ne vis rien d'abord, mes yeux s'étaient mouillés de larmes, petit à petit mon émotion se calma et m'adressant à un soldat, je lui demandai quelques renseignements. Il me conduisit au chef du cercle, le commandant Marguerite auquel j'étais recommandé et qui m'accueillit avec un empressement si sympathique que j'en conserverai toute ma vie le reconnaissant souvenir.

El Aghouat est appuyé du côté du midi à une ligne de rochers qui le défendent contre l'envahissement des sables et au besoin contre l'ennemi ; c'est dans ce double but qu'un mur d'enceinte en terre l'entoure des trois autres côtés. Les immenses palmiers qui l'abritent sont plantés sans ordre ; leurs gigantesques tiges dépourvues de branches sont couronnées par un épais bouquet de longues feuilles dont l'ombre légère protège une splendide végétation. Depuis deux ans seulement la ville était conquise par les Français, et déjà nos industrieux soldats y avaient introduit les cultures d'Europe. Une grande place carrée entourée d'arcades sert de promenade aux habitants mais à cette époque de l'année où le thermomètre marque habituellement de 42 à 45° à l'ombre elle n'est praticable que le matin et le soir ; dans la journée la chaleur est telle que j'ai vu un chien pousser des hurlements de douleur en la traversant sous le soleil.

Mais il est temps de quitter ce séjour enchanteur pour revenir à nos Alouettes.

L'Alouette hausse-col (*Alauda alpestris* Linné) est confinée dans le nord de l'Europe et de l'Asie. Elle descend en hiver par grandes troupes souvent en compagnie de Bruants de neige. J'ai vu les tendeurs de la baie de Somme en prendre aux lignettes en même temps que l'Alouette commune.

L'Alouette a gorge blanche (*Alauda albigula* Brandt) est spéciale à l'Asie occidentale et à l'Europe orientale.

L'Alouette bilophe (*Alauda bilopha* Temminck) qui lui ressemble beaucoup est plus méridionale, elle descend jusqu'au Sahara, où elle n'est pas rare, particulièrement aux environs de Guerrara.

L'Alouette calandre (*Alauda calandra* Linné) habite les parties tempérées et les régions chaudes de l'ancien monde. Elle est assez répandue en Provence, et c'est peut-être l'espèce la plus commune en Algérie. Elle est farouche et se laisse difficilement approcher à portée de fusil. A l'état sauvage, elle a les mœurs, les habitudes et le chant de ses congénères ; mais en captivité, elle retient facilement les airs qu'on lui apprend.

L'Alouette sibérienne *(Alauda Sibirica* Gmélin) et

L'Alouette nègre *(Alauda tatarica* Pallas), qui appartiennent au même groupe que les précédentes dont elles ont les habitudes, sont asiatiques et visitent rarement l'Europe orientale.

Le Sirli cochevis *(Certhilauda cristata* Linné), qu'on rencontre dans toute l'Europe et dans l'Afrique septentrionale, a des stations spéciales dans les terrains très secs et poudreux comme ceux de la Champagne ou les dunes de l'Ouest, car cet oiseau, plus encore que ses congénères, aime à se rouler dans le sable. Il recherche de préférence les insectes, chante et siffle agréablement est peu farouche et s'habitue facilement à la captivité.

Le Sirli Dupont *(Certhilauda Duponti* Vieillot) est une espèce du nord de l'Afrique et de l'Asie et fait parfois des apparitions en Espagne. Comme tous ses congénères, il a le vol plus lourd que les vraies Alouettes, ne se réunit pas par troupes, mais vit par paire ou en famille. Quoique mangeant les petites graines, il a une préférence marquée pour les insectes, en particulier ceux qui se trouvent sur les détritus animaux. Il siffle agréablement, et il est beaucoup moins sauvage que le Bifascié.

Je puis ajouter qu'il est un médiocre manger ; car en en mai 1856, un jour où j'avais pris gîte au caravansérail d'Aïn-Oussera, je fus étonné de la longueur et de la courbure du bec des Alouettes que le gardien me servit triomphalement en rôti ; aussi, dès le lendemain matin, je me mis à chasser autour du caravansérail, espérant trouver des Alouettes pareilles à celles que l'on m'avait présentées la veille ; j'eus beaucoup de peine à en tirer deux que je conservai précieusement ; car, à cette époque elles étaient encore très rares dans les collections.

Le Sirli bifascié *(Certhilauda desertorum* Stanley) habite les déserts de l'Asie et de l'Afrique et s'égare quelquefois dans l'Europe méridionale. Il a les mêmes habitudes que le Sirli Dupont, mais il est bien plus farouche et difficile à approcher. Il n'est pas rare dans les environs d'El Aghouat. La première fois que je l'aperçus, je le pris pour une Huppe d'une espèce particulière. De fait, haut sur pattes, d'une démarche grave, comme elle il a l'habitude de fouiller les excréments, particulièrement ceux des chameaux. Il est très connu des Arabes sous le nom de *Moka.*

MOTACILLIDÉS. — Les motacillidés, quoique se perchant de temps en temps, vivent habituellement à terre comme les alaudidés ; mais ils sont plus sveltes, plus légers, ont le bec plus mince et vivent exclusivement de petits insectes.

Le Pipi Richard *(Anthus Richardi* Vieillot) est parmi les Pipis celui qui a les tarses les plus longs. Il aime à vivre isolément ou en famille dans les dunes et les terrains secs ou en friche. Il est peu commun, mais ayant des habitudes erratiques, on le rencontre dans tout l'ancien monde. C'est un marcheur intrépide qui ne perche jamais. Je l'ai beaucoup étudié aux dunes de Saint-Quentin où il niche à terre et pond quatre ou cinq œufs d'un blanc gris ou fauve couverts de marbrures brunes qui diffèrent peu de ceux de ses congénères.

Le Pipi rousseline *(Anthus campestris* Brisson) a les mêmes mœurs et habite les mêmes régions que le précédent, mais il est plus commun. Je l'ai observé souvent dans les environs d'Arcachon où il est sédentaire. Pendant le temps des couvées, le mâle oublie ses habitudes terrestres et se perche pour se faire mieux entendre de sa femelle; parfois il quitte son arbre, s'élève à perte de vue dans l'espace, puis retombe sans interrompre un instant sa mélodieuse chanson. La Rousseline émigre en bandes et c'est dans ces conditions qu'on la voit dans l'est de la France, à la fin d'août ou dans les premiers jours de septembre.

Le Pipi des arbres (*Anthus arboreus* Brisson) est commun, ainsi que l'espèce suivante, dans tout notre continent. Comme son nom l'indique, il perche plus que ses congénères. Il niche dans les terrains secs, tandis que le Pipi des prés (*Anthus pratensis* Linné) recherche de préférence les terrains bas de la zone maritime. Il émigre en bandes et les oiseleurs le prennent en grand nombre au moment des passages ainsi que le Pipi des prés. Ils désignent ces deux espèces sous le nom de *grosses* et de *petites Sincettes*. Il est à regretter qu'on leur fasse la guerre, car ce sont de très utiles insectivores.

Le Pipi gorge rousse (*Anthus cervinus* Pallas) est peu différent du Pipi des prés dont il a toutes les habitudes.

Le Pipi spioncelle (*Anthus spinoletta* Linné) restreint son habitat à l'Europe, il se cantonne pendant l'été sur les montagnes où il se reproduit à une altitude quelquefois très élevée; mais dans les autres saisons, il voyage par petites bandes. En hiver, on le voit de temps en temps en Lorraine, mais dans les terrains bas, particulièrement sur le bord des eaux vives.

Le Pipi maritime (*Anthus obscurus* Pennant) habite les

bords de la mer depuis la Suède jusqu'à l'Espagne, il y vit isolé sur les roches dont il utilise les crevasses pour faire son nid. J'ai observé cet oiseau sur un grand nombre de points, spécialement sur les îlots qui avoisinent les côtes du Morbihan où on ne trouverait peut-être pas dans la mer une roche isolée qui n'ait son couple de Pipis. Il aime à suivre sur la grève le mouvement des flots et s'empare avec avidité des insectes marins que la mer abandonne en se retirant.

La BERGERETTE PRINTANIÈRE (*Budytes flava* Linné) est un oiseau très commun et très répandu qui voltige volontiers autour des troupeaux d'où est venu le nom populaire et poétique donné à tout le genre. La Bergerette printanière nous arrive dès les premiers jours du printemps pour se reproduire et retourne en automne dans le Midi. C'est un petit oiseau charmant dans sa robe jaune, vif, animé, toujours en mouvement, familier qui habite les prairies qu'il égaie par son chant, et où il fait une guerre continuelle aux moucherons, sauterelles et insectes de toute sorte. Il y établit son nid dans une touffe d'herbes et y dépose de quatre à six œufs d'un jaune fauve, couverts de macules un peu plus foncées et parfois de quelques petits points très noirs. Chose singulière : toutes les espèces de Bergerettes à robe jaune ont l'œuf que nous venons de décrire, tandis que les espèces à robe blanche, telles que la Hoche-Queue grise et la Yarrell ont un œuf blanc marqué de petits points gris ou noirs.

Cette espèce a des races constantes fixées dans certaines régions.

La BERGERETTE DE RAY (*Budytes Rayi* Bonaparte) habite l'Angleterre et l'ouest de la France.

La Bergerette a tête cendrée (*Budytes cinereocapilla* Savi) préfère le Midi et l'Algérie.

La Bergerette a tête noire (*Budytes melanocephala* Lichtenstein) que l'on croit une espèce distincte, est propre à l'Europe orientale.

La Bergerette citrine (*Budytes citreola* Pallas) est une espèce caractérisée qui habite l'Europe orientale et particulièrement les monts Ourals.

Hoche-Queue boarule (*Motacilla sulphurea* Bechstein). L'habitude qu'ont certains oiseaux de se donner soit en marche, soit au posé un petit balancement en abaissant et en relevant la queue, n'est accusée dans aucun genre autant que chez les Hoche-Queue, de là leur nom. La Hoche-Queue boarule est répandue dans tout notre continent, mais elle n'est commune nulle part. Dès son arrivée, à la fin de février, elle se cantonne par paire sur les petits cours d'eau vive où elle se reproduit, puis en automne, se réunit en grandes troupes pour retourner dans le Midi. Sans être farouche, elle ne se laisse pas approcher de très près, aime à courir sur les grèves où elle recherche les insectes aquatiques. Lorsqu'elle a trouvé dans les fentes de roches ou de vieux murs un lieu qui lui plaît pour y construire son nid, elle le reprend chaque année. C'est ainsi que tous les ans j'observe un couple de Boarules qui s'installe dans un vieux mur de mon moulin au-dessus du canal de décharge et où j'ai souvent vu des œufs au milieu de mars.

La Hoche-Queue grise (*Motacilla alba* Linné) est beaucoup plus commune que la précédente et son aire de dispersion est aussi plus étendue. Elle arrive fin mars et s'établit soit près des cours d'eau, soit sur des terrains beaucoup plus élevés. Elle fait son nid dans les trous des saules ou des vieux murs, dans les carrières ou même sous les tuiles des toits. C'est un oiseau confiant, vaquant à ses petites affaires sans s'inquiéter de ce qui se passe autour de lui.

J'en ai un couple qui, chaque année, revient faire son nid dans un trou de mur du château que j'habite. Dès leur arrivée, on les voit courir gentiment de tous côtés, s'assurer que rien n'est changé depuis leur départ. Si une personne, un chien, une poule passe près d'eux, ils courent un peu plus vite ou font un petit vol de côté et continuent, sans s'émouvoir, soit à gober quelques mouches, soit à chercher des matériaux pour la construction de leur nid. S'ils se montrent parfois un peu inquiets, c'est seulement lorsque leurs petits quittent le nid et pendant que la faiblesse de leurs ailes les laisse encore à la merci de leurs ennemis. A la moindre apparence de danger, ce sont alors des cris d'alarme et des avertissements sans fin. En septembre et octobre ces oiseaux se réunissent en grandes bandes et partent pour le Midi.

La Hoche-Queue de Yarrell (*Motacilla Yarellii* Gould) est une race de la précédente caractérisée par la couleur noire de ses parties supérieures. Elle est spéciale à l'Angleterre où elle se reproduit et on ne la trouve ailleurs qu'au moment des passages.

HYDROBATIDÉS. — Les Hydrobatidés ont le corps ramassé, la queue très courte, les pieds robustes propres à la marche, les ailes arrondies, le vol droit et sont surtout caractérisés par un plumage spécial, élastique et gras comme celui des Canards. Ils ne sont représentés que par un seul genre qui, lui-même, ne comprend qu'un nombre très restreint d'espèces.

L'AGUASSIÈRE CINCLE *(Hydrobata cinclus* Linné) plus généralement connu sous le nom de *Merle d'eau*, vit sédentaire en Europe et en Asie. Il habite les cours d'eau des montagnes où la truite se plaît également. C'est un oiseau farouche qui aime la solitude; il se cantonne par couple et, comme le Martin-Pêcheur, ne supporte aucun congénère dans son voisinage. Il a un cri assez fort, mais son chant est très doux et rappelle celui du Merle de roche. Il se nourrit d'insectes, de mollusques et de crustacés aquatiques qu'il capture très adroitement. J'ai rencontré cet oiseau bien des fois dans les Alpes et dans les Vosges, mais je n'ai pu l'observer à mon aise qu'une seule fois.

C'était sur le ruisseau d'Esse (Meurthe-et-Moselle). En suivant le bord de l'eau je levai un Cincle qui alla se poser quelques mètres plus loin à un endroit où une sorte de petite grève était dominée par un tertre élevé et un peu miné. Je m'approchai sans être vu, me mis à plat ventre et avançai doucement la tête. L'oiseau n'était qu'à deux mètres de moi, il marchait gravement, ramassait et avalait quelques bestioles, puis s'avançait dans le ruisseau jusqu'à mi-corps, pêchait un crustacé, par instants disparaissait complètement sous l'eau et revenait sur les bords sans se presser. C'est alors que j'observai très facilement que l'eau ne l'avait nullement mouillé, les quelques gouttes qui perlaient sur son plumage n'y avaient aucune adhérence et s'écoulaient en le laissant aussi sec qu'avant son immersion.

Son nid, qu'il fait très gros comparativement à sa taille, est en forme de boule, il le place dans les roches, sous les tertres et quelquefois même sous les cascades. Sa ponte est de quatre à six œufs blancs, sans tache.

L'Aguassière de Pallas *(Hydrobata Pallasii* Temminck) est entièrement noir ; il est prorpre à l'Asie, c'est donc très exceptionnellement qu'il a été tué à Héligoland.

ORIOLIDÉS. — Les oiseaux de cette famille habitent généralement l'Asie et l'Afrique et se reconnaissent facilement à leur robe d'un beau jaune d'or coupé différemment de noir selon les espèces.

Le Loriot d'Europe *(Oriolus Galbula* Linné) est la seule espèce qui fasse des apparitions régulières dans notre pays. Il nous arrive en avril et se cantonne aussitôt dans les forêts et dans les jardins boisés où il compte se reproduire. Il ne chante pas mais siffle sur un ton élevé quelques notes que l'on entend de fort loin. La femelle a un cri d'appel singulier qu'on peut comparer au crachement d'un chat en colère. Il se nourrit de graines, de baies et aussi de bourgeons, comme j'ai pu le constater plusieurs fois, mais la cerise est, assurément, son fruit préféré. L'intensité de la belle couleur jaune qui le distingue est telle que sa peau et sa chair en sont imprégnées et que leurs os eux-mêmes sont, à l'intérieur et à l'extérieur, d'un jaune très prononcé.

Quoi de plus gracieusement arrangé que la petite coupe qui forme le nid du Loriot. Elle est artistement

et solidement tressée avec de longues feuilles de graminées enlacées à des branches flexibles au-dessous desquelles elle est suspendue. La femelle y dépose quatre
œufs ovalaires allongés, d'un blanc brillant, marqués de
petits points d'un noir profond. Contrairement aux taches
qui distinguent les différentes espèces d'œufs d'oiseaux
et qui sont généralement très solides, ces petites marques
noires s'enlèvent facilement avec un linge mouillé.

CHAPITRE IX

PASSEREAUX

— SUITE —

TURDIDÉS. — Les oiseaux qui font partie de cette nombreuse famille sont légers, ont les tarses allongés et grêles, perchent volontiers, mais aiment surtout à courir à terre pour y chercher leur nourriture. Ils ont l'œil grand, paraissent curieux et ont ce petit mouvement caractéristique accompagné du balancement de la queue que j'ai signalé chez les Motacillidés. Ils font une guerre incessante aux larves, chrysalides, mollusques, vers et insectes de toutes sortes, et nous rendent les plus grands services qu'ils nous font payer à très bon compte en nous dérobant quelques fruits. Les chanteurs les plus célèbres, les Grives, les Rossignols, les Fauvettes qui animent nos bois et nos bosquets par leurs plus beaux accents, font partie de cette famille. Il est donc bien regrettable que l'on continue à autoriser dans quelques départements les tendues de raquettes ou sauterelles où l'on prend un grand nombre de ces oiseaux aussi utiles qu'agréables.

Le TURDOÏDE OBSCUR *(Ixos obscurus* Temminck) est propre à l'Afrique et fait parfois des apparitions en Espagne. C'est un chanteur puissant, à la voix harmonieuse et sonore qui habite les fourrés situés au pied des montagnes et à proximité de la plaine.

C'est en mai 1854 que je l'aperçus pour la première fois ; il jouait en chantant dans les oliviers d'un vieux cimetière arabe situé au bas de la colline où se trouve le tombeau de la Chrétienne, non loin du lac Haloulah (Algérie). Malheureusement, j'étais entouré de musulmans et chasser sur la tombe de leurs morts eût été un sacrilège dont je me serais volontiers rendu coupable, mais à la condition de n'avoir pas de témoin. Je renvoyai donc mon guide et attendis patiemment que les indigènes aient disparu pour exécuter mon forfait. Ma persévérance fut récompensée car je ne tardai pas à trouver un nid de Turdoïdes ; il était composé de mousse et d'herbes sèches et contenait cinq œufs d'un blanc carné, très joliment ponctués de rouge brun ; je tirai ensuite deux sujets dont l'estomac était garni de sauterelles microscopiques, de petits mollusques et de vers.

Mais mon imprudence faillit me coûter cher. La nuit était venue, il fallait regagner Marengo où j'avais établi mon étape et malheureusement, malgré les points de repaire que j'avais pris sur une gorge de l'Atlas, la route me fut coupée tout à coup par un petit ruisseau que je n'avais pas traversé le matin. Me voyant égaré, je trouvai plus prudent de passer la nuit sur place. Il pleuvait à torrents et je fus heureux de trouver un vieux figuier courbé, sous le tronc duquel je me glissai avec empressement. Mais, de dormir, il ne pouvait être question, une bande de chacals glapissaient avec acharnement autour de moi. Impatienté, j'allais leur envoyer au hasard un coup de fusil, lorsque soudain le silence s'établit, en même temps, j'entends un cri suivi de la chute d'un corps et j'aperçois braqués sur moi les yeux phosphorescents d'une panthère. Que faire? Je ne pouvais dans l'obscurité la tirer sans imprudence ; aussi je résolus d'attendre son attaque pour ne serrer qu'à bout portant. Combien de temps dura cette situation, je ne saurais le dire; mais à un moment donné, j'entendis l'animal bondir en s'éloignant ; j'étais sauf, mais j'avais perdu une belle occasion de tuer un de ces fauves que Bombonel, malgré son bon vouloir, n'avait pu me faire rencontrer jusqu'alors.

Le MERLE NOIR (*Turdus Merula* Linné) est répandu dans tout notre continent. En France, il est sédentaire et ne nous quitte que dans les hivers exceptionnellement rigoureux. C'est un oiseau remuant, curieux, ne se laissant pas facilement approcher et cependant donnant dans tous les pièges.

C'est un grand amateur d'escargots, et il est très intéressant de voir la manière dont il procède pour avoir l'animal. Lorsqu'il a trouvé un de ces mollusques, il le saisit par un bord, le frappe vigoureusement sur une pierre ; la coquille se casse de ce côté et, par le trou, mon oiseau retire la bête très adroitement. Dans une forêt ou les pierres sont rares, si vous rencontrez une borne basse, elle sera certainement entourée d'une quantité d'hélices vides, reste des repas des Merles du voisinage.

Il fait son nid sans grand soin, en mousse et feuilles de graminées, comme tous ses congénères, le place sur un arbre, sur un buisson, quelquefois sur l'angle d'une roche et y dépose à la fin de mars ou au commencement d'avril de quatre à six œufs verts couverts de taches rouges ou brunes.

Cette espèce vit facilement en domesticité, s'apprivoise bien et apprend à merveille les airs qu'on lui siffle.

Le Merle noir varie assez souvent dans son plumage; il est quelquefois atteint d'albinisme, j'en ai vu plusieurs exemples; j'en connais même d'entièrement blancs, quoiqu'en dise le proverbe.

Le MERLE A PLASTRON (*Turdus torquatus* Linné) a la plus grande ressemblance avec le précédent, seulement il affectionne les montagnes élevées, s'y reproduit et émigre en automne comme ses congénères.

Un bon nombre d'espèces propres à l'Asie nous visitent accidentellement lors de leurs migrations; je me contenterai de les nommer.

MERLE BRUN (*Turdus fuscatus* Gmélin).

MERLE NAUMANN (*Turdus Naumanni* Temminck).

MERLE A COU ROUX (*Turdus ruficollis* Pallas).

MERLE A GORGE NOIRE (*Turdus atrigularis* Temminck).

MERLE SIBÉRIEN (*Turdus sibiricus* Pallas).

MERLE DORÉ (*Turdus aureus* Hollandre).

Le MERLE LITORNE (*Turdus pilaris* Linné) est une espèce du nord de l'Europe et de l'Asie où il se reproduit; nous ne le voyons qu'en hiver dans les prairies et sur le bord des eaux vives où il trouve à se nourrir. Il est très friand de la graine du gui et séjourne toujours dans les bois où abonde ce végétal parasite.

Le MERLE DRAINE *(Turdus viscivorus* Linné) est répandu dans toute l'Europe, mais n'est commun nulle part et vit moins à terre que les autres turdidés. Il émigre par petites bandes et chante dès son arrivée. A la fin de février, il établit son nid en haut des grands arbres, souvent dans une fourche bien garnie de lichen qui le dissimule à merveille. Il rend fréquemment visite aux cerisiers plantés au bords des bois.

Le MERLE GRIVE *(Turdus musicus* Linné) est encore un oiseau commun dans l'ancien continent; il nous quitte à la fin des vendanges, après avoir prélevé sa dîme sur la récolte et il nous revient avec les beaux jours. Sans être farouche, la Grive n'aime pas à se laisser approcher. Elle se cache derrière une large feuille d'arbre et passe doucement sa tête pour examiner si on la voit. Depuis la fin de l'hiver jusqu'au milieu de l'été, c'est un chanteur infatigable qui, non content de son répertoire déjà très varié, aime encore à imiter le chant des autres oiseaux. Elle recherche avec avidité les lombrics; aussi tous les soirs elle descend dans les prés qui avoisinent les bois, et on la voit guetter leur sortie de terre et les gober avec bonheur.

Son nid ne diffère de celui des autres Merles que parce qu'il est garni à l'intérieur avec de la sciure de bois qu'elle agglutine avec sa salive. Ses œufs ont une couleur spéciale; ils sont d'un joli bleu, tachés de points isolés d'un brun presque noir.

Le MERLE MAUVIS *(Turdus iliacus* Linné) a les mêmes

Grives cherchant à reprendre un de leurs petits à la Pie-Grièche écorcheur qui s'en était emparé.

mœurs que le précédent et habite les mêmes régions, mais niche beaucoup plus au nord.

Quelques Merles d'Amérique viennent aussi parfois s'égarer en Europe ; je citerai en particulier le MERLE ERRATIQUE *(Turdus migratorius* Linné) dont les œufs sont d'une jolie nuance bleu verdâtre et sans tache.

Le ROUGE-GORGE FAMILLIER *(Rubecula familiaris* Blyth) est répandu dans toute l'Europe ; il nous arrive en mars pour ne nous quitter qu'en septembre. C'est un oiseau doux, aimable, très confiant qui dans son modeste plumage est aux oiseaux ce que la violette est aux fleurs. Sa familiarité est si grande que, lorsqu'il entend un ouvrier, il s'en approche à faible distance et passe des heures à l'observer. Je ne sais si c'est par curiosité, mais je crois plutôt que c'est par l'espérance de voir bêcher et remuer la terre, ce qui lui promet une ample moisson de vers et de larves dont il est très friand.

C'est aussi un chanteur habile et mélodieux dont la voix est moins forte que celle de la Grive, mais dont les modulations variées contribuent grandement à l'agrément et au charme de nos bois. Le Rouge-Gorge place son nid à terre dans un petit enfoncement sur le revers d'un fossé ; il y pond de six à sept œufs d'un blanc jaunâtre, ornés de petits points d'un rouge clair.

Qui ne connaît la LUSCIOLE ROSSIGNOL *(Lusciola luscinia* Linné), si commune en Europe pendant tout l'été, arrivant en avril et ne partant qu'à la fin d'août. Le Rossignol est le barde de nos forêts et de nos jardins, et le roi incontesté des oiseaux chanteurs. Il commence à se faire entendre dès son arrivée et continue sa ravissante mélodie même pendant le silence des nuits lorsque sa femelle couve. Les écrivains et les poètes en ont décrit tout le charme, et plus d'un malade épuisé par de longues insomnies lui a dû quelques instants d'un repos bienfaisant. Essentiellement larvivore, il aime par dessus tout les vers de farine; aussi est-ce avec cet appât que les oiseleurs amorcent leurs pièges pour le capturer. On peut le conserver en cage pendant plusieurs années et jouir ainsi de son chant, mais il demande beaucoup de soins.

Le nid du Rossignol est composé presque exclusivement de feuilles sèches; on le trouve à terre ou très près de terre au milieu des nombreux rejets d'un arbuste. La femelle pond de quatre à six œufs qui sont comme tous ceux du genre, d'un vert olive brillant.

La Lusciole philomèle (*Lusciola philomela* Bechstein), quoique un peu plus grande que le Rossignol, ne doit en être qu'une race propre à l'Europe orientale et à l'Asie occidentale.

La Lusciole gorge bleue (*Lusciola succica* Linné) se trouve dans tout l'ancien monde, mais n'est cependant pas très commune. Elle émigre isolément aux mêmes époques que le Rossignol dont elle a en grande partie les habitudes. Son passage s'exécute en plaine et dans les terrains secs, tandis que, pour sa résidence estivale, elle préfère les taillis et les broussailles humides. On la capture facilement avec les mêmes pièges que le Rossignol.

La Rubiette de muraille (*Ruticilla phœnicura* Linné) est assez commune et a une aire de dispersion assez étendue. Elle est peu sociable, arrive isolément en mars et avril pour repartir en septembre et octobre. Elle recherche les broussailles et les forêts et vit d'insectes ailés, surtout de mouches qu'elle prend au vol. Elle établit dans le creux des arbres, des vieux murs ou des rochers, un nid composé de mousse et de feuilles de graminées, et y pond cinq ou six œufs d'un joli bleu sans tache. Son chant assez doux a quelque chose de mélancolique.

La RUBIETTE A VENTRE ROUX (*Ruticilla erythrogastra* Güldenstaed) et la RUBIETTE ÉRYTHRONOTE (*Ruticilla erythronota* Eversmann) sont des espèces asiatiques de mœurs semblables à la précédente qui visitent parfois l'Europe orientale.

La RUBIETTE ROUGE-QUEUE (*Ruticilla Tithys* Scopoli) a l'habitat et les mœurs de la Rubiette de muraille, toutefois elle recherche des endroits plus élevés. Elle passe plus de temps avec nous, arrive dans le commencement de mars et reste habituellement jusqu'en octobre. Elle aime le voisinage de l'homme et s'établit souvent dans les villages montagneux. Le mâle choisit un point élevé, le pignon d'une maison ou la croix d'un clocher, pour y redire pendant des heures entières sa modeste chanson.

Fidèle à ses habitudes, la Rouge-Queue revient chaque année nicher au même lieu, c'est ainsi que j'ai pu constater sa fécondité. Le couple que j'ai observé couvait à la fin de mars 1877 cinq œufs blancs sans tache et au 1er mai les jeunes prenaient leur vol. Quelques jours après, la femelle faisait une seconde ponte, et ses petits quittaient le nid à leur tour le 25 juin. Enfin, dans les premiers jours de juillet, l'infatigable femelle recommençait une nouvelle nichée dont je n'ai pu constater le résultat.

Tout en s'installant comme la Rubiette de muraille, la Rouge-Queue s'établit souvent sur les poutres des étables.

La Rubiette de Caire *(Ruticilla Cairii* Gerbe), que l'on ne rencontre que dans les Alpes françaises, n'est probablement qu'une race de l'espèce précédente. Ses œufs sont blancs, parfois teintés de vert.

La Rubiette de Moussier *(Ruticilla Moussieri* Tristam) est une des espèces les plus petites et les plus jolies du genre. C'est un oiseau peu méfiant, ayant les petits mouvements saccadés des Rubiettes, mais perchant sur les arbres tout autant que sur les roches. Son chant est doux, très varié, ayant de l'analogie avec celui du Rouge-Gorge, avec lequel il peut rivaliser. Il fait son nid au pied des arbres, à la naissance de leurs racines, ou dans les fentes des rochers, et y dépose quatre ou cinq œufs d'un joli vert, marqués de points d'un brun pâle disséminés sur toute la coquille.

J'ai observé cette Rubiette en plusieurs endroits du Sahara, mais c'est à Guetestel surtout que j'ai pu l'étudier tout à mon aise. Guetestel, littéralement *rocher de sel*, est une masse énorme de terre argileuse, de rochers et de sel gemme agglomérés qui se trouve dans le Sahara algérien et que l'on rencontre avant d'arriver à Djelfa. Il donne naissance à une source abondante tellement saturée de sel qu'elle en dépose une quantité considérable qui se cristallise sur ses bords. Au soleil, elle brille d'un éclat tout particulier qui lui donne l'aspect d'un ruisseau d'argent massif. Ce rocher, si on veut l'appeler ainsi, est taillé presque à pic et il est assez difficile à gravir. En mai 1856, j'en fis cependant l'ascension, afin de visiter au sommet une profonde caverne célèbre dans le pays. Cette excavation à ciel ouvert a la forme d'un entonnoir; elle est le rendez-vous d'un nombre incalculable de Pyrrhocorax, de Corneilles, d'Étourneaux unicolores et d'oiseaux de toutes sortes, surtout de Bizets qui y vivent par milliers. On comprend à quel point ma curiosité de naturaliste était excitée; aussi, comme le gouffre était à pic, je me fis passer sous les bras une corde que mes guides montaient ou descendaient selon mes indications, et je pus explorer quelques-unes des fissures du rocher qui toutes étaient littéralement garnies de nids. On peut difficilement s'imaginer le vacarme épouvantable de toute cette gent emplumée lorsque je fis irruption dans son domaine. Malheureusement, je ne fus pas payé de mes peines, car je ne trouvai que des espèces communes. Je me consolai en rapportant un sac de Pigeonneaux dont je régalai toute ma caravane.

Avant de descendre de ce singulier monticule, je m'emparai d'un charmant petit lézard entièrement noir, marqué d'étoiles d'or, avec des yeux à facettes de même couleur.

Le Monticole de roche (*Monticola saxatilis* Linné), plus connu sous le nom de Merle de roche, habite les parties rocheuses ou dénudées des hautes montagnes de l'Europe méridionale; cependant, je l'ai trouvé sur les chaumes des Vosges, comme aux Pyrénées et aux Alpes savoisiennes. Il est vif, alerte, assez farouche, agite sa queue d'une façon constante et aime à se poser sur la pointe des rochers les plus élevés; c'est de là qu'il fait entendre à sa femelle ses accents les plus amoureux. Son nid construit en boule et assez grossièrement est caché dans quelque fente de roche; il contient quatre ou cinq œufs d'un bleu clair sans tache. Lorsque les nichées sont terminées, le Merle de roche descend de sa montagne et recherche les fruits qui, au dire des Provençaux l'engraissent et donnent à sa chair un goût excellent.

Le MONTICOLE BLEU *(Monticola cyanea* Linné) a les habitudes et le régime de l'espèce précédente; mais il s'étend plus au sud. En Algérie je l'ai trouvé non seulement sur plusieurs points de l'Atlas, mais encore sur le flanc des montagnes kabyles qui dominent Tizi Ouzou.

Le TRAQUET MOTTEUX *(Saxicola œnanthe* Linné) est assez communément répandu dans tout notre continent; c'est comme tous ses congénères un migrateur qui nous arrive en avril pour nous quitter à la fin d'août ou au commencement de septembre. Il recherche les sols arides, secs, rocailleux et en côte, ne perche jamais sur les arbres, mais aime à courir, s'arrêtant de temps en temps sur une éminence ou sur une pierre et y donne son petit coup de queue caractéristique en regardant ce qui se passe. C'est un oiseau méfiant qui se cache volontiers derrière une pierre lorsqu'il se sent examiné, il se nourrit d'insectes qu'il prend au vol ou à la course, parfois aussi de baies sauvages. En Lorraine, il se tient souvent en observation sur les tas de cailloux qui bordent les routes. Son nid est caché dans les tas de pierres et contient de quatre à cinq œufs. Le Traquet motteux et le Traquet sauteur sont les seules espèces du genre dont les œufs soient d'un bleu céleste portant parfois quelques très petits points d'un noir brun.

Le TRAQUET SAUTEUR *(Saxicola saltator* Ménestrier) ne paraît être qu'une race orientale du précédent.

Le Traquet stapazin (*Saxicola stapazina* Gmélin) et le Traquet oreillard *(Saxicola aurita* Temminck) sont deux jolies espèces de l'Asie, de l'Afrique et de l'Europe méridionale qui ont exactement les mêmes mœurs et les mêmes habitudes que le Traquet motteux, mais leurs œufs comme ceux de tout le genre sont d'un bleu verdâtre plus ou moins mouchetés de rouge pâle.

Le Traquet leucomèle (*Saxicola leucomela* Pallas) est sous tous les rapports très voisin des précédents, mais il a pour patrie l'Asie occidentale et l'Europe orientale.

Le Traquet guttural *(Saxicola gutturalis* Lichtenstein), bien qu'ayant été rencontré dans la Russie méridionale, est cependant une espèce asiatique et africaine que j'ai trouvée en Algérie où elle ne perche que sur l'alpha. Le 20 mai 1856, j'ai constaté qu'elle était commune aux environs de Sidi Maclou (Sahara algérien) où j'ai capturé les œufs et les oiseaux. Le Traquet guttural a un chant mélodieux, ses habitudes et son mode de reproduction sont analogues à ceux de ses congénères.

Le Traquet rieur *(Saxicola leucura* Gmélin) ne diffère des autres espèces que par sa taille plus forte, sa robe noire, sa queue blanche et par son extrême défiance. C'est encore en Afrique que j'ai pu l'étudier.

Le 4 mai 1856, j'étais en excursion près de Boghari (Algérie) lorsque je remarquai un de ces oiseaux qui stationnait aux environs d'une carrière et j'en conclus qu'un nid devait être dans le voisinage. Bien que caché à une bonne distance, il se passa près d'une heure avant que l'oiseau rassuré ne revînt à son logis et ne me l'indiquât en y entrant. C'était dans un petit enfoncement de terrain au haut de la carrière à moins de cinquante centimètres au-dessous du tertre supérieur.

J'envoyai mon guide pour prendre le nid et me le rapporter s'il y avait des œufs. Arrivé au sommet de la carrière, l'Arabe se couche sur le ventre et, allongeant le bras, s'efforce d'atteindre l'objet de mes désirs. Mais l'on comprendra mon effroi lorsque tout à coup le terrain s'effondre, entraînant la tête la première mon malheureux Ali. Mon inquiétude ne fut pas de longue durée, mon homme se releva en riant : « Macach morto[1] », me cria-t-il et le voilà recommençant son ascension. Je le rejoignis et, le maintenant par les pieds, je l'aidai cette fois à s'emparer du nid.

Il était beaucoup plus artistement travaillé que ne le sont ordinairement ceux des oiseaux de ce genre, était composé de tiges de graminées, de radicelles et de mousse habilement entrelacées et contenant quatre œufs d'une teinte plus pâle que celle des autres Traquets et ils étaient mouchetés de quelques petits points d'un rouge brique.

Pratincole tarier (*Pratincola rubetra* Linné). Tous les Pratincoles appartiennent à l'ancien monde. Le Tarier nous arrive avec les derniers migrateurs et nous quitte à la fin d'août. C'est un charmant petit oiseau qui se cantonne dans les prairies où il chante constamment perché au sommet d'une ombellifère, sur une borne ou sur un poteau quelconque. Il cache son nid au pied d'une touffe d'herbe et y dépose de quatre à six œufs d'une jolie couleur vert bleuâtre. Il est à regretter que

---

[1] Je ne suis pas mort.

cet intéressant insectivore commence si tardivement sa couvée, car elle est souvent détruite par les faucheurs au moment de la récolte des foins.

Le Pratincole rubicole *(Pratincola rubicola* Linné) a la plus grande analogie avec le précédent, mais il préfère aux prairies les terrains secs et arides de l'ouest de la France, où il est assez commun, tandis que nous voyons plus fréquemment le Tarier dans nos provinces de l'Est.

L'Accenteur Pégot *(Accentor alpinus* Gmélin) vit sédentaire sur les hautes montagnes de l'Europe centrale et de l'Europe méridionale. Je l'ai observé à Lhéris (Hautes-Pyrénées), dans les Alpes savoisiennes, au Saint-Gothard et à la Furca. C'est un oiseau familier qui, tout en n'appartenant pas à la même famille que la Niverolle, a beaucoup de ses habitudes, mais se tient à une altitude moins élevée. Comme elle, il se laisse facilement approcher, recherche les terrains nus, se pose sur la pointe des roches et y fait entendre un chant doux, flûté et agréable. Son nid est fait sans art, mais profond, bien chaud et abrite cinq ou six œufs allongés, d'un beau vert bleuâtre sans tache. Quand la neige couvre la terre, le Pégot descend dans la plaine, mais regagne ses chères montagnes aussitôt que la température le lui permet.

L'Accenteur mouchet *(Accentor modularis* Linné) a les mœurs et le régime du Pégot; mais il vit dans les régions moins élevées, même dans les plaines, et préfère les terrains boisés. Il place son nid de mousse dans les broussailles épaisses et particulièrement dans les fagots des coupes; aussi est-il souvent dérangé. Son œuf est tellement semblable à celui de la Rubiette de muraille, qu'il est presque impossible de les reconnaître lorsqu'ils sont mélangés.

L'Accenteur montagnard (*Accentor montanellus* Pallas) et l'Accenteur calliope (*Accentor Calliope* Pallas) sont asiatiques et ont été capturés deux ou trois fois seulement en Europe.

CHAPITRE X

PASSEREAUX

— SUITE —

Turdidés (suite). — Mœurs des Fauvettes. — La Fauvette à tête noire. — L'Épervière en Lorraine. — Jardin d'essai à Alger. — Nidification de l'Hypolaïs. — L'Effarvate et le Héron. — La riveraine du lac Fetzara. — Chasse de la Luscinoïde. — Le camp des condamnés militaires. — Le nid et le chant de la Cisticole. — Le Troglodyte. — Phyllopneustidés.

TURDIDÉS. — Cette nombreuse et si intéressante famille peut se diviser en quatre sections qui se groupent très naturellement : la première comprend les Merles ; la seconde, les Saxicoles ; j'ai passé en revue l'une et l'autre dans le chapitre précédent ; dans celui-ci, j'étudierai les deux autres, que j'appellerai si l'on veut les *Fauvettes terrestres* et les *Fauvettes fluviatiles*.

Les premières, que je comprendrai toutes dans le genre *Sylvia*, ont des habitudes spéciales que je résumerai en peu de mots pour n'avoir pas à y revenir en parlant de chacune d'elles. Elles sont répandues dans tout l'ancien monde, sont migratrices, se nourrissent d'insectes et de baies, vivent sur les arbres et les buissons, et viennent rarement à terre où elles ne marchent pas, mais se déplacent par petits sauts. Leur nid sans art forme une demi-sphère composée de tiges de graminées, d'herbes sèches, seulement garnie de quelques crins à l'intérieur. Leurs œufs sont d'un blanc sale, plus ou moins couverts de taches ou de points d'un brun roux ou vert. Je ne parlerai que des œufs et des nids qui ne répondraient pas à cette description.

La FAUVETTE A TÊTE NOIRE *(Sylvia atricapilla* Linné) nous arrive dès le commencement d'avril et nous reste jusqu'à la fin d'août ou le commencement de septembre. Cet oiseau, quoique modeste dans sa robe, plaît par sa gentillesse, sa grâce native et surtout par la touchante mélodie de son chant. Il est peu sauvage, se cache derrière une feuille s'il voit qu'on le regarde et se contente de voler à quelques pas quand on le dérange dans sa retraite. Il place son nid à peu de hauteur sur les buissons ou dans les plantes parasites attachées à un mur; si sa nichée a réussi, il revient fidèlement au même lieu. C'est ainsi que j'en ai observé, dans mon jardin, un couple qui revenait chaque année couver dans le même lierre. Mais en 1886, on a à mon insu ébranché l'arbuste. Qu'ont fait mes Fauvettes en voyant leur retraite moins couverte? Elles ont tout simplement installé leur nid à quelques pas de leur ancien gîte, dans un laurier de cuisine planté en caisse contre la porte du salon et près duquel on passait constamment. Elles ont élevé sous nos yeux leurs quatre petits qui ont ensuite grandi autour de nous sans accident.

En outre des insectes, les Fauvettes apprécient beaucoup les baies; aussi, chaque année je leur abandonne les fruits de plusieurs groseillers à grappes et à maquereau dont elles se nourrissent pendant deux mois environ. Les œufs de cette espèce sont sujets à une très jolie variation ; tout le gris est souvent remplacé par du rouge quelquefois très intense.

La FAUVETTE DES JARDINS *(Sylvia hortensis* Gmélin) ressemble beaucoup à la précédente par ses mœurs et ses habitudes, mais elle est moins commune, un peu moins confiante et son chant est moins agréable.

La FAUVETTE BABILLARDE *(Sylvia curruca* Brisson) annonce son arrivée à la fin d'avril par un chant élevé et brillant, mais qui n'a pas la douceur de celui de la Fauvette à tête noire. Elle vit moins près de terre que ses congénères et place sur des arbustes plus élevés, à trois ou quatre mètres de hauteur un nid très soigné, mais petit relativement à la taille de l'oiseau. Les tiges dont il est composé sont souvent entremêlées de lanières blanches empruntées au bouleau, et le tout est artistement relié avec des toiles d'araignées. Ses œufs sont au nombre de quatre, rarement cinq ; ils sont relativement plus petits et plus chauds de ton que ceux des autres familles. A la taille près, ils ressemblent extrêmement à ceux de la FAUVETTE ORPHÉE *(Sylvia Orphea* Temminck), mais celle-ci n'est commune que dans le Midi, et ce n'est que très exceptionnellement que quelques couples viennent se reproduire dans l'est et dans le centre de la France.

La FAUVETTE GRISETTE *(Sylvia cinerea* Brisson) est sans contredit la plus commune du genre, on la rencontre partout, mais elle préfère les plaines et même les terrains humides. Active et remuante, elle donne de l'animation au petit coin de terre dont elle a fait son domaine ; mais son chant est assez monotone. Elle place très souvent son nid dans les herbes un peu élevées de tige, comme les orties, et on le voit souvent renversé par la faux des ouvriers au moment de la fenaison.

La FAUVETTE SUBALPINE (*Sylvia subalpina* Bonelli) est une espèce de l'Afrique septentrionale et de l'Europe méridionale qui s'établit de préférence sur les terrains couverts de broussailles, sur les collines et au pied des montagnes. Je l'ai rencontrée sur un grand nombre de points en Algérie où son goût prononcé pour les figues l'a fait remarquer des Arabes.

La FAUVETTE A LUNETTES (*Sylvia conspicillata* Marmora) est une espèce de l'Europe méridionale et de l'Asie occidentale que je n'ai jamais pu capturer moi-même ; elle est d'ailleurs devenue très rare, on ne la trouve presque plus qu'en Andalousie et dans l'Asie-Mineure.

La FAUVETTE ÉPERVIÈRE (*Sylvia nisoria* Bechstein) emprunte son nom à la ressemblance que lui donne avec l'Épervier sa poitrine rayée transversalement de brun. Cette espèce s'avance assez au nord, surtout à l'est de l'Europe. J'ai trouvé son nid une fois sur une épine noire dans le parc de la Malgrange près Nancy ; c'est, je crois, le seul exemple connu de la nidification de cet oiseau en Lorraine.

La FAUVETTE MÉLANOCÉPHALE (*Sylvia melanocephala* Gmélin) habite l'Europe méridionale et l'Afrique septentrionale. C'est le portrait en miniature de notre Fauvette à tête noire. Comme celle-ci, elle a un chant très doux et très harmonieux, elle est familière, niche près de terre et recherche avidement les baies. Sa ponte est toujours de quatre œufs qui varient souvent, et prennent une belle coloration rouge.

Quoique m'occupant spécialement d'ornithologie, aucune branche de l'histoire naturelle ne me laisse indifférent, aussi lorsque j'allai en 1854 prendre sur un gros buisson de cotoneaster mon premier nid de Mélanocéphale, je ne pus m'empêcher d'admirer le Jardin d'essai d'Alger au milieu duquel on me l'avait indiqué. Ce magnifique établissement d'horticulture et d'arboriculture, fondé par le gouvernement, comprend des bâtiments et des serres immenses, des pépinières, des jardins qui occupent de vastes et fertiles terrains parfaitement aménagés. A cette époque, il était dirigé par un horticulteur du plus grand mérite, M. Hardy, qui a su lui donner un développement et une importance considérables. On y cultive les végétaux les plus utiles d'Europe à côté de ceux de la Chine, du Japon, de l'Australie dont l'acclimatation peut donner des résultats sérieux. Ainsi dans ce magnifique domaine, les arbres fruitiers ou d'ornement, les légumes de tous pays, les plantes textiles et autres semblent s'être donné rendez-vous. Les bambous, les figuiers, les palmiers y croissent à l'envi; le bananier y coudoie le pêcher, le goyavier y rivalise avec notre modeste cerisier, et dès que ces végétaux ont prouvé leur utilité et leur rusticité, ils sont multipliés en grand nombre, et livrés aux colons aux prix les plus modiques. On comprend que dans ces conditions, les cultures avantageuses se soient merveilleusement développées dans notre belle colonie qui est devenue aujourd'hui le jardin de l'Europe pour ses fruits et ses légumes de toute saison.

La Fauvette de Ruppell *(Sylvia Ruppelli* Temminck) habite le nord de l'Afrique, l'Asie occidentale et fait quelques apparitions en Europe. C'est une espèce rare que je n'ai rencontrée qu'une fois en Algérie dans les palmiers nains du Chélif ; mais qu'on prétend commune dans les steppes des Kirghis. L'œuf de cette espèce est assez caractérisé, il est blanc, marqué, surtout au gros pôle, de taches d'un brun vif.

La Fauvette Pitchou *(Sylvia provincialis* Gmélin) est une gentille petite espèce du Midi qui remonte vers l'Ouest jusqu'en Angleterre. Je l'ai rencontrée communément en Bretagne où elle se tient sur les terrains arides, les dunes où croissent le genêt et l'ajonc. C'est un oiseau remuant, pas sauvage, mais qui aime à rester à couvert dans la broussaille ; lorsqu'on le lève, il fait un petit vol, se pose à quelques pas, et relevant la queue très haut disparaît dans le fourré. C'est là près du sol qu'il établit un petit nid très soigné et bien garni de crins et de laine, il y dépose cinq à six œufs variés de forme et de couleur.

La Fauvette sarde *(Sylvia sarda* Marmora) est une espèce méridionale très rare qui est voisine de la Pitchou dont elle se distingue à première vue par sa calotte noire.

Les Fauvettes fluviatiles qui forment le quatrième groupe des turdidés ont le pouce très fort ; ce sont des oiseaux qui ne se posent presque jamais, mais qui grimpent constamment aux branches ou aux roseaux se nourrissent presque exclusivement d'insectes aquatiques et ont un chant plus fort et moins agréable que celui des Fauvettes proprement dites.

L'Agrobate rubigineux *(Ædon galactodes* Temminck)

est répandu dans les parties chaudes et les régions tempérées de l'ancien continent. Dans mes excursions en Algérie je l'ai très souvent rencontré sur les lauriers roses au bord des torrents ou dans les massifs de jujubiers où il se trahit par un chant rude mais assez agréable, et par un cri qui ressemble à celui de la Pipi farlouse, mais qui est plus fort. Il est farouche et je l'approchais difficilement. C'est un insectivore qui s'attaque surtout aux Sauterelles, il fait un nid assez semblable à celui du Merle, le place entre les branches d'un arbuste, et y dépose de quatre à six œufs d'un blanc verdâtre, tachés de points gris et bruns.

L'HYPOLAÏS ICTÉRINE (*Hypolais icterina* Vieillot) est un oiseau européen caractérisé comme tous ses congénères par un bec long, large à sa base et aplati. Sa préférence pour les terrains élevés et son mode de nutrition le rapprochent des Fauvettes terrestres. Il annonce son arrivée à la fin d'avril par un agréable chant très varié. L'Ictérine place un petit nid très soigné sur les grands arbustes à l'extrémité des branches qui se croisent en retombant vers la terre. Ses œufs comme tous ceux du genre sont d'un très joli rose chair, un peu lilacé, et couverts de points ou de traits noirs très petits.

L'HYPOLAÏS LUSCINIOLE (*Hypolais polyglotta* Vieillot) a la plus grande ressemblance avec l'Ictérine ; mais elle se cantonne dans les terrains bas, et recherche les régions méridionales. Je l'ai beaucoup étudiée à Arcachon où je la voyais chanter pendant des heures entières sur les arbousiers. Je l'ai retrouvée quelquefois en Algérie où je n'ai jamais rencontré l'Ictérine.

L'HYPOLAÏS DES OLIVIERS (*Hypolais olivetorum* Strickland) est la plus grande espèce du genre, elle habite l'Europe orientale et l'Asie occidentale.

On trouve aussi dans les mêmes régions l'Hypolaïs ambiguë (*Hypolais elæica* Lyndermayer).

L'HYPOLAÏS PALE (*Hypolais pallida* Gerbe) habite l'Espagne et l'Afrique septentrionale. Lorsqu'en 1852 elle fut décrite par Z. Gerbe, il n'en avait que deux sujets tués en Espagne dont l'un appartenait à la collection du comte de Riocour (Marne); mais peu après elle fut découverte en Algérie où elle est tellement répandue que je l'ai rencontrée très fréquemment dans mes différentes excursions depuis Alger jusqu'en plein Sahara. C'est un oiseau méfiant, très dificile à approcher, qu'on aperçoit quelquefois sur le haut d'un figuier où il chante avec un admirable entrain, mais qui se cache souvent dans l'épaisseur des buissons. Son nid contient quatre ou cinq œufs dont la couleur fondamentale est un peu plus pâle que celle de ceux de ses congénères.

L'HYPOLAÏS BOTTÉ (*Hypolais caligata* Lichtenstein) est une espèce asiatique qui visite de temps en temps l'Europe orientale[1].

La ROUSSEROLE TURDOÏDE (*Calamoherpe turdoides* Meyer) appelée vulgairement *Grive d'eau* est répandue dans tout l'ancien continent. En France elle arrive à la fin d'avril et repart en septembre. On la trouve communément sur les cours d'eau et sur les étangs; elle se fixe exclusivement dans les grands massifs de roseaux à balais (*arundo fragmitis*) où elle se nourrit d'insectes

---

[1] J'ai publié une note à son sujet dans mon *Catalogue des Oiseaux d'Europe*, 1876, J.-B. Baillière, éditeur.

aquatiques, particulièrement de névroptères et de mouches piquantes connues sous le nom de *taons*; elle y fait entendre un chant et un cri durs qui n'ont rien d'agréable. Elle fait ordinairement son nid vers le milieu de mai dans les roseaux qui commencent à verdir; mais si la végétation est en retard, elle s'installe tout au centre d'un massif de roseaux desséchés. Elle en réunit cinq ou six qu'elle rapproche, et fixe au moyen d'herbes aquatiques dont elle les enlace très habilement et construit son nid à vingt centimètres, quelquefois plus, au-dessus du niveau de l'eau. Ses œufs presque toujours au nombre de quatre sont très jolis, d'un bleu mat et ornés de points noirs et violets.

La ROUSSEROLE EFFARVATTE (*Calamoherpe arundinacea* Gmélin) est le portrait en miniature de l'espèce précédente mais elle fréquente toutes les variétés de joncs et de roseaux capables de supporter le poids de l'infatigable et mignonne grimpeuse. Elle se pose quelquefois sur les saules et les arbustes qui avoisinent les eaux, et si elle y fait son nid, il est moins profond que celui qu'elle établit sur les roseaux. J'ai vu bien des fois des nids d'Effarvattes, mais j'en ai trouvé un dans des conditions très intéressantes.

J'allais visiter une aire de Héron (tout le monde sait que cet oiseau établit son domicile sur une sorte de plate-forme qu'il organise en brisant les têtes des roseaux qu'il rabat les unes sur les autres); en approchant, le départ d'une Rousserole attira mon attention, et je découvris sous cette espèce de toit un joli petit nid qui par sa position se trouvait à l'abri de la pluie, et de l'oiseau de proie. En continuant mes observations sur le Héron, je surveillai le nid d'Effarvatte dont les jeunes grandirent et s'envolèrent sans accident.

Il y a deux ans, je trouvai une de ces petites constructions tellement perfectionnée, si artistement garnie de fleurs de roseaux, que je la pris à l'intention de mon ami M. L. Bureau. Ces charmants petits êtres ne se doutaient pas qu'ils travaillaient avec tant de zèle pour le muséum de Nantes. Leurs œufs étaient au nombre de quatre, gris verdâtre, maculés de taches brunes.

La ROUSSEROLE AGRICOLE (*Calamoherpe agricola* Jerdon) est une spèce de l'Inde qui voyage dans toute l'Asie et arrive jusqu'à Astrakan. Ses œufs ressemblent à ceux de l'Effarvatte mais sont sensiblement plus petits.

La ROUSSEROLE VERDEROLLE (*Calamoherpe palustris* Bechstein) est moins aquatique que les précédentes. Si elle fréquente le bord des eaux, elle habite tout aussi bien les terrains cultivés. Son chant agréable et varié est très apprécié des habitants de la Provence où elle est très commune. Ses œufs ressemblent à ceux de la Turdoïde mais sont beaucoup plus petits.

La BOUSCARLE RIVERAINE (*Cettia fluviatilis* Meyer et Wolf) est encore peu connue quoique très répandue dans l'Europe orientale, l'Europe méridionale et dans le nord de l'Afrique. Elle vit sur le bord des marais et des étangs, au milieu des herbes et des roseaux qu'elle ne quitte que lorsqu'elle y est forcée, et où elle se nourrit de petits insectes et de larves de névroptères. Elle est très avare de son chant et ne se fait entendre qu'au lever et au coucher du soleil. Le nid de la Riveraine est assez grand, presque entièrement couvert, garni à l'intérieur de matériaux très doux et de fleurs de différentes espèces de roseaux; elle le place près de terre, et réussit parfaitement à le dissimuler, aussi ne peut-on généralement le trouver qu'avec un bon chien d'arrêt.

Je n'ai eu qu'une seule fois la bonne fortune de m'en emparer. Après une matinée de chasse très fatigante sur le lac Fetzara (Algérie), j'avais amené mon bateau à bord, et me reposais à l'ombre d'un tamarin, lorsque je vis tout à coup courir sur une racine à fleur d'eau, un petit oiseau que je pris d'abord pour une souris. Il s'enleva et disparut sous le tertre. C'était évidemment une femelle qui faisait son nid ou un mâle qui portait la nourriture à sa compagne. A son allure je devinai une rareté et surveillai avec grand soin l'endroit où je l'avais perdu de vue. Après quelques instants il reparut et alla se poser sur une touffe d'herbe où je pus le tirer. Je trouvai le nid entre deux grosses racines et sous le petit tertre d'où pendaient quelques plantes qui le cachaient à merveille; il contenait cinq œufs assez courts, d'un blanc grisâtre et couverts de petits points d'un rouge brun.

La BOUSCARLE LUSCINOÏDE (*Cettia luscinoides* Savi) est répandue en Europe surtout dans les régions occidentales, en Espagne, en Bretagne et en Angleterre, dans les prairies marécageuses ou dans les étangs couverts de joncs. Elle a les habitudes générales de la Riveraine, se cache comme elle et avec plus de soin encore. Dans la basse Loire où elle est assez commune en été, les naturalistes de Nantes m'ont initié à leur manière de la chasser.

Nous nous rendions en bateau dans les cours d'eau qui traversent les marais où elle se tient, et quand venait le coucher du soleil, nous restions immobiles à la guetter. A ce moment, elle grimpe en chantant au haut d'une tige et à peine l'a-t-on aperçue qu'elle disparaît pour recommencer un peu plus loin. C'est là que le chasseur doit utiliser la rapidité de son coup d'œil. Je présume que cette chasse devrait se faire également au lever du soleil. D'ailleurs, il serait préférable de piéger cette petite espèce si difficile à se procurer.

La BOUSCARLE CETTI (*Cettia cetti* Marmora) et la BOUSCARLE A MOUSTACHES (*Cettia melanopogon* Temminck) qui habitent l'Europe méridionale et le nord de l'Afrique ont les mœurs et les habitudes des espèccs précédentes. La Bouscarle cetti ou soyeuse est moins avare de sa voix que ses congénères, et fait souvent entendre un chant sonore, élevé, mais peu varié. Quoique cette espèce ne soit pas rare, je ne la crois nulle part aussi commune que dans la plaine de la Mitidjah.

En 1854, j'étais installé au milieu d'un camp de condamnés militaires connus dans le pays sous le nom de *boulets*. Ils creusaient des fossés d'assainissement et défrichaient les broussailles et les palmiers nains qui couvraient la plaine. Avec l'assentiment du sergent-major, je leur avais demandé de mettre de côté tous les nids qu'ils trouveraient et en quelques jours ils m'en apportèrent une provision de différentes espèces, en particulier de la Bouscarle cetti dont j'eus environ une quarantaine. Les œufs sont d'un beau rouge brique sans tache et avaient encore à cette époque une grande valeur.

C'est à tort qu'on se représente souvent ces malheureux disciplinaires comme des gens de sac et de corde, dépourvus de tout bon sentiment. J'ai passé quelques jours dans leur camp, sous une tente, séparée il est vrai, mais au milieu d'eux, sans qu'aucun ait cherché à me dérober quoique ce soit. Plusieurs étaient minés par la fièvre, je leur donnai une partie de ma provision de quinine qui fit merveille sur ces natures abandonnées et je constatai chez un grand nombre de véritables sentiments de reconnaissance.

La LOCUSTELLE TACHETÉE (*Locustella nævia* Brisson) est très commune dans certaines parties de l'Europe tempérée. En France, c'est surtout dans l'Ouest qu'on la rencontre. C'est un petit oiseau très agile qui marche beaucoup en relevant et en étalant sa queue. Il évite de se laisser voir, car souvent on entend son cri strident sans pouvoir le découvrir. En été, il se tient habituellement dans les joncs, sur le bord des eaux où il se reproduit tandis qu'au moment des passages, il recherche au contraire les broussailles, les luzernes ou les terrains secs. Son nid établi à peu de hauteur contient quatre ou cinq œufs blancs couverts de très petits points d'un rouge brun.

La LOCUSTELLE LANCÉOLÉE (*Locustella lanceolata* Temmink) remplace en Sibérie notre Locustelle tachetée dont elle paraît avoir toutes les habitudes.

La PHRAGMITE DES JONCS (*Calamodyta phragmitis* Bechstein) et la Phragmite aquatique (*Calamodyta aquatica* Latham) ont ensemble les plus grandes affinités ; toutes deux sont propres à l'ancien monde ; la Phragmite des joncs est commune dans tous les terrains aquatiques couverts de joncs sur lesquels elle grimpe, en se découvrant plus volontiers que les espèces précédentes. Elle établit sur une petite butte ou sur un tronc

d'arbre coupé un nid épais, très large à sa base, et y
pond quatre ou cinq œufs d'un blanc fauve avec quelques points ou petits traits noirs.

La Cisticole ordinaire (*Cisticola Schœnicola* Bonaparte) est un charmant petit oiseau très commun, surtout dans le midi de l'Europe et en Algérie. Il habite
les grandes plaines et les terrains humides, nulle part je
ne l'ai vu en aussi grande abondance que dans la plaine
de la Mitidjah entre Alger et Blidah où je me trouvais
en avril 1856. C'était un mouvement perpétuel de ces
petits oiseaux tantôt s'élevant à pic vers le ciel en
poussant leur cri de joie, tantôt se laissant retomber
tout d'un coup. Malgré la brièveté de leur petite chanson ils étaient tellement nombreux que leur aimable
concert ne cessait pas, et remplissait l'air de gaieté
et d'amour.

La Cisticole se nourrit d'araignées, de menues graines
et d'insectes qu'elle prend au vol.

Elle fait deux ou trois couvées et se montre dans la
confection de son nid, une artiste consommée. Elle
l'établit à mi hauteur dans des herbes montées dont
elle réunit les tiges en faisceau. Au-dessus de cette première ligature faite en toiles d'araignée la petite construction s'élargit pour prendre la forme ovoïde allongée,
puis se resserre pour ne laisser en haut qu'une ouverture suffisante pour le passage de l'oiseau qui y descend
la tête en bas. Tout ce petit édifice est un réseau solide
et transparent bâti en fils d'araignée soutenu tout autour
par les tiges de graminées qui se croisent en s'élevant
au-dessus de l'ouverture et le dissimulent très bien. La
base intérieure est garnie de coton emprunté aux saules

voisins, et d'aigrettes de plantes défleuries. La Cisticole est peut-être de tous les oiseaux celui dont les œufs varient davantage, ils sont blancs, ou roses, ou vert clair, tantôt sans tache, tantôt pointillés de rouge pâle.

TROGLODYTIDÉS. — Cette famille n'est représentée en Europe que par un seul genre, qui lui-même ne renferme qu'une seule espèce, notre Troglodyte mignon.

Le Troglodyte mignon (*Troglodytes parvulus* Koch) est un petit oiseau trapu, à formes ramassées, à tarses longs, d'une jolie couleur chocolat et qui a une manière toute particulière de relever sa queue en éventail.

Si par une belle journée d'hiver, alors que le soleil se joue dans les stalactites de nos forêts vous voulez faire une agréable promenade, venez de préférence dans une petite vallée entourée de collines boisées et au fond de laquelle coule une rivière bordée de saules, vous serez surpris d'entendre dans cette saison, d'ordinaire si sévère, une voix forte et sonore vous souhaiter la bienvenue en vous disant sa plus belle chanson. Cherchez l'artiste, vous le trouverez facilement, il est occupé à visiter le pied des arbres, les fentes des pierres, le dessous des tertres pour y chercher les petits insectes, larves, vers, œufs, petits mollusques dont il fait sa nourriture.

Si dans quelques jours le soleil a disparu, si la neige couvre le sol d'une couche épaisse, c'est lui qui viendra vous rendre visite ; il entrera sous votre hangar, dans vos écuries, dans les ouvertures de cave et nettoiera les plus petits coins de toutes les vermines qui s'y seront réfugiées. C'est ainsi qu'il m'en arrive souvent dans ma serre où ils passent quelquefois huit ou quinze jours à faire une guerre incessante aux pucerons, araignées et autres bestioles nuisibles.

Quand arrive le printemps, le Troglodyte bâtit en mousse un nid fermé, dont l'entrée est en haut, mais sur le côté et qu'il sait à merveille adapter à la forme des objets auxquels il veut le fixer. C'est tantôt près de terre, à la base d'un arbre moussu, tantôt sous un tertre ou sous un pont. J'en ai vu dans des huttes de charbonniers, sous un toit, et même dans de vieux nids d'Hirondelles. Ses œufs au nombre de sept à neuf sont d'un blanc rosé à petites taches rouge brique.

PHYLLOPNEUSTIDÉS. — Cette famille ne comprend que les **Pouillots** et les **Roitelets** qui sont exclusivement insectivores, se posent peu à terre, mais vivent sur les arbres et émigrent par petites familles comme les Mésanges.

Le POUILLOT FITIS (*Phyllopneuste trochilus* Linné), plus connu sous le nom de *Chantre*, nous arrive en mars pour disparaître en septembre. Il habite nos forêts, et c'est le sommet des arbres les plus élevés qu'il choisit pour mériter son surnom. Son nid comme celui de tous ses congénères a la forme d'une sphère avec entrée sur le côté ; il l'établit à terre, où il le dissimule très adroitement dans un petit enfoncement sous une feuille de ronce ou autre, et y pond de cinq à sept œufs blancs pointillés de rouge.

Le POUILLOT VÉLOCE (*Phyllopneuste rufa* Brisson) est comme le *Chantre* un habitant de l'ancien monde, et a les mêmes mœurs et les mêmes habitudes, mais il préfère les petits bois en côte aux grandes forêts ; ses œufs, blancs aussi, sont cependant marqués de quelques petits points noirs isolés.

Le POUILLOT SIFFLEUR *(Phyllopneuste sibilatrix* Bechstein) ne nous arrive qu'en avril et nous quitte en septembre, comme ses congénères dont il ne diffère que par son habitat. Il le choisit dans les grandes forêts en plaine, son chant flûté est agréable ; ses œufs, au nombre de cinq ou six sont à fond blanc comme ceux du genre, mais couverts de très petits points d'un rouge brun.

Le POUILLOT BONELLI *(Phyllopneuste Bonellii* Vieillot) ressemble beaucoup au Siffleur, ses œufs ont la même coloration, mais il préfère les terrains en côte plus ou moins boisés aux grandes forêts.

Le POUILLOT A GRANDS SOURCILS *(Phyllopneuste superciliosus* Gmelin), dont les mœurs sont encore peu connues, est une espèce asiatique qui s'égare quelquefois en Europe. Sa modeste livrée est rehaussée d'un charmant petit miroir jaune.

Le ROITELET HUPPÉ *(Regulus cristatus* Charle) et le ROITELET TRIPLE-BANDEAU *(Regulus ignicapillus* Brehm) sont des oiseaux sédentaires les plus petits d'Europe. C'est à la jolie couronne rouge feu qu'ils portent sur la tête qu'ils doivent leur nom. Le Roitelet huppé se confine à une altitude plus élevée que le Roitelet triple-bandeau, mais l'un et l'autre ont les mêmes mœurs et vivent de préférence dans les forêts de conifères. Ils sont doux, alertes, gracieux ; dès l'aube ils parcourent les arbres, visitant les branches une à une, depuis les plus petites jusqu'aux plus grosses, pour les débarrasser des insectes, bourres d'œufs et larves dont ils font leur nourriture habituelle. Pendant leur travail, ils poussent de temps en temps un petit cri d'appel qu'ils multiplient et complètent au printemps par un chant très doux et assez agréable.

Je n'ai jamais trouvé leur nid que sur des conifères. Habituellement ils le placent en dessous d'une grosse branche d'épicéa, entre les rameaux très minces qui retombent et qu'ils réunissent avec des toiles d'araignées. C'est au centre de ce faisceau qu'ils établissent leur délicat édifice tressé en mousse et en lichen, bien chaudement garni de plumes à l'intérieur. Quoiqu'ils soient extrêmement familiers, ils abandonnent facilement leur œuvre s'ils s'aperçoivent qu'on l'a touchée.

La ponte est de sept à neuf œufs ; ceux du Roitelet huppé sont d'un blanc jaune marqués de brun, tandis que ceux du Roitelet triple-bandeau sont d'un blanc rosé, marqués de points rouges.

Lorsque les petits ont quitté leur nid, ils vivent en compagnie jusqu'à l'année suivante, et voyagent d'arbre en arbre avec leurs parents qui leur apprennent en prêchant d'exemple à rechercher avec soin les petites bestioles dont l'élimination leur est confiée.

CHAPITRE XI

PASSEREAUX

Paridés. — Intelligence et docilité de la Mésange charbonniére. — La Nonnette et l'anneau d'or. — La Penduline et son nid. — Ampélidés. — Leur abondance en 1853. — Muscicapidés. — Régime et mœurs. — Hirundinidés — Tableau d'arrivée des Hirondelles. — Expérience sur leur fidélité. — Le Moineau emprisonné. — Cypsélidés. — Généralités. — Trochylidés. — Parures et nidification des Oiseaux-Mouches. — Caprimulgidés.

PARIDÉS. — Cette famille ne comprend que les petits oiseaux connus de tout le monde sous le nom de *Mésanges*. Quoique recherchant avec empressement certaines graines et certains fruits, les Mésanges n'en sont pas moins des insectivores de premier ordre qui nettoient les arbres de toutes les vermines dont ils sont parfois couverts. Elles habitent l'Europe à peu près exclusivement, mais quelques-unes visitent aussi l'Asie. Elles vivent en famille pendant tout l'hiver, et ne se séparent qu'au moment de la pariade: la plupart font leur nid dans des trous et celles qui le font à ciel ouvert sont d'admirables architectes.

La MÉSANGE CHARBONNIÈRE *(Parus major* Linné) est commune dans les régions tempérées partout où il y a des arbres. Quoique acariâtre et quinteuse avec les autres oiseaux, elle est peu farouche et s'habitue facilement à la captivité. Son cri d'appel ressemble à celui du Pinson, et son chant qui n'a rien d'agréable rappelle un peu le grincement de la lime sur une scie. Elle vit spécialement d'insectes, mais en hiver elle mange des baies, des semences et particulièrement du chènevis et des noix à coque tendre auxquelles pour ce motif on a donné le nom de *noix mésanges*.

Cet oiseau fait ordinairement son nid dans les trous d'arbre, mais lorsqu'elle est obligée de l'établir ailleurs, elle déploie un talent remarquable pour l'adapter aux objets qui l'environnent.

Il y a deux ans, en ouvrant la fenêtre d'une de mes petites maisons de chasse, je découvris derrière le volet le plus joli nid de Charbonnière qu'on puisse imaginer. L'industrieuse petite bête avait bouché hermétiquement avec de la mousse les fissures par lesquelles le vent pouvait pénétrer dans sa demeure, ne réservant qu'un petit trou rond formé dans le bois par la chute d'un nœud. L'édifice était élevé de ce côté jusqu'à l'ouverture qui servait d'entrée, mais il s'abaissait ensuite au niveau du nid lui-même qui était construit dans l'angle opposé de la fenêtre, de sorte qu'aussitôt entré l'oiseau n'avait qu'à suivre son petit pont pour arriver à son domicile.

La Mésange charbonnière pond de dix à quinze œufs qui sont, comme tous ceux du genre, blancs à petits points rouge brun.

J'ai dit plus haut qu'elle est familière, elle est également ment très gourmande, aussi l'apprivoise-t-on facilement. En 1871, j'étais avec toute ma famille à Villeneuve, sur les bords du lac de Genève, où le médecin m'avait envoyé pour me remettre des infirmités que j'avais contractées dans la triste campagne qui venait de finir. J'habitais une maisonnette bâtie au milieu d'un jardin planté où se tenaient de grosses Mésanges. Elles s'approchaient quelquefois de la maison pour profiter des reliefs, mes enfants leur jetaient souvent à manger et le désir leur vint d'en posséder une. Leur fantaisie fut bientôt satisfaite ; une cage dont la porte se fermait de loin avec une ficelle fut amorcée avec une noix cassée et en peu d'instants elle renferma une prisonnière. Pendant quelques jours, elle se montra farouche, mais bientôt elle venait prendre dans la main un quartier de noix et après quelques semaines, lorsqu'on lui eut rendu la liberté, elle venait au premier appel chercher sur la main ou sur l'épaule de mes enfants la petite friandise qui était la récompense de sa docilité. Sa cage restait ouverte sur le balcon et tous les soirs elle revenait pour y passer la nuit. Plusieurs autres avaient été dressées à venir manger dans la main ; mais celle-là seule se laissait caresser.

La MÉSANGE NOIRE *(Parus ater* Linné), plus connue sous le nom de *petite Charbonnière* est moins grosse que la précédente et moins commune, elle en a toutefois les habitudes, mais ne pond que huit ou dix œufs et borne son habitat aux régions des conifères, du moins je ne l'ai jamais vue que sur des arbres de cette famille, ou dans leur voisinage.

La MÉSANGE BLEUE *(Parus cœruleus* Linné) est aussi répandue que la grosse Charbonnière dont elle a les habitudes et dont elle ne diffère que par la robe. Elle se joint volontiers aux autres Mésanges, car le 14 janvier dernier, étant en battue dans un taillis de sept à huit ans, j'en ai vu des centaines défiler devant moi pendant un quart d'heure ; il y avait des Charbonnières, des Mésanges bleues et des Mésanges à longue queue qui toutes mangeaient avec avidité des baies de cornouiller sanguin et de viorme obier.

La Mésange azurée *(Parus cyanus* Pallas) est un charmant oiseau, d'un joli bleu d'azur qui remplace en Sibérie nos espèces européennes.

La Mésange huppée *(Parus cristatus* Linné) est moins commune que les précédentes dont elle diffère par une jolie huppe étagée, et par sa ponte restreinte qui n'est que de cinq ou six œufs. C'est aussi une habitante des sapins, car je ne l'ai jamais trouvée abondamment que dans la région des conifères à Arcachon, dans les Hautes et dans les Basses-Alpes et dans les Vosges.

La Mésange des marais *(Parus palustris* Linné) est confinée dans l'Europe septentrionale et a les plus grandes affinités avec la Mésange nonnette *(Parus communis* Baldenstein) qui est commune dans toute l'Europe tempérée. L'une et l'autre préfèrent le voisinage des eaux et recherchent pour se reproduire les saules et autres arbres aquatiques lorsqu'elles y trouvent un trou suffisant pour leur installation. Quelquefois cependant, la Nonnette niche en forêt, mais elle reste en famille, et fait rarement partie des rassemblements de ses congénères.

Il m'est arrivé, à propos d'un nid de cette espèce, une singulière aventure. J'étais à Prague en 1851 et, me promenant un jour sur les rives de la Moldau, je remarquai une famille de jeunes Mésanges nonnettes qui essayaient leurs ailes pour la première fois en quittant le trou d'un gros arbre où elles avaient pris naissance. Je m'approchai, pris le nid afin d'étudier les matériaux dont il se composait et retirai en même temps un anneau d'or que j'appris plus tard avoir été enlevé un mois auparavant à une jeune mariée le jour même de ses noces.

En rentrant je montrai l'objet à mon maître d'hôtel qui voulut bien m'accompagner chez un magistrat auquel je crus devoir remettre le bijou si singulièrement retrouvé. Mais j'étais loin de m'attendre à la réception qui me fut faite. Le commissaire me lançait des coups d'œil peu rassurants et ce ne fut qu'après une longue discussion avec mon introducteur qu'il s'adoucit, me fit donner un siège et après avoir écrit ma déclaration me la fit signer. Le brave homme ne voulait pas croire à mon histoire et, me prenant tout simplement pour le voleur ou son complice, voulait me faire arrêter immédiatement ; ce n'est que très difficilement qu'il se rendit aux excellentes raisons de mon hôte. On comprend que j'emportai une haute idée de la police bohémienne et je me promis que, si jamais je retrouvais un bijou dans un nid, je me garderais bien de l'emporter.

Maintenant comment la chose s'était-elle passée? Était-ce l'oiseau qui avait emporté l'anneau, ou le voleur l'avait-il caché dans le trou de l'arbre, il est probable qu'on ne le saura jamais; en tout cas, je n'ai pas été tenté d'aller le demander à l'aimable commissaire central de Prague.

La Mésange sibérienne *(Parus Sibiricus* Gmélin) et la Mésange lugubre *(Parus lugubris* Natterer) sont des espèces très voisines de la précédente qui habitent l'Asie et l'Europe orientale.

La MÉSANGE A LONGUE QUEUE (*Parus caudatus* Linné) comme son nom l'indique, se distingue par la longueur de sa queue. Elle vit comme ses congénères, mais en diffère ainsi que les espèces suivantes par son mode de nidification. Au lieu de rechercher les troncs d'arbre, elle construit son nid à l'enfourchure d'une branche. Vu d'en bas, il a l'apparence extérieure d'un nid de Pinson tressé en toiles d'araignée et en lichen; mais en l'observant attentivément on voit qu'il est beaucoup plus élevé, forme une boule parfaitement fermée, avec deux entrées pratiquées l'une vis-à-vis de l'autre, ce qui permet à l'oiseau d'entrer et de sortir sans froisser sa queue. L'intérieur du nid est garni d'une forte épaisseur de plumes qui le rendent très chaud. Les œufs ont des points rouges très petits et sont même quelquefois entièrement blancs.

La REMIZ PENDULINE (*Ægithalus pendulinus* Linné) se rapproche des Mésanges par son régime, mais s'en éloigne par ses habitudes. Elle est très méfiante se laisse difficilement approcher et ne donne dans aucun piège, Elle habite le bord des eaux qu'elle ne quitte presque jamais et où elle se reproduit.

Son nid, l'un des plus remarquables de notre pays, est assurément une petite merveille. Pour l'établir, elle choisit d'abord une branche flexible tombant au-dessus de l'eau et terminée par un bouquet de petits rameaux, c'est toujours une branche de tremble, d'aulne, de peuplier ou de saule qui a sa préférence. A l'extrémité de cette branche elle enroule avec beaucoup d'adresse des

Nid de la Remiz Penduline.

filaments végétaux qui réunissent en faisceau toutes les petites brindilles destinées à former la charpente de l'édifice et à le soutenir, puis au milieu elle construit un nid qui est un véritable feutre de plus d'un centimètre d'épaisseur et qui est un mélange de chatons de saule et de peuplier, de fleurs de roseau, de laine et enfin de fils très fins ayant l'apparence du lin et qui proviennent probablement de feuilles de roseau. Ce petit édifice de forme ovalaire, mesurant de dix-huit à vingt centimètres de hauteur sur dix de largeur, est absolument clos ; un petit goulot de quatre ou cinq centimètres de longueur, adapté à sa partie supérieure lui sert d'entrée. L'intérieur est composé de matériaux plus fins encore que ceux qui ont servi à l'ensemble de la construction, en sorte qu'au toucher il paraît un moelleux duvet de soie.

C'est dans ce charmant nid que la Remiz dépose de quatre à six œufs d'un blanc mat, très allongés et cylindriques, ressemblant à s'y méprendre aux dragées d'un confiseur.

La PANURE A MOUSTACHES (*Panurus biarmicus* Linné) est encore une charmante Mésange aquatique de couleur roux fauve avec une longue moustache noire sur les côtés du bec. C'est un oiseau doux peu méfiant, qui se nourrit d'insectes aquatiques, de semences de roseaux et de jeunes mollusques. Elle établit un nid de radicelles et de fibres végétales, dans les roseaux ou les broussailles sur le bord de l'eau, mais il est moins finement bâti que celui de la Remiz, elle y pond cinq ou six œufs courts, blancs et portant quelques taches et quelques traits fins d'un noir bleuté.

AMPÉLIDÉS. — Cette famille qui ne compte qu'un seul genre se compose d'un très petit nombre d'espèces dont une seule est européenne.

Le JASEUR DE BOHÊME *(Ampelis garrulus* Linné) est un fort bel oiseau de la taille de la Grive mauvis, de couleur gris amarante, avec une huppe érigée et un liseré jaune à l'extrémité des rémiges et des rectrices.

Il habite l'extrême Nord, mais il est irrégulièrement erratique, et nous visite quelquefois. L'hiver de 1853 a été remarquable par l'abondance de ses passages, à Remiremont en particulier, le nombre des captures a été tel qu'on en offrait dans les maisons à cinquante centimes la douzaine. La familiarité de ces oiseaux et leur habitude de vivre en troupes expliquent qu'on en ait tué une si grande quantité.

Le Jaseur se nourrit d'insectes, de fruits et de bourgeons, il niche sur les conifères à une grande hauteur et pond cinq ou six œufs d'un joli gris violacé à petits points d'un brun noir qui ont été longtemps une rareté oologique.

MUSCICAPIDÉS. — Cette famille également peu nombreuse en espèces se compose de petits oiseaux insectivores caractérisés surtout par un bec élargi à sa base, aplati et largement fendu, tous habitent l'ancien continent.

Le GOBE-MOUCHES A COLLIER *(Muscicapa collaris* Bechstein) nous arrive isolément à la fin d'avril et repart en famille au mois de septembre. C'est un oiseau solitaire qui recherche les grandes forêts en plaine placées dans le voisinage des eaux où il trouve à faire une ample moisson de moucherons et d'insectes qu'il prend au vol comme les Hirondelles. Il a le petit mouvement des ailes et de la queue que j'ai signalé chez les Rubiettes, avec lesquelles du reste les petits, au sortir du nid, ont une certaine ressemblance. Quelques auteurs les disent aussi baccivores; mais je dois ajouter que dans les sujets assez nombreux et d'espèces différentes que j'ai vérifiés, je n'ai jamais trouvé dans le gésier que des insectes. Le Gobe-Mouches à collier a un cri d'appel peu fort, mais aigu, et qui s'entend de fort loin, il se tient habituellement sur les arbres élevés d'où il a plus de facilité pour ses chasses et où il établit son nid. Il le fait sans art dans un trou, ou simplement sur les grosses branches mortes dans les creux formés par la pourriture. Il y pond habituellement quatre œufs, rarement cinq, d'un joli bleu céleste sans tache.

Le GOBE-MOUCHES NOIR (*Muscicapa nigra* Brisson) ne diffère du précédent que par l'absence du collier blanc; il semble aussi préférer une latitude plus méridionale.

Le GOBE-MOUCHES ROUGEATRE (*Muscicapa parva* Bechstein), beaucoup moins répandu que les précédents, en a cependant les habitudes générales; mais ses œufs sont d'un rose jaunâtre marqués de petits points d'un brun roux. Dans l'été 1858, j'ai vu dans le parc de Frohsdorf près Wien-Neustadt, deux couples de cette espèce, ce qui prouve qu'elle n'est pas rare dans cette région et qu'elle y niche.

Le GOBE-MOUCHES GRIS (*Muscicapa grisola* Linné) porte une livrée plus modeste que les précédents, mais ses mœurs et ses habitudes sont à peu près les mêmes. Quoiqu'aussi farouche qu'eux, il s'établit cependant tout aussi bien dans le voisinage de l'homme que dans la solitude des forêts. Il est peu de parcs ou de jardins qui en été. n'en possèdent au moins un couple établi dans une treille ou dans un lierre contre un arbre ou un vieux mur. Son nid renferme de quatre à six œufs d'un vert pâle, décorés de points ou de marbrures d'un roux rosé.

Il revient fidèlement chaque année le faire au même endroit. J'en ai un couple qui m'arrive ainsi régulièrement au printemps; ils se perchent sur les tuteurs de mes rosiers où ils restent des journées entières à guetter les petits insectes qui passent à leur portée. Je les soupçonne fortement de détruire les petites chenilles rayées de jaune qui dévorent habituellement les feuilles des rosiers, car elles ont disparu sur les miens depuis l'arrivée des Gobe-Mouches. On comprend que je n'ai pas voulu détruire un seul de mes petits ouvriers sous prétexte de m'en assurer.

HIRUNDINIDÉS. — Les oiseaux qui appartiennent à cette famille ont un bec aplati à sa base et profondément ouvert, des tarses assez courts, des ailes longues et aiguës. Ce sont d'excellents voiliers qui prennent dans l'air les insectes dont ils font exclusivement leur nourriture et boivent en rasant l'eau, sans jamais se poser.

Les espèces européennes se trouvent dans tout l'ancien continent. Deux seulement sont américaines et ne se voient qu'exceptionnellement dans nos régions : l'HIRONDELLE POURPRE *(Hirundo purpurea* Linné) et l'HIRONDELLE BICOLORE *(Hirundo bicolor* Vieillot).

On sait les habitudes migratrices de ces oiseaux dont le retour est salué comme l'annonce du réveil de toute la nature.

Étant enfant j'avais inscrit pendant plusieurs années le jour d'arrivée de la première Hirondelle, ainsi que le premier chant du Coucou. J'en donne le tableau dans la pensée qu'il pourra intéresser les personnes qui font elles-mêmes des observations ornithologiques.

	HIRONDELLE DE FENÊTRE	HIRONDELLE DE CHEMINÉE	MARTINET NOIR	1er CHANT DU COUCOU
1847	28 mars	18 avril	30 avril	»
1848	29 mars	18 avril	24 avril	23 mars
1849	22 mars	22 avril	25 avril	3 avril
1850	29 mars	21 avril	30 avril	8 avril
1851	3 avril	23 avril	2 mai	12 avril
1852	1 avril	17 avril	30 avril	»
1853	24 mars	20 avril	29 avril	»
1854	27 mars	19 avril	1 mai	»
1855	30 mars	24 avril	2 mai	»

HIRONDELLE RUSTIQUE OU DE CHEMINÉE (*Hirundo rustica* Linné). Il n'est pas nécessaire d'être naturaliste pour aimer la gentille messagère du printemps, celle qui apporte, avec l'annonce des beaux jours, la vie et la joie dans les plus modestes chaumières. Qui n'apprécierait le charme de l'oiseau fidèle qui, en s'installant chaque année sous notre toit, vient nous donner la preuve de sa confiance et de son amour, et cherche à nous égayer par ses longs et mélodieux gazouillements ? On sait qu'elle revient chaque année au même endroit et on raconte qu'un amateur ayant un jour attaché sous l'aile d'une Hirondelle un billet ainsi conçu :

Hirondelle,
Qui es si belle,
Dis-moi, l'hiver où vas-tu ?

reçut l'année suivante par le même courrier la réponse que voici :

A Athènes,
Chez Antoine ;
Pourquoi t'en informes-tu ?

Je ne sais si l'histoire est vraie, mais en tout cas elle est fort plausible, car j'ai plusieurs fois attaché sous l'aile d'une Hirondelle un brin de laine rouge que je retrouvais sur l'oiseau l'année suivante. Tout le monde peut faire la même expérience, car les Hirondelles entrent constamment dans les maisons et elles sont très faciles à prendre. Tous les individus de ce genre ont une salive agglutinante qui sert à fixer à leur palais les moucherons qu'ils happent en volant et qui leur est aussi fort utile pour donner plus d'adhérence au mortier de terre avec lequel ils construisent leurs nids. Celui-ci a la forme d'une demi-coupe ; il est fixé à un mur, sous une fenêtre, une corniche ou une porte ; l'intérieur est garni de plumes et autres matériaux mollets et contient cinq ou six œufs blancs, semés de petits points brun rougâtre.

L'HIRONDELLE ROUSSELINE (*Hirundo rufula* Temminck) est une espèce de l'Abyssinie qu'on voit quelquefois sur les côtes de la Méditerranée, elle diffère très peu de l'HIRONDELLE ALPESTRE (*Hirundo Daurica* Linné) qui est asiatique. Toutes deux font un nid en terre gâchée, entièrement fermé, dont un étroit goulot, qui a une certaine ressemblance avec une cornue, forme l'entrée. Leurs œufs sont sans tache comme presque tous ceux des Hirondelles.

L'Hirondelle de rocher *(Hirundo rupestris* Scopoli) est plus sauvage que les espèces précédentes et vit à une altitude plus élevée. On ne la trouve que sur les rochers des régions montagneuses comme les Alpes ou dans les Pyrénées. Les auteurs disent qu'elle vit solitaire, cependant j'en ai trouvé à Lhéris un assez grand nombre vivant en colonie avec des Hirondelles urbaines. Leurs nids étaient mélangés et appuyés contre un grand rocher qui surplombe et beaucoup plus haut que Bigorre. Son nid et ses œufs sont absolument semblables à ceux de l'Hirondelle de cheminée.

L'Hirondelle urbaine *(Hirundo urbica* Linné) est plus commune encore que l'Hirondelle de cheminée, mais elle est un peu moins familière. Elle vit en colonies parfois considérables.

Leurs nombreux nids sont placés les uns près des autres, soit dans de grandes cavernes, soit contre les falaises qui surplombent; j'en ai vu dans ces conditions une forte colonie à quelques centaines de mètres du Tréport. Son nid est entièrement fermé, sauf la place juste pour le passage de la couveuse. Souvent les Moineaux cherchent à s'en emparer pour y faire leur nichée et quelquefois l'oiseau dépossédé enferme, en murant l'ouverture, le voleur dans le logement qu'il voulait s'approprier.

J'ai été témoin du fait. Un Moineau s'était installé dans un nid d'Hirondelle urbaine placé sous le toit de mon hallier. Les Hirondelles furieuses poussent un cri d'alarme, les amies arrivent en foule, harcellent l'envahisseur qui, peu ému dès l'abord, se croyant en sûreté dans le nid, montrait son gros bec à l'ouverture et semblait défier toutes ses ennemies. Mais à un moment donné celles-ci arrivèrent en grand nombre apportant des becquées de terre qu'elles placèrent en bourrelet autour du trou, tandis que d'autres tenaient l'intrus en respect par leurs attaques et leurs cris continuels. Bientôt maître Pierrot commença à s'inquiéter et devinant leur projet fit un effort, sortit du nid qui allait pour lui devenir une prison et poursuivi par les huées de la foule alla tout honteux se cacher sous les tuiles d'un toit. Les propriétaires légitimes rentrèrent en possession de leur bien dont elles jouirent en paix.

L'Hirondelle de rivage (*Hirundo riparia* Linné) est la plus aquatique du genre, car elle vole constamment à la surface de l'eau soit sur les rivières et les canaux, soit sur les étangs où elle fait une chasse incessante aux petits insectes diptères et particulièrement aux hargneux petits moucherons connus vulgairement, je ne sais pourquoi, sous le nom de *cousins*. Elle vit en colonies, mais ne bâtit pas de nid, et se contente de creuser dans les berges des rivières, dans les carrières de sable ou dans les falaises un long couloir plus étroit à son entrée et au fond duquel elle s'installe.

CYPSÉLIDÉS. — Les oiseaux de cette famille ont de grandes analogies de forme et de régime avec les Hirondelles, mais ils en diffèrent sur deux points importants: ils n'ont pas de chant, mais poussent seulement des cris aigus et perçants ; en outre, ils ont les tarses si courts et les ailes si longues qu'ils ne peuvent se mouvoir à terre et que dès lors la marche leur est interdite.

Le Martinet de muraille ou Martinet noir *(Cypselus apus* Linné) nous arrive fin avril et nous quitte dès le 15 août, ne restant dans nos régions que le temps nécessaire à sa reproduction. Dès leur arrivée on voit ces oiseaux se poursuivre avec acharnement et d'un vol si rapide qu'on a parfois de la peine à les suivre de l'œil dans toutes leurs évolutions. Quand l'un d'eux s'approche trop près de la terre, et que de l'extrémité de son aile il frappe un corps qui en arrête un instant le mouvement, l'oiseau tombe sur le sol, et s'il ne peut grimper sur une pierre pour reprendre son élan, il meurt à l'endroit de sa chute ; lorsqu'on en trouve dans cette situation critique, il suffit de les relever et de les laisser tomber dans le vide pour leur voir prendre leur essor.

Le Martinet niche dans les crevasses des rochers, des édifices élevés et pond trois ou quatre œufs allongés, d'un blanc mat, qu'il dépose sur quelques débris ou même sur le sol nu. Il m'est cependant arrivé deux fois de trouver un nid de Martinet très simple il est vrai, mais caractéristique et fait par lui. C'était une sorte d'aire presque plate, peu fournie, formée de brins de paille agglutinés ensemble avec sa salive.

Le Martinet alpin *(Cypselus melba* Linné) est d'une plus forte taille que le précédent, et s'en distingue par son ventre blanc. Il préfère généralemeut une altitude plus élevée et habite les rochers des hautes montagnes ; cependant il niche quelquefois comme ses congénères dans les édifices élevés, car j'en ai vu une nombreuse colonie dans la tour de la cathédrale de Berne et le gardien se faisait un petit revenu de la vente de leurs œufs aux naturalistes oologues.

TROCHYLIDÉS. — Les oiseaux qui font partie de cette nombreuse et si intéressante famille ont des caractères tranchés qui les circonscrivent à merveille. Leur bec est grêle, leur langue bifurquée, leur aile effilée et falciforme est garnie de pennes rigides, leurs pieds sont courts et mignons, leurs rectrices sont au nombre de dix, enfin leur plumage est ferme, orné des plus brillantes couleurs et souvent à reflets métalliques. Les Colibris ou Oiseaux-Mouches n'habitent que les régions chaudes de l'Amérique et sont généralement de très petite taille. Le Patagon, le plus grand de la famille, est à peine de la grosseur de l'Alouette commune et le plus petit ou Parvule n'atteint pas la dimension du hanneton.

Les Trochylidés comprennent au moins trois cent cinquante espèces; j'indiquerai le plus possible les caractères principaux qui les différencient.

Ces oiseaux vivent d'insectes et du miel qu'ils vont puiser avec leur langue à double cylindre dans la corolle des fleurs.

C'est dans ce but que le Créateur a proportionné le bec et les ailes de chacun d'eux aux fleurs qu'ils vont ainsi fouiller.

Celui du Microrhynque n'a que quelques millimètres de longueur, tandis que celui du Porte-Épée mesure deux fois la longueur de son corps. Leur aile est en général petite, mais solide, tandis que les Campylo-ptères l'ont coudée et renforcée afin de pouvoir attein-

dre au sommet des arbres les fleurs qui ont leur préférence.

Si nous avons admiré dans les Paradisiers les splendides parures dont la nature les a ornés, les charmants
petits Oiseaux-Mouches qui peuplent le centre de l'Amérique ne méritent pas moins notre admiration. Les uns,
comme le Convert, ont la queue filiforme; un autre, la
Raquette, a deux petites spatules à l'extrémité des deux
rectrices externes. La queue immense et fourchue, couleur de feu du Sapho, celle du Mocoa et celle du Célestis
qui, avec la même forme, rivalisent d'éclat : l'un d'un
bleu céleste, l'autre d'un vert éclatant; quelques-uns
sont ornés d'une huppe élevée comme le Deladande, ou
l'ont couchée comme le Delâtre; l'Hélène a de charmantes petites parures de chaque côté du cou ; l'Anaïs a
des oreilles d'un bleu vif, tous les Ériocnémis ont le haut
des tarses garni d'une forte touffe de duvet blanc qui
descend sur les doigts et ressemble à de petites bottes.
Mais comment assez admirer la robe éclatante du Bonaparte, de l'Impératrice, de l'Or-Vert, de l'Aurescens, de
l'Hesper, du Rubis-Topaze et de tant d'autres dont les
couleurs métalliques resplendissent à la lumière de tout
l'éclat de l'or et des pierres précieuses. C'est bien tout ce
que l'on peut imaginer de plus beau que ces ravissants
petits bijoux animés aussi gracieux dans leurs mouvements qu'admirables dans leurs parures. Ils volent
avec une rapidité incroyable, passent leur vie dans l'air
et ne redoutent aucun oiseau de proie; ils ont le sang
très chaud, sont vifs, nerveux, quinteux, perpétuellement en mouvement. Il y a quelques années, le Jardin
d'acclimatation en possédait une paire que l'on a eu le

tort de mettre dans une volière trop petite, mais qui a permis cependant aux naturalistes qui ne sont pas allés dans leur pays d'origine d'étudier leurs allures et leur tempérament équatorial.

Les Oiseaux-Mouches excellent aussi dans la construction de leur nid qui est encore une petite merveille proportionnée à la grosseur de leur corps. Ils le composent extérieurement de lichen, de mousse, d'une ou deux feuilles sèches destinées à le dissimuler ; l'intérieur est garni avec du coton, des aigrettes d'asclépia, et autres matériaux très doux qu'ils cardent brin à brin avec un art meveilleux. Ils pondent deux œufs seulement, très petits, cylindriques, d'un blanc mat, mais comme ils élèvent rapidement leurs petits et nichent pendant presque toute l'année, ils resteraient très communs si la mode, en ulilisant leurs ravissantes parures, n'était cause de la guerre terrible qu'on leur fait et qui en détruit une quantité considérable.

CAPRIMULGIDÉS. — Ces oiseaux ont, comme les Martinets les tarses très courts, le bec aplati et très largement ouvert, ils ont les yeux relativement énormes et un plumage terne et soyeux comme celui des Chouettes qui leur permet comme à celles-ci de se livrer sans bruit à leur chasse crépusculaire.

L'Engoulevent d'Europe (*Caprimulgus Europæus* Linné) habite aussi l'Afrique et l'Asie. Il nous arrive au commencement de mai, et repart en septembre. Il se nourrit exclusivement de phalènes et d'insectes nocturnes qu'il capture au crépuscule, et même la nuit lorsqu'il est éclairé par la lune. Quand il est en chasse, il vole le bec ouvert et fait entendre un bruissement sourd qui n'est autre chose que celui de l'air qui s'y engouffre, ce qui lui a valu son nom.

Il habite les bois secs, les bruyères, les broussailles où il se reproduit. Ne faisant pas de nid, il dépose simple-met sur le sol deux œufs ovalaires et presque cylindriques, d'un blanc azuré ou grisâtre, brillants et marbrés de points bruns et violets.

L'ENGOULEVENT A COLLIER ROUX (*Caprimulgus ruficollis* Temminck) qui a la plus grande analogie avec l'espèce précédente est un oiseau africain qui visite de temps en temps nos provinces méridionales.

CHAPITRE XII

ORDRE DES PIGEONS

Colombidés. — Régime et mœurs. — Le marin et la caverne des Bisets. — Domestication du Biset. — Acclimatation des espèces exotiques.

COLOMBIDÉS. — Les Colombes sont nettement caractérisées par leur forme massive, la cire de leur bec dans laquelle sont percées leurs narines, et par la propriété que possèdent ces oiseaux de gonfler leur cou et de produire, pour en expulser l'air un bruit particulier, appelé *roucoulement*. Ce sont des voiliers remarquables qui émigrent par grandes troupes ; ils se nourrissent de végétaux, de graines de fruits et par exception de petits mollusques ; enfin, ils sont monogames, célèbres par leur fidélité et pondent régulièrement deux œufs d'un blanc brillant qui ne diffèrent que par leur taille d'espèce à espèce.

La COLOMBE RAMIER (*Columba palumbus* Linné) est propre à l'ancien monde. Elle nous arrive en vols considérables dès le commencement de mars, et nous quitte assez tard en automne, une partie même passe avec nous les hivers doux lorsqu'il y a abondance de faînes, leur graine favorite.

Cet oiseau, d'un naturel assez indolent, mange et boit à heure fixe, mais il est méfiant et se laisse très difficilement approcher à moins qu'il ne soit parfaitement certain qu'on ne lui fera pas de mal. Dans ce cas seulement il devient d'une familiarité extrême, et chacun a pu en faire la remarque sur les Ramiers parfaitement sauvages du Luxembourg et des Tuileries qui, non seulement ne s'envolent pas au passage d'un promeneur, mais qui viennent même se poser sans crainte aucune sur l'ami qu'ils reconnaissent et qui leur apporte journellement quelques friandises.

Le Ramier fait successivement deux couvées, il pond dans un nid de brindilles comme celui du Geai, et le pose de même sur les branches des arbres. Les jeunes oiseaux naissent sans duvet et doivent être couvés pendant plusieurs jours après leur naissance. Ils vont chercher dans la gorge de leurs parents les graines à demi digérées qui constituent leur première nourriture.

Le Ramier, surtout quand il est jeune, a, comme ses congénères, une chair délicate, aussi est-il fort recherché. En été, on en tue beaucoup à l'abreuvoir, mais dans les Pyrénées on lui fait une chasse spéciale avec des nappes de filet tendues dans les gorges où s'effectuent les passages et on en détruit ainsi un grand nombre.

La COLOMBE COLOMBIN (*Columba Œnas* Linné) a toujours le croupion bleu, de qui permet de la distinguer à première vue du Biset qui a cette partie blanche. Nous voyons le Colombin à la fin de février ou au commencement de mars. Dès son arrivée, il s'occupe de sa reproduction, aussi a-t-il souvent des œufs à la fin du mois. Il choisit un trou d'arbre pour établir un nid grossièrement fait et si sa première nichée réussit c'est dans la même cavité qu'il en recommence une autre immédiatement après le départ de ses petits. Il fait toujours deux pontes et peut-être trois quand les circonstances lui ont été favorables. Il nous quitte un peu plus tôt que le Ramier, et, comme celui-ci, se rassemble en grandes troupes pour émigrer.

La COLOMBE BISET *(Columba livia* Brisson) n'habite pas les forêts comme les précédents, mais préfère les rochers escarpés. Elle niche en colonies dans les crevasses et les cavernes de rochers et quelquefois en nombre considérable quand elle trouve des endroits favorables à ces réunions, comme le rocher de Guetestel que j'ai cité à l'occasion de la Rubiette de Moussier. Le Biset abonde sur les grands rochers formant falaises qui avoisinent la Méditerrannée, et on le trouve dans les mêmes conditions en Angleterre et en Bretagne. Les marins des côtes, qui sont habitués à utiliser les richesses naturelles que leur procure le voisinage de la mer, en dénichent souvent et s'exposent parfois pour se les procurer. C'est ce qui arriva en 1878 au marin Robert, du port de Billiers (Morbihan), qui faillit être victime d'une expédition de ce genre. Voilà ce qu'il me raconta un jour tandis que nous faisions ensemble une excursion à bord de son bateau :

« Il y a un mois environ, ne pouvant sortir avec la chaloupe qui était en réparation, je voulus utiliser mon après-dîner. Je pris le you-you pour aller visiter une caverne que je connaissais du côté de Penerf, où je comptais faire bonne chasse de Pigeonneaux. La mer était unie comme une glace, j'arrivai rapidement et pénétrai sans difficulté dans la grotte. Avec ma gaffe, je sondai toutes les retraites et j'avais déjà une bonne part de prises quand tout à coup un roulement sourd et prolongé éveilla mon attention : c'était le tonnerre, indice d'un orage ; en même temps, j'entendais la mer grossir, il fallait déguerpir au plus vite. Je lançai le you-you, mais il était trop tard, un dur coup de lame le renvoya à moitié plein d'eau au fond du souterrain où fort heureusement il échoua sur un banc de sable, sans quoi nous coulions. Je vidai la barque qui se releva, mais la situation n'était pas commode. Tant que dura le jour, je me défendis comme je pus et tant bien que mal contre la roche sur laquelle chaque vague menaçait de nous briser ; mais quand vint la nuit, ce ne fut plus qu'à tâtons qu'à l'aide de ma gaffe je luttai de toutes mes forces contre le remous ; je me recommandai à la bonne Mère, car plus d'une fois je crus bien ne pas sortir de là ; cette nuit m'a paru longue, j'en réponds. Enfin une lueur m'arriva par la crevasse, je me crus sauvé ; avec le jour, la mer avait calmé, mais en même temps elle avait perdu et quand j'arrivai à l'entrée du souterrain dont l'ouverture se rétrécissait en approchant du sol, je vis qu'il m'était impossible de sortir. Je dus attendre que l'eau fût remontée à la hauteur de la partie la plus large de l'étroit passage. Je m'étendis pendant quelques heures au fond du canot, car la nuit avait été dure et j'avais besoin de repos. Au port on me croyait perdu ; mais j'avais quand même gagné ma journée, j'ai vendu pour neuf francs de Pigeonneaux. Seulement je tâcherai, quand j'y retournerai, d'avoir l'oreille plus fine. »

La TOURTERELLE VOYAGEUSE (*Turtur migratorius* Linné) est un oiseau de l'Amérique du Nord qui fait parfois des apparitions en Europe. Ce colombidé, qui se réunit en troupes immenses, est dans son pays l'objet de chasses extrêmement destructives : on en tue par milliers. Aussi l'espèce diminue-t-elle sensiblement depuis quelques années.

La TOURTERELLE VULGAIRE (*Turtur auritus* Ray) nous arrive par couples au commencement d'avril et se réunit en familles pour nous quitter en septembre. Elle habite les forêts et établit son nid sur les arbres ou sur les grands arbustes, le fait très plat, composé de brindilles entrecroisées, et si peu épais que d'en bas on aperçoit les œufs à travers cette mince cloison. La Tourterelle, comme ses congénères, mange et boit à heure fixe ; aussi les chasseurs profitent-ils de cette habitude pour se poster près de leur abreuvoir, où ils les tirent presque à coup sûr. Quoiqu'elle soit méfiante, on la tue facilement à l'ouverture en battant les pièces de navettes grainées : car une fois posée, ne voyant pas venir le chasseur, elle ne s'envole que de près.

La TOURTERELLE SÉNÉGALAISE (*Turtur Senegalensis* Linné) est plus méridionale que la précédente et ne visite généralement que l'Europe orientale. Elle habite en grand nombre les cimetières de Constantinople, ainsi que l'a constaté le comte Alléon ; elle y jouit d'une sécurité complète et en profite pour se reproduire abondamment.

Malgré le nombre considérable d'oiseaux qui peuplent notre globe, l'homme n'a pu jusqu'ici réduire à la domesticité complète qu'un nombre très restreint d'espèces de ces intéressants animaux. Le Pigeon n'est pas la

Chat et Tourterelles.

moins utile de ses conquêtes, et il s'est modifié d'une façon telle entre nos mains qu'on ne se douterait pas aujourd'hui que toutes les races domestiques ont pour auteur unique le Pigeon biset. Les *Romains*, les *Turcs*, les *Hollandais*, les *Paons*, les *Culbutants* et cent autres races ont la même origine, sans compter le Pigeon voyageur qui a rendu tant de services pendant la guerre franco-allemande. Aussi partout les gouvernements se sont empressés ou de primer les éleveurs de ces Pigeons ou de se faire éleveurs eux-mêmes en établissant sur différents points des pigeonniers militaires. Depuis quelques années, les sociétés d'acclimatation comme les simples amateurs se sont beaucoup occupés des pigeons et ont cherché à acclimater les magnifiques espèces de l'Inde, de la Papouasie et de la Nouvelle-Hollande, comme ils l'avaient fait déjà des espèces américaines et asiatiques. Aussi beaucoup de ces superbes oiseaux si remarquables par leurs brillantes couleurs ont commencé à se reproduire dans nos volières, où nous pouvons admirer des séries complètes de Tourterelles, et parmi les Pigeons, le *Nicobar à camail* au plumage vert et bleu à reflets métalliques, le *Goura couronné* à robe d'un bleu vif et dont la tête est surmontée d'une ligne d'aigrettes d'une suprême élégance, et tant d'autres.

CHAPITRE XIII

ORDRE DES GALLINACÉS

Ptéroclidés. — Les Gangas à l'abreuvoir. — Œufs et côtelettes de Gangas. — Régime du Syrrhapte paradoxal. — Tétraonidés. — La chasse au Coq de bruyère. Le Gambra et le porc-épic. — Starne et Perdrix. — Le drap des morts. — Chanterelle. — Gallinacés exotiques. — Phasianidés.

PTÉROCLIDÉS. — Cette famille de transition a plusieurs points de ressemblance avec celle des Pigeons. Comme ceux-ci, ils sont monogames, ont le vol rapide et soutenu, boivent à heure fixe, pondent un petit nombre d'œufs et dégorgent la nourriture à leurs petits pendant les premiers jours qui suivent leur naissance ; mais comme les vrais gallinacés, ils ne perchent pas, nichent à terre, ont une livrée spéciale à chaque sexe, et leurs poussins naissent couverts de duvet. Les ptéroclidés recherchent les régions chaudes et habitent les vastes plaines arides et désertes où poussent à peine quelques arbrisseaux rabougris. Ils sont presque omnivores, se nourrissent d'insectes de toute espèce, de petits mollusques, de graines et de végétaux à l'état herbacé.

Le GANGA CATA *(Pterocles alchata* Linné) habite comme son congénère, le Ganga unibande, les régions brûlantes et dénudées de l'ancien continent. Il n'est pas très rare dans le midi de la France, mais nulle part il n'est aussi commun que dans le Sahara algérien où il vit en colonies groupées autour des sources dans un rayon de quelques lieues.

Ce sont des oiseaux méfiants qui se laissent difficilement approcher, mais qui perdent leur prudence habituelle quand arrive l'heure d'apaiser leur soif. Il est intéressant de se porter vers huit heures du matin ou à quatre heures du soir dans les environs de leur abreuvoir. Point n'est nécessaire de se cacher ; au moment précis, ils arrivent d'un vol rapide de tous les points de l'horizon ; rien ne les inquiète, ils ne vous voient pas et se précipitent en se bousculant à l'envi pour boire à la prise d'eau. Plusieurs fois j'ai cédé au désir d'en faire une hécatombe, et toujours j'en abattais trente ou quarante en deux coups de fusil. En un quart d'heure ou vingt minutes, tout ce peuple ailé s'est abreuvé et disparaît dans toutes les directions comme il est venu. La même scène se représente régulièrement deux fois par jour, et cette exactitude favorise tellement leur destruction que les commandants des cercles d'El Aghouat et de Djelfa ont pris des arrêtés pour défendre qu'on les tire aux prises d'eau.

Le Cata niche en colonies au mois de mai ; il dépose ses œufs au nombre de trois, rarement plus ou moins dans un petit enfoncement du sol, sur un semblant de nid composé de quelques brins d'herbes sèches. Ces nids sont parfois si rapprochés les uns des autres qu'aux environs de Djelfa, en mai 1886, j'ai ramassé plus de cent œufs en moins d'une demi-heure. Ils sont de forme cylindrique, à calcaire épais, d'un jaune ocracé, très brillants et plus ou moins couverts de taches ou de traits bruns ou noirs. Ces œufs sont, à mon avis, d'une finesse de goût supérieure à tous les produits du même genre, même aux œufs de Vanneau cependant si réputés. Ils peuvent se manger comme ceux de nos Poules, particulièrement en omelettes.

Le Ganga est un assez bon gibier, sa chair est noire, courte, mais parfois un peu sèche et trop relevée de goût. Je n'en ai pas moins conservé un agréable souvenir des côtelettes de Ganga préparées par le cuisinier du commandant Margueritte. Le brave Antoine enlevait le blanc de l'aile avec l'humérus qu'il mettait à nu, et présentait ses côtelettes rôties arrangées en couronne, et arrosées d'un coulis dont lui seul avait le secret. Quand le fameux plat faisait son apparition, il avait toujours le plus grand succès.

Le GANGA UNIBANDE (*Pterocles arenarius* Pallas) a les mœurs et les habitudes de l'espèce précédente, mais vit par couples au moment des nichées, et non par colonies. Dans le Sahara, il est beaucoup moins commun que le Cata, et se montre plus méfiant à l'abreuvoir où il arrive en volant à une grande hauteur et en se laissant tomber tout d'un coup.

Le GANGA COURONNÉ (*Pterocles coronatus* Lichtenstein) et le GANGA SÉNÉGALIEN (*Pterocles guttatus* Lichtenstein), plus rare encore que le précédent, sont dans les mêmes conditions, et d'une méfiance telle qu'il est difficile de les tirer.

Le SYRRHAPTE PARADOXAL (*Syrrhaptes paradoxus* Pallas) est un habitant de l'Asie, spécialement des steppes des Kirghis; il visite l'Europe accidentellement, quelquefois

Le Syrrhapte paradoxal, mâle et femelle.

même par bandes immenses. Signalé avant 1863, on le vit à cette époque dans notre pays où sa capture fut constatée de tous côtés. L'an dernier au printemps, il fit une nouvelle invasion plus considérable encore que les précédentes, ce qui a permis de le mieux étudier.

Ses mœurs ont beaucoup |d'analogie avec celles des Gangas, mais il paraît exclusivement granivore. En effet les trois sujets tués le 3 juin 1888 en Vendée, par le Dr Louis Bureau et par son frère Étienne, n'avaient dans leurs jabots que des graines de *Montia fontana* Linné, de *Mibora minima* Adams, et des fruits verts de *Spergula subulata* Linné. Or, à cette époque, les insectes sont communs, et si l'on n'en a trouvé aucun dans l'estomac des sujets capturés c'est évidemment parce qu'ils préfèrent les graines et les végétaux. L'œuf du Syrrhapte a beaucoup de ressemblance avec celui du Ganga cata, mais il est plus mat, et plutôt régulièrement ovalaire que cylindrique.

TÉTRAONIDÉS. — Le corps gros et massif des espèces qui composent cette famille, leur queue carrée, leurs ailes courtes et arrondies, rendent leur vol bruyant et peu soutenu. Ils sont en général sédentaires, polygames, très féconds, et vivent en petites familles. Leur nourriture est très variée et l'exquise qualité de leur chair les fait grandement rechercher des chasseurs.

Le Lagopède rouge (*Lagopus scoticus* Brisson) ne se trouve que dans les îles Britanniques où il est connu sous le nom de *Grouse*. Il habite les landes et les plateaux incultes où ne croissent que des bruyères et des arbrisseaux rabougris. C'est le roi du gibier à plume en Angleterre, et il est à ce titre très estimé des insulaires, par contre, fort recherché des chasseurs. Mais comme nos voisins sont gens pratiques, ils ont restreint le temps de l'ouverture et pris toutes les mesures nécessaires pour empêcher leur destruction. Il est regrettable que nous n'agissions pas de même en France pour protéger la Perdrix, si commune autrefois, et qui devient presque rare dans certains pays faute d'une protection entendue.

La Grouse vit de verdure, de bourgeons, de baies, de graines et d'insectes, elle niche à terre dans un petit creux à l'abri d'un buisson ou d'une roche, elle pond sur quelques feuilles ou quelques brins d'herbe sèche, de huit à douze œufs qui sont, comme tous ceux du genre, d'un jaune d'ocre, couverts de taches d'un brun rouge foncé, quelquefois presque noir, elles sont souvent si étendues qu'on n'aperçoit plus le fond de la coquille. Ces taches sont très peu solides, et il est facile de les faire disparaître en lavant l'œuf avec un linge humide.

Le LAGOPÈDE SUBALPIN (*Lagopus albus* Gmélin) est répandu dans le nord de l'Europe et de l'Amérique où il habite les montagnes sans dépasser la région des bouleaux. Il a les mœurs et le régime de ses congénères, et comme le Lagopède alpin il revêt en hiver une livrée blanche qui le dissimule à merveille quand la neige couvre le sol.

Le LAGOPÈDE ALPIN (*Lagopus mutus* Martin) habite les hautes montagnes du centre et du midi de l'Europe. En été, il monte jusqu'à la limite des neiges éternelles, il redescend en hiver, mais rarement jusqu'à la plaine. C'est lui que les chasseurs des Alpes et des Pyrénées désignent simplement sous le nom de *Lagopède*, à cause de ses pieds emplumés (littéralement pieds de lièvre). Il constitue avec la Bartavelle le seul gibier à plume des hautes montagnes. Ses habitudes sont les mêmes que celles de ses congénères, toutefois il est moins fécond et ne pond jamais plus de neuf à dix œufs.

Le TÉTRAS UROGALLE OU COQ DE BRUYÈRE (*Tetrao urogallus* Linné) habite, comme toute cette famille, les forêts des hautes montagnes de l'Europe et de l'Asie septentrionale. En France il est devenu rare dans plusieurs de nos provinces, mais il est encore assez abondant dans les Vosges. C'est un magnifique oiseau que chacun connaît, ne fut-ce que pour l'avoir remarqué à la devanture des marchands giboyeurs. Il se cantonne habituellement dans les forêts de sapins, se pose sur les arbres ou court à terre. Il est très méfiant et ne se laisse jamais surprendre, sauf au temps des amours, où dans sa surexcitation il oublie souvent sa vigilance habituelle. Il est polygame et ne s'occupe en rien du soin et de l'éducation des petits. En été, il se nourrit d'insectes, de verdure ou de baies de myrtilles et de ronces, en hiver, il se contente de semences, de graines, et particulièrement de bourgeons de sapin.

C'est en avril au lever du soleil que pour attirer les Poules il pousse le gloussement sonore connu sous le nom de *chant du Coq*. Aussitôt fécondées les femelles connues sous le nom de *Rousses* creusent une petite fosse qu'elles garnissent de feuilles et dans laquelle elles pondent de huit à douze œufs. Ce nid caché très habilement dans la bruyère est presque impossible à trouver sans le secours d'un chien d'arrêt, car la femelle, lorsqu'elle est inquiète, se serre sur son nid, et ne le quitte que si l'on passe presque contre elle ; de cette façon, elle ne décèle que très rarement sa couvée. Les œufs presque aussi gros que ceux du Dindon sont d'un jaune roussâtre ornés de points de différentes tailles d'un rouge brun.

La chasse du Coq de bruyère est peu productive pendant le cours de l'année ce n'est qu'au printemps que le chasseur a quelque chance d'abattre ce magnifique gallinacé, et encore, n'est-ce qu'au prix de grandes fatigues. Voici comment s'y prenait un vieux garde vosgien de ma connaissance. Lorsqu'il savait le cantonnement d'un Coq, il allait coucher en forêt dans quelque hutte de charbonnier, puis se mettait en route à la fin de la nuit afin de se trouver avant le lever du soleil à l'endroit où se tenait le Tétras. Au point du jour, celui-ci commence à chanter, il bat des ailes, fait la roue, et se livre à tous les exercices qu'il suppose devoir exciter l'admiration des Poules. Le chasseur s'approchait alors tant que durait le chant de l'orgueilleux personnage, s'arrêtait en même temps que lui, s'avançait de nouveau lorsqu'il recommençait, et arrivait ainsi au pied du perchoir. Le plus difficile n'était pas fait, car le chanteur, se tenant habituellement à l'extrémité du sapin et à l'endroit le plus touffu, est difficile à découvrir. Un novice aurait tiré au jugé et manqué son coup, tandis que le vieux praticien attend patiemment ; s'il ne peut apercevoir l'objet de sa convoitise, il revient le lendemain, le surlendemain, plusieurs fois s'il le faut, et finit toujours par tirer et rapporter son gibier.

Le Tétras lyre ou petit Coq de bruyère (*Tetras tetrix* Linné) a les mœurs générales de l'espèce précédente.

J'indiquerai seulement les particularités qui le concernent. Tout d'abord son habitat est moins élevé, il se tient de préférence sur les plateaux incultes où croissent le genêt et la bruyère. C'est là que la femelle un peu moins féconde que la Rousse cache son nid et élève ses petits. C'est une mère parfaite, elle couvre ses œufs avec des feuilles quand elle est obligée de les quitter un instant, et déploie une adresse merveilleuse pour dépister le chassseur et son chien qui à l'ouverture cherchent les compagnies de jeunes Tétras. A la fin de l'été, ils gagnent les bois où murissent les baies de leur goût, et perchent souvent à cette époque. Mais ils ne se mêlent pas encore aux vieux mâles qui vivent ensemble en troupes quelquefois considérables.

Le petit Coq de bruyère se croise volontiers avec la grande espèce et avec les Lagopèdes; les hybrides issus de ces croisements assez fréquents avaient été primitivement décrits comme espèces distinctes par les ornithologistes qui, depuis, ont reconnu leur erreur.

Le TÉTRAS GÉLINOTTE *(Tetrao Bonasia* Linné) diffère du Coq de bruyère, dont il a d'ailleurs le régime et les mœurs, en ce que le mâle et la femelle portent le même plumage, tandis que le Coq de bruyère a une livrée spéciale d'un brun noir à reflets, alors que la Poule se contente d'une robe rousse plus modeste. La Gélinotte est répandue sur un grand nombre de points et en particulier sur tout le massif des Vosges. Elle pond jusqu'à quinze œufs, et grâce à cette fécondité, elle serait très commune si elle ne donnait facilement dans les pièges que lui tendent les braconniers. L'aire de dispersion de ce Tétras semble s'étendre d'année en année. Il y a vingt-cinq ans, on signalait sa présence jusqu'aux portes de Nancy ; aujourd'hui, on le rencontre assez fréquemment en hiver et au commencement du printemps dans les forêts qui avoisinent Toul et Pont-à-Mousson.

Le TÉTRAOGALLE CASPIEN (*Tetraogallus Caspius* Gmélin) est spécialement confiné dans le Caucase où il habite le sommet des montagnes dans la région des rhododendrons. C'est un oiseau encore peu connu dont les mœurs ne doivent pas différer sensiblement de celles du Tétras. Son œuf a la taille de celui du Coq de bruyère ; il est vert clair, semé de points petits ou moyens d'un rouge brun. Le poussin remplace assez vite son duvet par des plumes, car il est entièrement emplumé avant d'avoir atteint la taille de la Tourterelle.

Le FRANCOLIN VULGAIRE (*Francolinus vulgaris* Stephen) est un habitant de l'Asie-Mineure et de l'Europe méridionale spécialement localisé en Sicile et dans l'île de Chypre. Autrefois commun dans les îles de la Grèce, il en a presque disparu par suite de la chasse incessante qu'on lui a faite. Les tétraonidés sont non seulement des éliminateurs, mais ils sont aussi destinés à la nourriture de l'homme. Il faut malheureusement reconnaître que la délicatesse de leur chair leur est fatale. Malgré leur fécondité, ils diminuent partout, et il serait grand temps que des lois protectrices internationales intervinssent pour empêcher leur destruction. Le Francolin préfère les terrains couverts, boisés, même humides, aux sols secs et arides que recherchent volontiers les Perdrix ; il se nourrit d'insectes, de baies, de semences, d'herbes et même de racines. Il est monogame, très ardent, et oublie un peu au printemps sa méfiance habituelle. Il perche quelquefois, soit pour dérouter les chiens, soit pour passer la nuit à l'abri des fauves. Il niche à terre sans grands préparatifs et pond de dix à quinze œufs d'un rouge brun, ornés de quelques petites taches d'un blanc pur.

Le Francolin rappelle les charmantes petites Perdrix américaines, le Colin Houï et le Colin de Californie, dont l'acclimatation comme oiseau gibier a été tentée avec assez de succès dans l'ouest de la France et en Angleterre. Le premier pond des œufs d'un blanc pur, tandis que ceux du second sont tachés de marbrures rouges. J'ai élevé des Colins de Californie, et rien n'est joli comme leurs petits poussins. Ils ont en sortant de l'œuf leur huppe étagée parfaitement formée, sont vifs et alertes, et courent de tous côtés avec une rapidité étonnante.

La PERDRIX BARTAVELLE (*Perdix Græca* Brisson) est confinée dans les montagnes de l'Europe méridionale. En France, on la rencontre particulièrement dans les Alpes et dans les Pyrénées. C'est la plus grande espèce du genre et l'une des plus estimées pour la finesse de sa chair; elle recherche les terrains secs, arides, couverts de broussailles; elle y vit sédentaire et en compagnies jusqu'au moment de la pariade qui a lieu dès les premiers jours du printemps. Les semences de toutes sortes, les baies, les insectes, les mollusques constituent le fond de sa nourriture. Elle niche à terre et pond de douze à quinze œufs d'un jaune fauve couverts de points rouges. La Bartavelle vit habituellement à terre et ne se perche que pour échapper à la poursuite du chien ou d'un carnassier quelconque. Elle s'enlève souvent sous le pied du chasseur, et pointe très rapidement avec un bruit étourdissant; aussi le débutant, dont les nerfs ne sont pas encore maîtrisés, se laisse-t-il quelquefois emporter par l'émotion et lâche-t-il son coup de fusil sans avoir suffisamment visé. Que de Perdrix ont dû ainsi leur salut au bruit de leurs ailes !

La PERDRIX CHUKAR (*Perdix Chukar* G.-R. Gray) a la plus grande ressemblance physique et morale avec la précédente, et habite l'Asie et l'Europe orientale.

La PERDRIX ROUGE (*Perdix rubra* Brisson) est propre à l'Europe centrale. En France, on la rencontre surtout dans le Midi et dans l'Ouest. Moins montagnarde que les espèces précédentes dont elle a d'ailleurs le régime et les mœurs, elle recherche les terrains secs, siliceux ou calcaires, couverts d'ajoncs et de broussailles comme les landes bretonnes. Sa chair est inférieure à celle de la Perdrix grise, mais la beauté de sa robe la fait rechercher, elle devient rare même dans les pays où elle est indigène. Grâce à sa fécondité, l'habileté des chasseurs n'en diminuerait pas sensiblement le nombre, mais Dieu sait ce que les braconniers en prennent au collet.

La PERDRIX GAMBRA (*Perdix petrosa* Gmélin) habite les collines couvertes de broussailles de l'Europe méridionale et de l'Afrique septentrionale où elle remplace la Perdrix rouge dont elle a les mœurs et les habitudes. Sa livrée est plus brillante que celle des espèces précédentes ; la tache noire qui, chez celles-ci, encadre la gorge est chez la Gambra d'un rouge sang. Napoléon III, frappé de la beauté de cet oiseau, en fit importer de vivants à Paris, et on les cultiva pendant de nombreuses années dans les tirés impériaux.

Elle était encore fort commune en Algérie en 1854, lors de mon premier voyage dans ce pays, particulièrement sur les coteaux boisés qui avoisinent Milianah du côté de Médéah. Un jour que j'y avais fait une chasse superbe à l'intention du capitaine Loche, je me reposais un instant avant de reprendre le chemin du campement, lorsque j'entendis dans un fourré assez près de moi un bruit sourd que je pris pour le grognement d'un sanglier. Sans perdre un instant, je changeai mes cartouches et, me baissant près de la roche où j'étais assis avec mon guide, j'attendis patiemment la visite du pachyderme. Quelques instants s'écoulèrent, puis les broussailles s'écartèrent à vingt-cinq pas de nous environ. Le jour était tombé, et c'est avec peine que j'aperçus dans une clairière un animal qui paraissait vermiller. Ne pouvant distinguer les différentes parties du corps, je lui envoyai à tout hasard un coup de graines à la suite duquel je l'entendis se débattre sur le sol et faire claquer ses boutoirs d'une façon étrange. Je remis rapidement une balle afin de pouvoir me défendre dans le cas où il lui eût pris fantaisie d'essayer ses défenses sur moi, et m'avançai avec précaution.

Mais j'eus une agréable surprise en trouvant, au lieu et place d'un vulgaire sanglier, un magnifique porc-épic qui, dans les dernières convulsions de l'agonie, m'avait fait entendre ce bruit singulier en entre-choquant ses dards les uns contre les autres. C'était le premier animal de ce genre que je voyais à l'état sauvage. Outre qu'ils sont assez rares, leur habitude de se terrer fait qu'on en rencontre difficilement. Leur chair jouit d'une certaine réputation et je voulus en goûter ; mais j'avoue que, malgré sa graisse appétissante, c'est un très petit manger d'un goût fade, ressemblant tout à fait à celui du blaireau. J'en conservai les dards, avec lesquels je fis plus tard des heureux, et l'un d'eux me sert aujourd'hui à fixer ces souvenirs sur le papier.

La PERDRIX GRISE *(Perdix cinerea* Chareton) est répandue dans tout l'ancien monde; c'est l'espèce du genre la plus commune en France. Malheureusement partout l'on constate sa diminution progressive. C'est un oiseau modeste dans sa livrée, qui ne peut rivaliser sous ce rapport avec les Perdrix rouges dont elle a le régime, mais avec des habitudes moins montagnardes.

Quelques ornithologistes se basant sur ces instincts plus terrestres — car elle ne perche jamais — en avaient fait un genre distinct; mais comme le nom de *Perdrix* est appliqué à la Perdrix rouge depuis plus longtemps qu'à la Perdrix grise, c'est à celle-ci qu'ils avaient donné le nom de *Starne ;* mais cette innovation a été très éphémère. Voit-on d'ici en effet un chasseur interpellé par un confrère. « Qu'avez-vous fait hier? — J'ai rapporté huit Starnes grises » et la tête du garde auquel on demanderait la remise des Starnes. On rirait, on plaisanterait, mais jamais on n'accepterait le nom; comme je n'admets pas en principe cette multiplicité des genres qui embrouille la science sous prétexte de la simplifier, je saisis l'occasion de mettre les rieurs de mon côté et j'appelle la *Perdrix grise* une *Perdrix.*

La Perdrix donc se montre, comme toutes ses congénères, excellente mère; on sait comment La Fontaine, un naturaliste aussi dans son genre, décrivait la sollicitude de cet oiseau pour ses petits et l'ingénieuse manœuvre qu'elle emploie pour les sauver de la gueule du chien lorsqu'ils sont encore trop petits pour lui échapper par le vol. Malheureusement, trompée quelquefois par le couvert d'une végétation précoce, elle niche dans les prairies artificielles et au moment de la récolte le faucheur découvre le nid qui ne renferme encore que des œufs ; il détruit ainsi toute une famille, car la seconde couvée ne donne plus à l'ouverture que des Perdreaux trop faibles pour se défendre et qui deviennent ainsi la proie des chiens ou de chasseurs indignes de ce nom. Les œufs au nombre de douze à dix-huit sont de couleur café au lait sans tache.

La Perdrix grise, habitant plus volontiers les plaines, est plus sujette que les autres espèces à se laisser prendre à l'automne, quelquefois même par compagnies entières, dans le filet de nuit connu sous le nom de *drap des morts* dont se servent les braconniers pour s'emparer des Alouettes. En hiver par la neige elle se jette facilement dans les collets tendus dans les buissons ; les campagnards vont souvent la chercher au bords des eaux vives où elle s'est réfugiée pour trouver un peu de nourriture, ou ils l'attirent près des habitations en répandant un peu de grain mêlé à de la menue paille, et ils en tuent ainsi une grande quantité. On comprend combien dans ces conditions il lui est difficile de multiplier.

Il est cependant une chasse que je crois très utile, c'est au printemps la chasse à la chanterelle, comme la pratiquaient nos pères. Il est connu qu'il y a toujours dans les couvées plus de mâles que de femelles, de là conflit entre les coqs, trouble dans les ménages et souvent des couvées manquées. Voici comment dans la pratique j'ai été amené à reconnaître que la capture de quelques mâles au moment de la pariade est chose utile à la multiplication. Il y a quelques années, ayant pris à l'arrêt de mon chien un jeune Pouillard, je l'élevai dans une volière en plein air adossée à un mur au levant et près d'une fenêtre. Au printemps suivant, mon attention fut attirée par le cri d'une Perdrix mâle qui se promenait gravement dans les allées de ma terrasse ; elle y revint régulièrement les jours suivants, et en voulant l'observer, je m'aperçus qu'elle n'était pas seule et que plusieurs mâles venaient à l'appel de la femelle qui était en volière. Je n'eus pas le courage de refuser à mon fils le plaisir de les tirer. Or à l'automne suivant je constatai un plus grand nombre de compagnies que d'habitude. Je fis la même expérience pendant cinq ou six ans, et il est positif que nous n'avons jamais eu autant de Perdreaux que pendant cette période, tandis que les compagnies ont diminué depuis que j'ai perdu ma chanterelle.

La PERDRIX DE PASSAGE (*Perdix Damascena* Brisson) n'est généralement considérée que comme une variété de l'espèce précédente. Le fait est qu'elle lui ressemble beaucoup, mais elle est un tiers plus petite. J'ai plusieurs fois constaté sa présence en automne, dans la région que j'habite en Lorraine. Elles étaient en troupes de cinquante ou soixante individus au moins, apparaissaient inopinément comme de véritables oiseaux de passage, se montraient très farouches, s'enlevaient de loin, volaient rapidement et ne se laissaient tirer qu'après avoir été relevées plusieurs fois. Serait-ce, comme leur taille semble l'indiquer, une race ou espèce montagnarde que e manque de nourriture forcerait à émigrer et qui, au printemps, s'accoupleraient entre elles en se fixant dans le pays? Je serais assez disposé à le penser. Le fait est que j'ai constaté la présence des deux races au printemps ; mais alors leurs mœurs étaient devenues identiques et on ne remarquait aucune différence entre les grosses et les petites.

La CAILLE COMMUNE (*Coturnix communis* Bonaterre) a le régime des Perdrix, mais elle n'en a pas les habitudes. Elle est peu sociable, émigre de nuit isolément et régulièrement. Elle nous arrive fin avril pour nous quitter à la fin d'août ou au commencement de septembre. Elle habite les plaines et les prairies, dépose à terre dans un nid fait sans soin de huit à quatorze œufs d'un jaune ocreux, brillants, marbrés ou pointillés de brun noir. Par la délicatesse exquise de sa chair, l'habitude de ne s'envoler qu'au dernier moment, son vol droit et lent, elle fait le bonheur des chasseurs auxquels souvent elle évite la bredouille.

Ses migrations se font vers l'Algérie, et comme elle est mal organisée pour le vol, elle choisit toujours les endroits les plus étroits pour traverser la mer, de sorte qu'elle tombe en quantité prodigieuse en Sicile, à la pointe de l'Italie et dans les îles de la Grèce où on en détruit un nombre considérable, aussi l'espèce diminue très sensiblement, et si les gouvernements ne prennent pas des mesures pour empêcher cette destruction périodique, la Caille dans peu d'années ne sera plus qu'à l'état de souvenir.

Le TURNIX ANDALOUX (*Turnix Sylvaticus* Desfontaines) vit sédentaire dans les parties chaudes et tempérées de l'ancien monde. Il est peu sociable, vit isolément et se nourrit d'insectes et de graines. Comme la Perdrix, il recherche avec avidité les fourmis et les larves. En Algérie, où il est connu sous le nom de *Caille arabe;* il est cantonné sur certains points, comme à l'Harrah et à la Maison carrée où je l'ai trouvé en abondance. Son nid a beaucoup d'analogie avec celui de la Caille; il y dépose de six à dix œufs d'un blanc grisâtre pointillés de brun plus ou moins noir.

Je n'ai plus qu'à parler des Phasianidés avant de quitter l'ordre des Gallinacés, car il me paraît difficile de ne pas dire un mot des espèces qui ont été domestiquées ou acclimatées, et qui nous offrent tant de ressources, soit pour la table, soit pour l'ornementation de nos volières.

Les auteurs sont généralement d'avis que notre Coq domestique est issu du Coq Bankiva, originaire de l'Inde. On sait combien de races fixes ont été obtenues de cette espèce primitive. Lors de l'expédition de Chine, on importa la Poule de Cochinchine, puis celle de Brahma-pootra qui eurent un moment une grande vogue, à cause de leur grande taille sans doute, mais on les abandonna bientôt, parce que, tout en ayant les parties inférieures très fortes, elles manquent de poitrine et leur chair jaune est de médiocre qualité. On est revenu à nos espèces indigènes bien plus parfaites sous tous les rapports. Il est certain que les *Poules de la Flèche, de Crève-Cœur,* et surtout celles de *Houdan* réunissent toutes les qualités désirables au point de vue de la rusticité, de la taille, de la finesse de leur chair, et de la facilité d'un engraissement rapide. La seule importation vraiment utile est celle des Poules soyeuses et de Java qui rendent les plus grands services aux éleveurs pour la conduite des jeunes Perdreaux et des Faisandeaux.

Le Dindon ou coq d'Inde a été importé de l'Amérique du Nord en Europe par les missionnaires français. C'est assurément l'une des plus plus succulentes et des plus plantureuses volailles qui puissent figurer sur une table opulente, aussi les éleveurs se sont-ils efforcés et avec succès de créer des races plus méritantes encore par l'excellence de leur chair ou la beauté de leur plumage.

Une espèce magnifique qui vit au Mexique est le Dindon ocellé dont l'éblouissante parure est admirablement irisée ; aussi les plumassiers paient une seule dépouille jusqu'à cent-vingt et cent-cinquante francs.

La Pintade dont la chair attendue à point a un parfum très relevé est encore une excellente acquisition. C'est un oiseau très indépendant et qui se reproduit d'autant mieux qu'on s'en occupe moins ; on l'a utilisé comme gibier dans quelques parcs, et à ce point de vue, il n'est pas douteux qu'on peut en tirer grand profit. Le genre Pintade renferme aussi plusieurs belles espèces telles que la Pintade à joues bleues ; mais elles sont d'origine africaine et ne sont pas encore acclimatées.

Le Paon ordinaire est une vieille connaissance, car il était domestiqué depuis longtemps déjà au temps des Romains, et faisait un des ornements de leur table. Au moyen âge nos pères le servaient en grand apparat, revêtu de ses plus belles plumes savamment étalées. Il est originaire de l'Asie méridionale où il est encore très commun sur la lisière des grandes forêts de la Cochinchine. Mais sa chasse n'est pas toujours sans danger, car il habite les mêmes régions que le tigre.

Son congénère le Paon spicifère qui le surpasse encore en élégance est fort rare, même dans les jardins d'acclimatation, il paraît cependant devoir se domestiquer assez facilement.

L'ARGUS GÉANT que certains auteurs classent avec les Paons à cause des taches en forme d'œil qui décorent ses rémiges secondaires, s'en éloigne cependant par la forme et le prolongement de ces mêmes rémiges et par ses rectrices médianes qui ont plus d'un mètre de longueur. C'est un splendide oiseau très rare encore qui est originaire de la Malaisie.

PHASIANIDÉS. — Les Faisans sont des oiseaux lourds, volant mal, mais excellents coureurs qui vivent sur la lisière des forêts, dans les fourrés épais et même dans les marais où il leur est plus facile de dépister leurs nombreux ennemis. Ils ont une queue longue et élégante, et sont le plus souvent revêtus de brillantes couleurs. A l'état sauvage ils sont, comme la plupart des gallinacés, à peu près omnivores ; tous nichent à terre et pondent un grand nombre d'œufs unicolores, mais de deux types différents selon les espèces : les uns sont d'un vert olive pâle, passant quelquefois au café au lait, les autres d'un blanc jaunâtre. Leur chair est très délicate, et fort recherchée.

Le FAISAN DE COLCHIDE (*Phasianus Colchicus* Linné) est originaire de l'Asie-Mineure d'où il a été importé au moyen âge. Il vit maintenant en Europe à l'état sauvage, particulièrement en Hongrie et en Autriche. Il est devenu le gibier par excellence des grands domaines où on le multiplie avec soin. C'est du reste un oiseau qui ruse à merveille avec le chien, et se défend bien, mais d'un tir très facile, car il ne s'enlève qu'à la dernière extrémité et vole très lentement. Les jeunes chasseurs le manquent quelquefois par suite de l'émotion que leur cause le bruit étourdissant de ses premiers coups d'ailes ou parce que la longueur de sa queue les trompe sur la vraie place du corps.

Le FAISAN A COLLIER ne diffère du précédent que par son étroit collier blanc. Il a été importé de l'Inde et on l'utilise comme le Faisan commun. Il s'accouple avec l'espèce précédente, et produit des métis féconds, de sorte que les deux espèces se confondent complètement. Dans ces dernières années les faisandiers ont augmenté avec succès leurs essais d'acclimatation.

Le FAISAN VERSICOLORE paraît très rustique, se défend à merveille, et dans plusieurs grands domaines remplace le Faisan commun.

Le FAISAN VÉNÉRÉ a donné de moins bons résultats.

Le FAISAN DE LADY AMHERST quoique fort rare encore a été cependant mis en liberté dans quelques parcs où il se croise volontiers avec le Faisan doré conquis depuis longtemps déjà.

Notre ancienne espèce, le Faisan argenté, a aussi été essayée mais sans beaucoup de succès; il se défend mal, et sa couleur blanche le trahit trop facilement.

Les volières des jardins d'acclimatation renferment encore un grand nombre d'espèces appartenant à ce beau genre telles que le Faisan de Soemmering, les Euplocomes, les Crossoptilons et enfin le Lophophore resplendissant qui s'éloigne des vrais Faisans par sa queue courte et presque carrée. Ce dernier, originaire de l'Hymalaya, est assurément l'un des plus beaux oiseaux que l'on puisse admirer. Il a une robe bleue et verte à reflets métalliques, le croupion blanc et la queue d'un roux clair unicolore. Malheureusement sa beauté cause sa perte; il est très recherché des plumassiers qui composent avec ses dépouilles des parures ravissantes trop appréciées de nos élégantes.

CHAPITRE XIV

ORDRE DES AUTRUCHES

Dinornithidés. — Poids probable de l'Æpyornis vivant. — Son œuf. — Struthionidés. — Mœurs et régime. — Plumes et œufs d'Autruche. — Une chasse à l'Autruche dans le Sahara. — Les chapeaux en plumes. — Nandous. — Emeus. — Casoars. — Apteryx.

DINORNITHIDÉS. — Cette famille ne renferme que des espèces éteintes que l'on ne connaît que par des débris fossiles. Les oiseaux que l'on y comprend étaient d'une taille gigantesque comparable à celle des plus grands mammifères.

On en jugera par la description des deux œufs d'Æpyornis que je possède et qui proviennent de l'île de Madagascar, habitée autrefois par ces oiseaux extraordinaires. Ces œufs, de forme ovalaire, ont trente et un centimètres de longueur sur vingt et un de largeur ; leur coquille, dont l'épaisseur est de trois millimètres et demi, est extrêmement dure. Le calcaire dont elle est composée a, dans sa cassure, le même aspect que les cailloux de quartz blanc que roulent nos rivières siliceuses des Vosges ; sa coloration extérieure est d'un ocre très clair, brillant, ayant une certaine ressemblance avec l'ivoire. Leur surface est découpée par une sorte de réseau veineux, creusé à pic dans la coquille, détachant les pores auxquels elle donne, par effet d'ombre, l'apparence de petites taches noirâtres. Leur contenance est d'environ sept à huit litres, et en les supposant remplis d'eau, ils ne devraient pas peser moins de neuf à dix kilogrammes, coquille comprise. Mais comme les matières qu'ils contenaient étaient d'une densité supérieure à celle de l'eau, on peut conclure, sans grande erreur possible, qu'un œuf d'Æpyornis pesait de onze à douze kilogrammes. Si l'on cherche ensuite le rapport qui existe entre le poids de l'oiseau et celui de son produit ovarien, on n'aura qu'à prendre le rapport moyen entre les gallinacés et les échassiers avec les lesquels l'Æpyornis avait la plus grande analogie et on arrive, par déduction, au poids probable de l'oiseau géant. Or, en faisant un certain nombre de pesées, j'ai trouvé que le poids moyen de l'œuf des gallinacés et celui de l'œuf des échassiers est de 1/45 de celui de l'oiseau lui-même. Je conclus donc que l'Æpyornis devait peser vivant $12 \times 45 = 540$ kilogrammes. Qu'on juge par là de la taille que devait avoir ce colossal dinornithidé, s'il pesait à lui seul autant que trois chevaux de labour.

STRUTHIONIDÉS. — Cette famille renferme nos plus grands oiseaux vivants, les Autruches, les Nandous, les Émeus et les Casoars. Ils ont le corps massif des gallinacés, mais le cou et les pattes des échassiers. Leur principal caractère est la brièveté de leurs ailes qui les prive de la faculté du vol et l'absence totale des rémiges et des rectrices. Dans l'Autruche d'Afrique seulement, celles-ci sont remplacées par quelques longues plumes décomposées qui lui servent de parure.

Les Autruches dans le Sahara.

L'AUTRUCHE D'AFRIQUE *(Struthio camelus* Linné) est le plus grand de nos oiseaux ; il ne se trouve que dans les déserts du continent africain, aux environs des oasis ou des sources. Comme j'ai eu la bonne fortune de le rencontrer souvent, j'ai pu l'étudier de près, et j'entrerai à son sujet dans quelques détails.

Cet oiseau a le corps revêtu de plumes décomposées, noires chez le mâle, grises chez la femelle ; les cuisses sont nues, les pattes sont écailleuses, l'un des doigts seul porte un ongle mousse, les rectrices et les rémiges sont remplacées par un petit nombre de longues plumes blanches décomposées, légères et d'une suprême élégance, que la mode recherche de préférence à toutes les autres parures du même genre.

L'Autruche, quoique très méfiante, est peu intelligente, ses sens paraissent peu développés à l'exception de la vue qui chez elle est parfaite. Comme tous les gallinacés elle est omnivore et avale souvent de petits cailloux pour aider l'estomac à broyer les aliments. En captivité, elle remplace ce digestif par toute espèce de corps durs, fussent-ils même en métal. Peu sensible aux bons soins dont elle est l'objet, elle ne paraît pas susceptible d'attachement ; habituellement elle est débonnaire, mais au moment du rut elle devient souvent méchante, brutale et même dangereuse.

Cet oiseau était autrefois très commun dans le Sahara algérien où il vit sédentaire aux environs des sources ; lors de l'expédition de Tuggurt en 1854, les colonnes de Lagh et de Djel ont traversé entre Aleïa et Guerara des dunes de sable où les traces d'Autruche étaient si nombreuses qu'il était impossible de les compter ; cependant elles étaient en ligne et suivaient toutes la même direction. En 1856, j'eus l'occasion d'en chasser, elles étaient encore communes, mais il paraît qu'aujourd'hui elles sont devenues fort rares.

Les Arabes m'ont assuré que l'Autruche fait deux couvées par an, une en été et une en hiver ; elle est polygame et ses habitudes de nidification sont assez curieuses. Trois et même quatre femelles se réunissent pour pondre dans un nid commun qui consiste en un simple trou de 1ᵐ,30 ou 1ᵐ,60 de diamètre, elles creusent le sable en laissant sur les bords celui qu'elles rejettent de façon à en former un bourrelet ; chacune y dépose de huit à douze œufs, le mâle les couve pendant la nuit ; les femelles le remplacent le matin et le soir et la chaleur du soleil suffit, paraît-il, pour continuer l'incubation dans la journée. Si un visiteur apparaît à l'horizon, les Autruches répandent un peu de sable sur leurs œufs pour les dissimuler et prennent la fuite, lorsqu'elles croient le danger écarté, elles reviennent à leur nid ; mais toujours par un long détour. On sait par les élevages en domesticité que l'incubation dure environ deux mois. L'œuf est court, ovalaire, presque sphérique et a en moyenne cent cinquante-cinq millimètres de grand diamètre sur cent vingt-huit. Il est très dur, à calcaire très serré, à pores presque invisibles, brillant et d'un blanc jaunâtre. Il est comestible : le blanc en est épais, fade, à peine mangeable, mais le jaune est onctueux comme celui de l'œuf de Canard, et a bon goût. Les Autruchons courent à la sortie du nid, mais ce n'est que le lendemain de leur naissance qu'ils ont toute leur vitalité et à ce moment un homme à pied, quelque habile coureur qu'il soit, ne peut les atteindre à la course.

Comme je l'ai dit plus haut, les rémiges et les rectrices des Autruches sont remplacées par des plumes très estimées pour la parure et qui se vendent de cent à cent cinquante francs l'once, quelquefois plus ; celles du corps s'utilisent aussi, mais sont bien moins recherchées. Les œufs dont les Arabes font toute espèce d'ornements sont également l'objet de transactions importantes ; aussi l'oiseau qui fournit tous ces produits devenant rare, on commence à l'élever en domesticité ; au Cap, en Égypte, en Algérie, et même en Amérique il y a des fermes à Autruches qui donnent de magifiques résultats.

C'est un admirable coureur qu'aucun cheval ne peut atteindre à la course, aussi pour s'en emparer les Arabes ont-ils recours à la ruse.

En 1856 je passai les mois de mai et de juin à El Aghouat, et le commandant Marguerite fut assez aimable pour ordonner en mon honneur une grande chasse à l'Autruche ; je lui en eus une grande reconnaissance, car une expédition de ce genre ne s'organise pas du soir au matin. Il faut aviser les tribus, se préoccuper du temps probable, commander les chameaux de corvée, préparer les tentes, les couvertures, les vivres, les armes, l'orge et l'eau pour les chevaux, car nous avions deux ou trois journées de marche avant d'atteindre les sources où notre campement devait être établi.

Tous ces préparatifs étant terminés, notre caravane se mit en route un lundi à trois heures du matin, se dirigeant vers Ghardeïa, c'est-à-dire dans la direction du sud. Favorisés par un temps superbe, et rafraîchis par

une charmante petite brise, notre route se fit rapidement, sans le moindre incident, et dès le lendemain soir
nous atteignions le lieu du rendez-vous. Un groupe de
chefs arabes étaient venus au-devant de nous pour sa-
luer le grand chef ; ils nous apportaient de bonnes nouvelles, les Autruches étaient signalées de plusieurs côtés.
Nous prîmes notre repas et nous nous roulâmes dans
nos couvertures afin de prendre des forces pour le lendemain.

Le mercredi, au point du jour, nous étions à cheval ;
j'avoue que nos montures avec leur air morne, leur œil
éteint ne m'inspiraient pas grande confiance, mais je
vis bientôt combien je m'étais trompé ; dressées à cette
chasse, elles y apportèrent autant d'ardeur que leurs cavaliers. Après une heure de marche environ, nous distin-
guâmes, avec nos longues-vues, une douzaine d'Autruches qui, sans autre secours que leurs yeux, nous avaient
aperçus, et immobiles, le cou tendu, se préparaient à la
fuite. Nous fîmes halte ; le commandant animé comme
à un jour de bataille, dressé sur ses étriers, examinait
le terrain, puis donna des ordres.

Nous fûmes alignés comme pour la chasse à la gazelle,
mais nous ne devions pas opérer de même ; la gazelle
ne se force pas, poussée constamment en avant, elle
rebrousse sur les traqueurs et se fait tirer ; tandis qu'il
s'agissait de lasser les Autruches en les dirigeant vers un
point désigné.

Le commandant me confia à un chef qui ne devait
pas me quitter, car j'aurais pu facilement m'égarer, puis
il indiqua la ligne sur laquelle notre troupe devait s'allonger pour pousser les oiseaux coureurs vers le n ord

et les empêcher de gagner les dunes où nous les aurions perdus de vue.

Le mouvement commença : notre tête de colonne arriva à la hauteur des Autruches avant que celles-ci aient pris un parti ; mais tout à coup elles s'ébranlent et la tête en avant, s'aidant de leurs ailerons, s'élancent avec une rapidité vertigineuse vers les dunes. Notre chef de file, couché sur son cheval lancé à toute vitesse, parvient à leur couper les devants et les oblige à obliquer vers le nord, mais elles se séparent et prennent différentes directions. Chaque groupe de chasseurs s'acharne à la poursuite de celle dont il est le plus rapproché, et après deux heures d'une course continue, je n'apercevais plus qu'un ou deux de mes compagnons.

Tout à coup mon guide me fait remarquer une de nos fugitives qui, après avoir obliqué plusieurs fois, arrivait grand train sur nous. Nous restâmes d'abord immobiles, mais aussitôt que nous vîmes que l'oiseau nous avait aperçus, nous nous lançâmes à sa rencontre de toute la vitesse de nos petits chevaux qui s'y prêtaient avec une ardeur incroyable. La pauvre bête laissait voir des signes évidents de lassitude ; par moments, elle hésitait, se jetait à droite ou à gauche, enfin, ployant les genoux, elle s'affaissa, appuyant sa tête et son cou sur le sol. Victoire ! L'oiseau géant qui tout à l'heure dévorait l'espace, nous appartenait ; mon compagnon, sans descendre de cheval, lui donna sur la tête un simple coup de matraque.

C'était un magnifique mâle, portant toutes ses parures, et qui, une heure plus tard, était dépecé et emporté vers le campement.

Dans l'après-midi, nous étions de nouveau réunis ; nous avions cinq Autruches, et pour mon compte j'étais enchanté, mais de l'avis général, c'était une partie manquée. Dans la dernière chasse qui avait eu lieu quelques mois auparavant, sur un troupeau de vingt têtes, dix-huit avaient été prises.

Nous couchâmes encore au campement et le lendemain matin, au moment du départ, le chef arabe qui m'avait escorté la veille m'offrit comme trophée, deux immenses chapeaux de paille d'alfa, semblables à ceux des voyageurs du Sud. Ils avaient vingt-huit centimètres de hauteur de coiffe et soixante de diamètre, et étaient entièrement revêtus des plumes noires de notre Autruche. On les porte par dessus le fez ou le turban, et cette coiffure très légère malgré sa grande taille est extrêmement agréable ; le mouvement du cheval agite les plumes dont elle est recouverte, et répand ainsi autour du cavalier une fraîcheur inappréciable.

Après les cérémonies d'usage, nous fîmes nos adieux aux chefs arabes.

Notre voyage de retour fut plus pénible que les journées précédentes ; nous eûmes à essuyer les brûlantes effluves du simoun qui nous firent apprécier doublement la fraîcheur et les parfums enivrants de l'oasis.

Le Nandou ou Autruche d'Amérique (*Rhea americana* Latham) habite l'Amérique méridionale où il joue le même rôle que l'Autruche en Afrique. Ses mœurs et son régime sont les mêmes ; il en diffère par une taille moindre, par l'absence de parures à la queue et aux ailes, et surtout par ses pattes munies de trois doigts au lieu de deux. Son œuf a beaucoup d'analogie avec celui de l'Autruche, mais il est moins gros et sensiblement plus allongé. C'est également un coureur infatigable, luttant de vitesse avec les chevaux. Les indigènes les prennent au lazzo, de la même manière dont ils capturent les chevaux sauvages.

L'Émeu de la Nouvelle-Hollande (*Dromæus novæ Hollandiæ* Latham), et son congénère, l'Émeu tacheté (*Dromæus irroratus* Bartlett), qui forment passage entre les Autruches et les Casoars, habitent la Nouvelle-Hollande. Ils sont de forte taille, mais ont le cou plus court et le corps plus trapu que l'Autruche. Leurs mœurs et leur régime ne sont pas encore bien connus.

Le Casoar à casque (*Casuarius galeatus* Linné) a la tête surmontée d'une sorte de cimier, et le devant du cou caronculé à la façon du Dindon. Ses pattes sont fortes, son corps massif et lourd est couvert de plumes dépourvues de barbules et qui retombent comme de véritables poils. Il habite l'île de Céram, dans les Moluques, où il vit au fond des forêts les plus impénétrables. Son œuf ovalaire, à pores très gros, est d'un vert vif foncé, semé de très petits points blancs. Le Casoar n'est pas rare dans les jardins zoologiques où il se reproduit quelquefois et où on le dit méchant et dangereux.

Les ornithologistes comptent cinq espèces de Casoars qui ne diffèrent que par la forme du cimier ou des caroncules ; ils sont tous originaires de la Nouvelle-Hollande, des Moluques et de la Papouasie.

Les Apterix, que certains auteurs placent à la suite des Casoars et que d'autres, comme Bonaparte, rangent avec les Râles sont des oiseaux très curieux. Ils ont un bec long et mince et sont couverts de plumes soyeuses retombant sur le corps comme celles des Casoars. Ils vivent cachés dans les fourrés les plus inextricables de la Nouvelle-Zélande où ils sont très rares.

L'espèce primitivement décrite sous le nom d'APTERYX AUSTRAL est peut-être même éteinte aujourd'hui.

CHAPITRE XV

ORDRE DES ÉCHASSIERS

Otididés. — Chasse à la grande Outarde. — La Poule de Carthage. — Une
Houbara truffée dans le désert. — Glaréolidés ; leurs mœurs. — Charadriidés.
— Poursuite d'un jeune Courvite. — Capture des Pluviers et des Vanneaux.
— Mœurs des Gravelots.

OTIÐIDÉS. — Les Outardes ont le bec fort et court, le corps trapu, les ailes rondes comme les gallinacés, mais leurs tarses élevés, leur jambes en partie dégarnies de plumes, leur chair noire, leur régime et leurs habitudes justifient leur classement parmi les échassiers. Elles fréquentent de préférence les plaines arides, les déserts de l'ancien monde, où elles vivent de petites graines, de mollusques et d'insectes, surtout d'orthoptères. Elles sont polygames, vivent isolément, mais émigrent par petites bandes.

L'Outarde barbue (*Otis tarda* Linné) est l'un de nos plus grands et de nos plus beaux oiseaux. Sa tête est d'un joli gris cendré, sa gorge rousse, son dos de même nuance, mais zébré de noir. Elle a le ventre et les couvertures des ailes d'un blanc pur. On la trouve assez fréquemment en Crimée, en Dalmatie et quelquefois en

Champagne où elle se reproduisait communément autrefois, mais où elle est devenue très rare. C'est un oiseau méfiant, doué d'une excellente vue et qu'on ne peut approcher sans employer la ruse.

Voici comment nous la chassions en Champagne. Lorsque nous avions aperçu un de ces oiseaux, nous cherchions immédiatement dans les environs un buisson ou un accident de terrain pouvant servir d'affût; tandis que le tireur désigné gagnait son poste, les autres avaient la précaution de se tenir constamment entre lui et le gibier, afin de lui dérober la manœuvre, et lorsqu'on le savait installé, nous décrivions un immense demi-cercle pour diriger l'Outarde vers l'affûteur. Presque toujours, nous réussissions à l'amener à portée, ou si elle s'envolait, à la faire passer à courte distance du tireur que l'on choisissait adroit et qui manquait rarement son coup. Le gibier, d'ailleurs, valait la peine qu'on se donnait, car outre sa taille, sa chair est excellente.

L'Outarde pond trois œufs, rarement quatre, qu'elle dépose à terre, dans un petit creux sans préparation. Ils sont ovalaires, d'un joli vert olive, marbrés de brun pâle. Les Outardeaux courent à la sortie de l'œuf, sous la conduite de leur mère, tandis que le père se désintéresse complètement de leur éducation [1].

L'Outarde canepetière (*Otis tetrax* Linné) de la taille d'une Poule ordinaire est particulièrement commune en Orient et dans le nord de l'Afrique où elle est connue sous le nom de Poule de Carthage. Elle s'introduisit en

---

[1] Voir l'étude que nous avons publiée en 1857 sur les mœurs et la domestication de l'Outarde dans le *Bulletin de la Société d'acclimatation du Nord-Est*.

Famille d'Outardes barbues.

Champagne vers 1825 ou 1826 et s'y est multipliée d'une façon telle, qu'aujourd'hui elle y est très répandue et qu'au moment de l'ouverture on la trouve abondamment sur les marchés du pays. Elle est cependant très méfiante et difficile à approcher.

En Algérie, où j'en ai tué beaucoup, je ne réussissais qu'en les chassant dans le milieu du jour, au moment de la grande chaleur et sous le couvert où elles se réfugiaient pour trouver de la fraîcheur. C'est dans ces conditions que, le 6 mai 1856, j'en tirai huit en moins de deux heures, dans un champ d'artichauts sauvages situé à quelques lieues à l'ouest de Boghar.

La Canepetière niche à terre, sous le couvert dans un petit creux garni de quelques brins de graminées et y dépose quatre œufs, rarement plus ou moins, qui ont une grande ressemblance avec ceux de l'Outarde barbue.

L'OUTARDE HOUBARA (*Otis houbara* Gmélin) habite l'Afrique septentrionale et visite quelquefois l'Europe méridionale. Elle est de la taille du Paon et porte comme parure une très jolie collerette de longues plumes frangées, blanches et noires, implantées de chaque côté du cou. Elle est assez répandue dans le Sahara algérien où elle est très estimée pour la qualité de sa chair.

Les indigènes s'en emparent en l'affûtant dans les *ghédirs* [1]. Pour moi, je la chassais à cheval, dans le milieu du jour. Dès que j'en apercevais une dans la plaine, je décrivais autour de l'oiseau un immense cercle d'au moins quatorze ou dix-huit cents mètres de diamètre ;

---

[1] Les *ghédirs* sont des parties basses et creuses où l'eau séjourne en hiver et où poussent vigoureusement des herbes de toute espèce lorsque l'eau s'est évaporée.

je le diminuais progressivement, de façon à m'en approcher insensiblement. Quelle que soit d'ailleurs l'allure que je faisais prendre à mon cheval, lente ou rapide, l'Outarde ne semblait s'en préoccuper que médiocrement, et c'est seulement lorsque j'arrivais à cent cinquante ou deux cents mètres d'elle, qu'elle commençait à donner quelques signes d'inquiétude. A partir de ce moment, je ralentissais sensiblement l'allure de mon cheval ; l'oiseau faisait alors quelques pas, s'arrêtait, puis se mettait de nouveau en mouvement, arrivait enfin près d'une pierre ou d'une touffe de graminée, pliait les genoux et se rasait le plus près possible du sol. Dans ces conditions, il était à moi, et je m'en approchais facilement à trente pas, sans qu'il cherchât à fuir ou à s'envoler. Le lecteur se rendra compte de l'excellence du procédé, lorsqu'il saura que, dans ce seul voyage, j'ai tué au moins une douzaine d'Houbaras et que deux fois seulement je n'ai pu approcher l'oiseau que je voulais tourner.

Le 28 avril 1856, dans le désert du Nhaer-Ouassel, nous avions fait une partie de chasse à la gazelle en compagnie du colonel Bataille, et avant de rentrer, je m'étais attardé à chercher quelque oiseau de collection, lorsque je rencontrai ma première Outarde houbara ; je réussis à m'en emparer et, fier de mon succès, je rentrai au camp avec mon gibier placé bien visiblement sur le devant de ma selle, prenant une pose que je m'efforçais de rendre modeste. Mais, hélas ! quel crève-cœur m'attendait. Le colonel, en m'apercevant, s'écria joyeusement : « Bravo, mon jeune ami, vous nous rapportez là un joli rôti. » Puis, se tournant vers son ordonnance : « Allez prendre dans ma cantine un flacon de truffes, vous les porterez à Ashmet (c'était le cuisiner indigène), et vous lui recommanderez de donner tous ses soins à la préparation de l'Outarde que Monsieur nous apporte, et à laquelle il faut faire honneur.» Qu'on juge de ma déception de naturaliste et de collectionneur. Un oiseau si rare que je ne remplacerais peut-être jamais, le voir plumer et mettre en rôti! Enfin, il fallut m'exécuter, n'osant réclamer, de crainte du ridicule. Il en fut donc comme le colonel l'avait décidé, et j'ai presque honte d'avouer que je trouvai parfaits et mon gibier et l'excellent saint-julien dont il fut arrosé grâce aux cantines du commandant Camate.

L'Outarde houbara dépose à terre, dans un petit creux sans préparation, trois œufs, rarement plus, qui ne diffèrent que par une taille un peu moindre de ceux de l'Outarde barbue. A Sidi Makhlouf, je pus m'en procurer un certain nombre que je vidai pour les conserver; comme ils étaient parfaitement frais, j'eus la curiosité de les goûter et je puis affirmer qu'ils ne le cèdent en rien comme finesse à ceux que l'on considère comme les plus délicats.

L'Outarde de Macqueen (*Otis Macqueenii* J.-R. Gray), qui habite l'Asie centrale et spécialement les steppes des Kirghis, diffère très peu de la précédente, dont elle a le régime et les mœurs.

GLARÉOLIDÉS. — Cette famille est très difficile à classer, car les oiseaux qui la composent ont des caractères semblables à ceux de familles absolument différentes. En effet, les Glaréoles ont le bec courbé et largement fendu des caprimulgidés, l'aile étroite, longue et pointue ainsi que la queue fourchue des Sternes, les tarses élevés et robustes des échassiers ; enfin la coquille de leurs œufs est beaucoup plus mince et plus friable que celle des autres œufs de même taille. Elles sont à la fois d'excellents coureurs et des voiliers aussi rapides qu'élégants ; elles se nourrissent d'insectes, principalement d'orthoptères et de coléoptères qu'elles capturent au vol.

LA GLARÉOLE PRATINCOLE (*Glareola pratincola* Linné) et la GLARÉOLE MÉLANOPTÈRE (*Glareola melanoptera* Nordmann) sont très peu différentes l'une de l'autre et ont les mêmes mœurs. Elles habitent les parties chaudes et les régions tempérées de l'ancien monde, fréquentent le bord des eaux, vivent et nichent en petites colonies. Leurs œufs, au nombre de trois, rarement quatre, ont une coquille extrêmement mince, de couleur olive jaunâtre, et ils sont couverts de larges taches noires ou d'un gris brun.

Le 11 mai 1856, en chassant sur les bords du lac salé de Bouquezoul, je rencontrai une colonie de ces oiseaux, et les étudiai tout à mon aise. Je les voyais tantôt courir sur la grève avec une étonnante rapidité, voler ensuite avec autant de facilité et d'élégance que nos Hirondelles de cheminée. Elles passaient et repassaient près de moi sans paraître se préoccuper de ma présence, poussant des cris aigus et gobant les insectes qu'elles rencontraient dans leur promenade aérienne. Lorsque j'en abattis une, toutes ses compagnes accoururent en criant et en passant sur ma tête, comme le font les Sternes en pareil cas. J'aurais pu sans difficulté en faire immédiatement une abondante récolte.

CHARADRIIDÉS. — Ces oiseaux ont le tarse élevé,

robuste et souvent réticulé, l'œil grand et placé plus ou moins à l'arrière de la tête ; leurs ailes sont longues et très aiguës ; ils courent et volent avec rapidité, émigrent en famille ou par petites bandes quelquefois composées d'espèces différentes. Ils se placent sur les bords de la mer, des étangs et des cours d'eau ; on les rencontre rarement dans les terrains secs et arides.

L'ÆDICNÈME CRIARD (*Ædicnemus crepitans* Temminck), connu vulgairement sous le nom de *Courlis de terre*, est commun dans l'ancien monde ; il recherche les plateaux arides et les dunes, où il passe la belle saison. C'est un oiseau méfiant qui, le soir surtout, pousse des cris aigus qu'on entend de fort loin. Il vit d'insectes, de vers et de mollusques. En Champagne, où je l'ai souvent rencontré dans les terrains crayeux, il niche à terre, pond deux ou trois œufs d'un jaune pâle, quelquefois rougeâtres, marbrés ou tachés de brun plus ou moins foncé, et très gros pour la taille de l'oiseau.

Le COURVITE ISABELLE (*Cursorius Gallicus* Gmélin) est une espèce africaine qui s'égare quelquefois en Europe. Il habite le désert et paraît n'être commun nulle part ; c'est aux environs et au sud d'El Aghouat que je l'ai rencontré le plus souvent. Il vit d'insectes, de mollusques, de vers, et a, je crois, un goût particulier pour les insectes bousiers, car il accompagne souvent les grands mammifères, particulièrement les chameaux, ce qui lui a fait donner par les Arabes le nom de *Soukelbeul*, littéralement *conducteur de chameaux*.

C'est un oiseau extrêmement défiant, très difficile à approcher et qui court avec une rapidité dont on ne peut se faire une idée. Habituellement, il aime à faire une course de quelques pas, puis il s'arrête et fait un haut-le-corps assez grotesque pour repartir précipitamment. Quand il veut se gîter, il cherche à se cacher près d'une pierre ou d'une motte de terre; lorsqu'il est inquiet, il pousse un cri sans sonorité qu'on ne peut mieux comparer qu'au bruit que fait une personne qui crache.

Il pond vers la fin d'avril trois œufs, rarement plus ou moins, qui sont presque sphériques, d'un blanc ocreux, assez lisses, couverts de points ou de traits enchevêtrés, d'un brun plus ou moins intense.

Voici un fait qui donnera une idée de la rapidité de la course de cet oiseau.

Le 2 juin 1856, au Ksour el Iran, mon cheval fit tout à coup lever devant lui un poussin prenant déjà ses premières plumes; je le reconnus immédiatement pour le Courvite et cherchai à m'en emparer sans le tirer, avec l'intention de conserver sa peau pour ma collection. Je le poursuivis à cheval à un trot assez rapide; après quelque temps, l'oiseau paraissant fatigué et s'étant arrêté plusieurs fois de suite, je mis pied à terre, pensant le prendre à la main; mais je m'aperçus bientôt que j'avais beau courir, le fugitif gagnait du terrain. Je remontai donc et continuai ma poursuite à cheval, l'obligeant à repartir toutes les fois qu'il s'arrêtait. Enfin, haletant et n'en pouvant plus, il resta sur le sol, mais il y avait au moins une demi-heure que la chasse durait et ce n'était qu'un poussin. Qu'on juge par là de la vitesse et du fond de ce coureur émérite devenu adulte.

Le Pluvian d'Égypte *(Pluvianus Ægyptius* Linné) est un oiseau africain qu'on voit quelquefois en Europe. Il vit en petites familles sur les bords limoneux des fleuves et s'y nourrit de vers et d'insectes.

Le PLUVIER DORÉ (*Pluvialis apricarius* Linné) est, comme tous ses congénères, un migrateur qui a pour patrie les régions froides et les parties tempérées de l'ancien monde. Son passage est irrégulier; il arrive depuis la fin de février jusqu'en avril et repart en octobre et novembre. Cette irrégularité peut avoir deux causes : d'abord la direction du vent, qui influe beaucoup sur le vol des petits échassiers, puis leur habitude de séjourner dans les endroits où ils trouvent une nourriture abondante. Il voyage par petites bandes et s'arrête volontiers dans les plaines cultivées, où il trouve en quantité des mollusques, des insectes, des vers et des larves qui constituent le fond de sa nourriture.

En Champagne et dans le nord de la France, on le prend au filet de jour. Cet engin se compose de deux nappes montées comme celles que l'on emploie pour capturer les petits oiseaux chanteurs, mais dont les mailles, de quarante à quarante-cinq millimètres, sont faites en fil plus solide et avec une tirasse plus longue. Le tendeur est dissimulé dans un hutteau ou dans un buisson; il se sert d'un appeau et en outre place des Muttes vivantes au milieu de son filet. Dans ces conditions, les Vanneaux et les Pluviers se font quelquefois prendre par volées entières. On connaît le proverbe :

> Qui n'a mangé ni Pluviers ni Vanneaux
> Ne sait ce que gibier vaut.

Il est à mon avis exagéré, mais ces Charadriidés ont

en tout cas un mérite, celui d'être classés dans les oiseaux maigres.

Le Pluvier doré se reproduit en abondance en Angleterre et en Allemagne où il niche en colonies, tandis qu'en France il n'est en général que de passage. On en trouve cependant quelques couples qui restent dans les dunes de l'Ouest. La ponte est de trois à cinq œufs piriformes, d'un jaune roux, couverts de grandes et nombreuses taches d'un brun foncé.

Le Pluvier fauve (*Pluvialis fulvus* Gmelin) est asiatique et même océanien, car il ne visite qu'accidentellement l'Europe. Il a d'ailleurs les mœurs et les habitudes de l'espèce précédente.

Le Pluvier suisse (*Pluvialis varius* Brisson) est le plus aquatique du genre; lors de ses migrations nous ne le voyons que rarement dans l'intérieur de la France, tandis qu'il passe en troupes quelquefois considérables sur notre littoral maritime. J'en ai fait souvent de fort belles chasses dans les marais salants. Je les approchais en me glissant derrière les murs en terre dont les sauniers entourent leurs enclos, et je les surprenais facilement pendant qu'ils cherchaient les mollusques et les crustacés dont ils sont très friands. Le Pluvier suisse niche dans l'extrême Nord et son œuf est encore une rareté oologique. Il ressemble beaucoup à celui du Pluvier doré; mais il est un peu plus gros.

Le Pluvier guignard (*Pluvialis morinellus* Brisson) recherche de préférence les plateaux secs et arides où habitent les Ædicnèmes et les Outardes. Il était autrefois commun en Champagne et aux environs de Chartres où on en faisait des pâtés très estimés. Aujourd'hui il a à.

peu près abandonné ces régions, il n'y niche plus, et c'est à peine si on en voit quelques sujets au passage d'août; il se reproduit presque exclusivement dans l'extrême Nord. Ses œufs sont un peu plus foncés et plus petits que ceux du Pluvier doré.

Le PLUVIER ASIATIQUE (*Charadrius Asiaticus* Pallas) est une espèce d'Asie qui ne nous visite qu'exceptionnellement et a les mœurs et le régime du Pluvier guignard.

Le GRAVELOT A COLLIER (*Charadrius hiaticula* Linné) connu vulgairement sous le nom de *grand Pluvier à collier* est répandu dans tout l'ancien monde. Dans ses migrations, il voyage par petites troupes, souvent mêlé à d'autres échassiers, et suit toutes nos côtes maritimes. Il est sociable, criard, peu farouche, et les chasseurs le détruiraient rapidement si sa chair avait la réputation de celle des Pluviers ; mais heureusement pour lui, elle est de médiocre qualité.

Il vit de vers, d'insectes, de jeunes mollusques et surtout de petits crustacés connus sous le nom de *puces de mer*. Rien n'est intéressant comme de suivre du regard ce gracieux petit oiseau parcourant la plage lorsque la mer découvre. Il fait quelques pas précipités, s'arrête pour ramasser un insecte, reprend sa course affairée en continuant ses recherches et semble toujours agité et pressé. De temps en temps avant de s'élancer il exécute un petit mouvement très original en abaissant subitement la tête et en la relevant brusquement.

Quelques couples se reproduisent sur notre littoral nord, mais c'est surtout sur les plages de la Baltique qu'il niche abondamment. Ses œufs d'une jaune ocreux sont plus ou moins couverts de traits et de points d'un brun noir.

Le Pluvier de Kent ou a collier interrompu *(Charadrius Cantianus* Latham) a le régime et les mœurs de l'espèce précédente ; mais il niche en grande quantité sur nos côtes où il vit par couples. Il n'y a peut-être pas une plage sablonneuse depuis Arcachon jusqu'en Belgique, où en été on ne le rencontre. Il niche dans un petit creux arrondi dans le sable ou au pied des dunes, à un mètre au plus en dessus de la ligne qu'atteignent les plus hautes marées, il y pond trois œufs un peu plus foncés en couleur et un peu plus petits que ceux de l'espèce précédente. Ses poussins courent à la sortie de l'œuf, avec une remarquable agilité, comme du reste tous ceux du genre.

Le Gravelot des Philippines ou petit Pluvier a collier *(Charadrius Philippinus* Scopoli) a les mœurs de ses congénères, mais ne vit que sur le bord des eaux douces. J'ai étudié une douzaine de fois au moins sur nos côtes maritimes le passage des petits échassiers, j'en ai tué par centaines, et jamais je n'ai rencontré le petit Pluvier ; mais on le trouve presque toujours sur les grèves de nos grands cours d'eau, en petit nombre toutefois, car il est toujours rare. C'est là, qu'au milieu des galets il se creuse un petit trou pour y pondre trois œufs, rarement quatre, qu'on aperçoit difficilement à cause de leur couleur blanc grisâtre, ils sont couverts de traits et de petits points d'un brun noir.

Le Hoploptère armé *(Hoplopterus spinosus* Linné) est caractérisé par l'éperon qu'il porte au coude de l'aile ; c'est un oiseau de l'Afrique orientale et de la Syrie qui s'avance jusqu'en Grèce lors de ses migrations ; il a les mœurs des Vanneaux.

Le VANNEAU HUPPÉ (*Vanellus cristatus* Meyer et W.) est répandu dans l'ancien monde où il vit en colonies dans les plaines et dans les prairies. Il passe en France au commencement de mars, et repasse en octobre et en novembre. Ses endroits favoris pour la nidification sont la Hollande, le nord de l'Allemagne, et la Russie méridionale, cependant quelques-uns se reproduisent aussi en France, car j'en ai trouvé une petite colonie dans les marais salants de Billiers (Morbihan), et une autre plus considérable dans les dunes de Saint-Quentin, au nord du Crotoy (Somme). C'est un oiseau assez méfiant, il suffit que dans la bande un sujet s'enlève pour que toute la troupe le suive. Il recherche tous les insectes, particulièrement les larves et les vers. On le capture lors de ses passages avec un filet de jour comme le Pluvier doré. Les nids que j'ai trouvés dans la garenne de Saint-Quentin en juin 1874 étaient près les uns des autres faits sans art, et contenaient trois œufs, quelquefois quatre, très gros proportionnellement à la taille de l'oiseau, comme du reste tous ceux de cette famille. Ils sont d'un gris verdâtre, mats, marbrés de grandes taches d'un brun quelquefois noir. On connaît leur réputation ; à Paris, on les vend généralement un franc pièce. Les Hollandais qui en expédient une grande quantité ont soin néanmoins de ne pas détruire l'espèce, ils enlèvent la première couvée ; mais protègent toujours la seconde.

Le VANNEAU SOCIAL (*Vanellus gregarius* Pallas) et le VANNEAU VILLOTEAU (*Vanellus Villotei* Savigny) ont le régime et les mœurs du Vanneau huppé et sont spécialement confinés en Asie et en Afrique.

L'Huitrier pie (*Hœmatopus ostralegus* Linné) est un oiseau sédentaire qui vit en colonies sur les plages maritimes de tout l'ancien monde. Il est connu sur nos côtes sous le nom de *Pie de mer*. D'une nature sociable, il aime à explorer en troupes les bancs vaseux que la mer découvre en se retirant, et y cherche avec avidité les moules, les jeunes sèches et autres mollusques qu'il avale avec leurs coquilles. Sans être sauvage, il se laisse cependant rarement approcher à portée, sauf lorsqu'il a des poussins; à ce moment, il oublie toute prudence et vole en poussant des cris lamentales tout autour du visiteur qui l'inquiète. Il niche sur les îlots déserts ou sur les dunes les plus rapprochées du rivage, et dépose sur le sable deux ou trois œufs d'un jaune ocreux, assez brillants et tachés de noir. Jusqu'à deux ans, les jeunes se reconnaissent facilement à une tache blanche en forme de plastron qu'ils ont sur le devant du cou. J'ai tout lieu de croire que l'huîtrier ne se reproduit qu'à deux ans, car j'ai souvent trouvé son nid sur les différentes côtes de Bretagne, et tous les oiseaux accouplés que j'ai étudiés avaient perdu la tache blanche des premières années.

Le Tourne-Pierres vulgaire (*Strepsilas interpres* Linné) niche sur les rivages de la mer au nord de l'Europe et de l'Amérique.

Je soupçonnais depuis longtemps que quelques couples se reproduisaient sur nos côtes, et j'en acquis la certitude il y a trois ans. En 1886, j'ai passé tout l'été à la Bernerie (Loire-Inférieure), j'y ai observé constamment un couple de Tourne-Pierres adultes, dont je n'ai pu à la vérité découvrir le nid, mais que j'ai vus plus tard et à différentes reprises accompagnés de quatre jeunes.

Ce sont des oiseaux très méfiants; ils se posent sur les roches et de préférence sur celles qui sont à fleur d'eau, et y restent jusqu'à ce que l'écume les atteigne. Ils ne se rassemblent pas par grandes troupes, mais vivent en familles et poussent un sifflement aigu quand on les fait enlever. Ils ont la singulière habitude de retourner avec leur bec les pierres sous lesquelles ils espèrent trouver les petites bestioles dont ils se nourrissent. Ils passent pour rechercher les petits mollusques et les jeunes crabes ; cependant, j'ai vérifié l'œsophage d'une douzaine, au moins, de sujets que j'ai tués et je n'y ai trouvé que de petits coléoptères et une matière verte dont je n'ai pu reconnaître la nature.

Le Tourne-Pierres forme le passage entre les charadriidés et les scolopacidés, car il a des caractères propres à ces deux familles. Ses œufs, au nombre de trois ou quatre, ont beaucoup d'analogie avec ceux des Bécassines ; ils sont ovoïconiques, d'un vert jaunâtre, portant de grandes taches allongées et posées obliquement par rapport au grand axe de l'œuf; les unes sont d'un gris violet, les autres d'un brun noir.

CHAPITRE XVI

ÉCHASSIERS

— SUITE —

SCOLOPACIDÉS. — Les oiseaux de cette famille sont reconnaissables à leur bec long et grêle ; à leurs ailes subaiguës et à leurs tarses en général assez longs. Tous sont exclusivement animalivores, semi-nocturnes, émigrent par petites bandes, et fréquentent spécialement le bord des eaux douces ou les rivages de la mer.

Le GRAND COURLIS ou COURLIS CENDRÉ (*Numenius arquata* Linné) est répandu dans l'ancien monde, comme la plupart de ses congénères ; il arrive en mars et en avril, en côtoyant les rivières ou les bords de la mer, et retourne vers le Midi en octobre et novembre. C'est un oiseau de moyenne taille, méfiant, qui se laisse difficilement approcher et dont on ne s'empare que par ruse. Il est ordinairement assez routinier et règle ses habitudes sur les marées ; lorsqu'on a observé son passage habituel, il suffit de se cacher derrière une pointe de roche, et presque toujours on réussira à le tirer.

La nourriture de ces grands échassiers consiste en vers, mollusques, insectes et autres animaux marins qu'ils cherchent dans les plages vaseuses, aussitôt que la mer les découvre. C'est pour ce travail que la nature les a pourvus d'un bec long dont l'extrémité sensible leur permet de trouver profondément dans la terre les bestioles qu'ils vont y chercher.

Les Courlis nichent à terre dans les marais de l'Angleterre et dans le Nord. Ils pondent trois ou quatre œufs, tous à peu près semblables et ne diffèrent que par la taille d'espèce à espèce ; ils sont ovoïconiques, courts, d'un vert olive plus ou moins foncé, ornés de taches et de points, tantôt brun clair, tantôt brun foncé. Les poussins naissent très emplumés et courent à la sortie de l'œuf ; leur bec s'allonge avec l'âge, mais ne dépasse pas, en général, douze centimètres ; cependant, j'en ai mesuré un qui en portait seize. C'est un sujet très adulte, que j'ai tué dans la mer de Bretagne, voici dans quelles circonstances.

A quinze ou dix-huit cents mètres à l'ouest du petit port de Biliers (Morbihan), se trouve un îlot de rochers, nommé Bédun, qui par sa position est le refuge de tous les oiseaux de mer, à la marée montante. Le comte de Saint-Blin, grand amateur de chasse et d'excursions, profitant d'une large crevasse qui coupe la plus haute pointe de l'îlot, y établit une petite cachette parfaitement fermée et couverte, très bien dissimulée à l'extérieur et percée de petites ouvertures servant de meurtrières, par lesquelles le chasseur bien installé à l'intérieur, commande tous les environs. Une partie des roches disparaissent à la pleine mer ; celles qui émergent encore n'occupent qu'un espace de cinquante mètres environ au milieu duquel se trouve l'affût. C'est alors que les oiseaux, chassés par le flot, se posent sur tous les sommets que l'eau ne peut atteindre, et qui en sont littéralement couverts. Souvent, grâce à l'amabilité du propriétaire, j'y ai fait des chasses splendides, et plusieurs fois j'en ai rapporté une ou deux pièces très rares. Le seul inconvénient de la position c'est que les canots ne peuvent approcher par les gros temps ; j'en fis l'expérience le jour où je tuai mon Courlis à long bec.

C'était le 11 septembre 1878, j'avais été amené à l'îlot vers midi et mon marin était parti, devant venir me prendre vers cinq heures. Tout alla bien pendant quelque temps ; au fur et à mesure que la mer montait, les oiseaux se rapprochaient de moi, il y en avait par centaines. Déjà j'avais tué un superbe Goéland à manteau noir, abattu deux Courlis d'un seul coup de fusil, et je m'attendais à un succès complet, lorsque je m'aperçus tout à coup que le ciel se chargeait d'épais nuages ; en même temps, le vent s'élevait avec violence et les oiseaux s'enlevaient successivement, pour aller chercher ailleurs une retraite plus sûre... Je courus ramasser mon gibier.

Mais à peine avais-je regagné mon abri que la pluie commença à tomber avec force ; la mer était devenue grosse et houleuse, il n'y avait plus à compter sur mon marin avant la fin de l'orage ; cependant la perspective de passer la nuit sur mon île ne me souriait pas du tout.

Les ouvertures ménagées pour le tir, permettaient à la tempête de se jouer dans ma retraite, et vêtu pour une simple excursion, je n'étais pas muni contre une pareille inondation. Enfin, cherchant à faire contre fortune bon cœur, je me blottis dans le coin qui me parut le moins maltraité, et cherchai à m'endormir malgré le bruit des vagues brisant avec rage à quelques mètres tout autour de moi. La nuit était tombée je commençais à m'habituer à tout ce vacarme, lorsque j'entendis le sifflet bien connu de mon marin ; croyant m'être trompé, j'écoutai ; mais un second appel ne me laissa plus de doute ; c'était bien le signal convenu. Je saisis mon fusil et mes oiseaux et un instant après, j'étais près de mon vieux guide ; il me saisit par la main et me recommanda de ne pas le quitter. Il m'expliqua que ne pouvant venir me chercher avec le canot, il avait attendu la morte eau et arrivait à pied par un soulèvement du sol qui formait un passage de l'îlot à la terre ferme. Par cette nuit profonde, sur ce terrain inégal et glissant, avec les vagues qui déferlaient autour de nous en nous couvrant d'écume, et le vent qui soufflait avec furie, je n'aurais jamais entrepris seul ce trajet périlleux. Une heure après, j'étais rentré, très reconnaissant au brave homme dont l'énergie m'avait épargné des heures fort désagréables.

Le COURLIS CORLIEU (*Numenius phœpus* Linné) a les mêmes habitudes que le précédent, auquel il ressemble, mais il est plus petit et plus répandu.

Le COURLIS A BEC GRÊLE (*Numenius tenuirostris* Vieillot) est très voisin des espèces précédentes, mais son habitat est plus méridional ; on le trouve spécialement sur le littoral de la Méditerranée.

Le Courlis de la baie d'Hudson *(Numenius Hudsonicus* Latham) et le Courlis boréal *(Numenius borealis* Latham), qui ont été accidentellement capturés en Angleterre, sont des oiseaux de l'Amérique septentrionale où ils remplacent nos espèces européennes.

La Barge a queue noire *(Limosa œgocephala* Linné) est répandue, ainsi que ses congénères, dans tout l'ancien monde ; elle fréquente les terrains limoneux qu'elle peut fouiller facilement avec son long bec, pour y saisir les vers, larves et autres insectes dont elle se nourrit. Elle passe au printemps et repasse en automne sur notre littoral maritime. Ses migrations, comme celles des Gravelots, des Bécasseaux, des Chevaliers et des autres petits Échassiers riverains, dépendent de l'orientation du vent, et pour ce motif sont extrêmement variables. Si avril se présente avec un beau temps et le vent d'est, aussitôt des nuées de ces oiseaux arrivent en une nuit sur nos côtes et se succèdent de jour en jour ; mais que le vent change et passe au midi, tout est arrêté et nos échassiers restent cantonnés là où ils se trouvent, attendant que le vent soit de nouveau devenu favorable à leurs pérégrinations.

Il m'est arrivé de m'installer au Crotoy, dans la baie de Somme, dans le courant d'avril, et d'attendre un mois entier sans rien voir ; puis un beau jour le vent tournait et les passages se faisaient alors en huit jours en abondance d'autant plus grande que le retard avait été plus prolongé. J'ai pu faire cette observation principalement au printemps de 1874, où les passages ont eu lieu jusqu'à la fin de mai. J'ai même tué des Alouettes et des Chevaliers jusqu'au 3 juin inclus. Beaucoup de ces oiseaux se prennent à un filet spécial dont je parlerai à l'article des Bécasseaux.

La Barge niche dans le Nord, au milieu des marais. Elle pond quatre œufs qui ont une grande analogie avec ceux des Courlis et n'en diffèrent que par la taille.

La BARGE ROUSSE (*Limosa rufa* Brisson) a les mêmes habitudes et le même régime que l'espèce précédente avec laquelle elle voyage souvent.

La TÉRÉKIE CENDRÉE (*Terekia cinerea* Guldenstein) est une espèce asiatique très voisine de nos Barges dont elle a les mœurs et que l'on rencontre quelquefois dans l'Europe orientale.

Le MACRORAMPHE GRIS (*Macroramphus griseus* Gmélin) habite l'Amérique septentrionale et l'Amérique centrale; il visite l'Europe et même la France. Il forme le passage entre les Barges et les Bécasses. Il vit et voyage en bandes, se nourrit de vers et de mollusques qu'il recherche dans la vase au bord de la mer.

La BÉCASSE ORDINAIRE (*Scolopax rusticola* Linné) est cosmopolite comme tous ses congénères. Elle arrive avec la lune de mars et repart en octobre et novembre; quelques couples se reproduisent en France, mais la grande majorité se porte plus au nord. Elle s'isole dès son arrivée, mais voyage en troupes et de nuit par les temps doux et surtout par les vents d'est. La Bécasse est un oiseau à livrée modeste, mais propre et coquet, prenant son bain matin et soir et ne justifiant en rien le proverbe qui lui décerne un brevet de bêtise. Elle habite les bois pendant le jour, mais la nuit elle fréquente les plaines où elle recherche les vers et les larves que son odorat et la sensibilité de son bec lui permettent de trouver facilement. Fidèle à ses habitudes, elle aime à suivre la même route, à revenir au même abreuvoir, à fouiller le même champ; c'est par l'observation de ses mœurs que les braconniers parviennent à en prendre beaucoup aux rejets qu'ils lui tendent dans les bois et aux collets qu'ils lui préparent dans la plaine.

Quoiqu'étant de tous les échassiers celui dont les tarses sont les plus courts, la Bécasse court avec rapidité, se défend à merveille contre le chien en recoupant ses voies, et ne s'enlève qu'à la dernière extrémité. Lorsqu'elle se décide à prendre bruyamment son vol, elle le fait avec rapidité et se hâte, par un habile crochet, de mettre un arbre ou un buisson entre elle et le chasseur; d'ailleurs, elle est très sensible au coup de fusil; un plomb la fait tomber, et quelque légère que soit sa blessure, elle se laisse alors prendre à la main. On ne s'explique pas pourquoi on interdit, même au passage d'automne, la requête au chien d'arrêt contre lequel l'oiseau se défend si bien, pour autoriser au printemps, au moment de la pariade et même de la nidification, la chasse au crépuscule qui est destructive à un haut degré, d'autant plus que certains chasseurs, sous prétexte de passe, se livrent à un véritable affût, tirant tout ce qui se présente, depuis l'utile Chouette jusqu'au malheureux lièvre, qui ne ressemblent guère plus aux Bécasses l'un que l'autre.

Notre oiseau niche à terre dans un petit creux garni de quelques feuilles, au milieu des bois, et pond quatre œufs piriformes, d'un blanc jaunâtre, couverts de taches variées tantôt d'un brun fauve, tantôt d'un gris bleuâtre. En Lorraine, j'ai rencontré des poussins jusqu'au

20 avril, mais j'ai trouvé des pontes le 3, le 4 et le 6 du même mois; qu'on juge, d'après cela, si on devrait permettre la chasse à la passe jusqu'au 15 avril, comme cela se fait actuellement. Sans doute la Bécasse est un gibier exquis, apprécié de tous les gourmets; mais ils peuvent lui faire leurs adieux, si l'on ne règlemente pas la chasse d'une façon plus intelligente.

La Bécassine ordinaire (*Gallinago scolopacinus* Bonaparte), tout en ayant la plus grande analogie avec la Bécasse, a des habitudes très différentes, et l'on peut dire que là où on trouve la Bécassine, on ne rencontre jamais la Bécasse et réciproquement. En effet, les Bécassines ne fréquentent pas les bois, mais seulement le bord des étangs et des rivières, les marais et les prairies humides. Au moment des passages, elles s'arrêtent quelquefois en plaine, près des moindres flaques d'eau.

La Bécassine ordinaire nous arrive au même moment que la Bécasse, tantôt en grandes bandes, tantôt par petits groupes de deux ou trois, quelquefois même isolément. Elle est assez sauvage, part de loin en poussant un cri aigu, et comme son vol est rapide, le chasseur fera bien de serrer dès qu'il aura au bout. Toutes les considérations que j'ai lues dans des auteurs cynégétiques sur l'opportunité du tir avant ou après le crochet ne sont pas sérieuses, et celui qui s'en rapporterait à ces conseils courrait grand risque de revenir bredouille.

La Bécassine s'attarde volontiers au moment des passages près des étangs en pêche, où elle trouve à faire une ample moisson de bestioles aquatiques dont elle fait sa pâture. Dans ces conditions, elle engraisse très rapidement et devient un rôti aussi délicat que la Caille.

Quelques-unes restent dans nos marais pour se reproduire, mais la grande majorité niche en Hollande, en Danemark et en Allemagne. Son poussin, comme celui de la Bécasse, est l'un des plus jolis que l'on puisse voir

La Bécassine double (*Gallinago major* Gmélin) a le régime et les mœurs de l'espèce précédente, mais elle est plus rare, surtout en France. Elle se reproduit en Danemark, en Suède et dans la Russie méridionale.

La Bécassine sourde (*Gallinago gallinula* Linné) nous arrive isolément en même temps que la Bécassine ordinaire, dont elle a tout à fait le genre de vie; mais elle s'enlève sous le pied du chasseur sans bruit et sans faire entendre le moindre cri, ce qui lui a valu son nom. Elle est aussi plus rare que sa congénère, nous quitte en été pour gagner l'extrême Nord, particulièrement la Laponie et la Finlande, où elle se reproduit. Sa ponte est de quatre œufs, qui ne diffèrent que par la taille de ceux des autres espèces.

Le Sanderling des sables (*Calidris arenaria* Linné) est cosmopolite. En été, il habite l'extrême Nord d'où il redescend en hiver pour gagner le Midi, et toujours en suivant nos côtes maritimes. C'est un petit oiseau peu farouche, sociable, vivant et voyageant par troupes quelquefois considérables. Dans ses pérégrinations, il parcourt sans cesse les bancs de sable que la mer découvre, et où il se nourrit d'insectes et de mollusques. Il paraît très friand d'une sorte de petit crustacé connu sous le nom de *puce de mer* ; j'en ai trouvé dans l'estomac de tous les individus que j'ai ouverts. J'en ai étudié de nombreux sujets au passage de 1872 qui a duré sur la belle plage des Sables-d'Olonne du 3 au 26 mai.

Le Bécasseau maubèche *(Tringa canutus* Linné) est, comme presque tous les oiseaux de ce genre, un habitant de l'ancien continent qui vit sur les côtes maritimes. Pendant deux ou trois mois d'été, il se fixe dans l'extrême Nord, passe le printemps et l'automne dans les régions tempérées et émigre dans le Midi pour y passer l'hiver. C'est un oiseau sociable qui accomplit en troupes tous ses voyages ; il se nourrit de vers, d'insectes, de petits crustacés et de mollusques qu'il cherche sur le bord des eaux. Comme la plupart des échassiers, il est très gracieux dans ses mouvements et vit facilement en captivité ; aussi, sur toutes les grandes plages, particulièrement dans la baie de Somme, on lui fait une chasse suivie dont on expédie les produits de tous côtés.

Cayeux s'est fait une spécialité de ce genre de commerce ; lorsque j'y étais, il y a plusieurs années déjà, un célèbre tendeur, Antoine Quenhen, en expédiait des milliers par paniers de une à six douzaines, soit aux jardins zoologiques, soit aux amateurs. Il se servait pour cette chasse d'un filet qui diffère peu du filet de jour ou tirasse ; mais qui n'a qu'une nappe dont les mailles sont proportionnées à la taille des oiseaux que l'on veut capturer. Il le tendait sur le bord d'un petit étang d'eau douce situé à peu de distance de la mer ; il l'établissait de façon à ce qu'il recouvrît en s'abattant l'espace graveleux qui le séparait de l'eau. C'est sur cette petite plage et contre le filet qu'étaient retenus les oiseaux vivants ou muttes destinés à faire tomber près d'eux les petits échassiers de passage. De son côté, le tendeur était caché dans un hutteau dissimulé d'où il observait tout ce qui intéressait sa chasse, èt muni d'un appeau, il appelait, en imitant leur cri, les oiseaux du voisinage. Le sifflet dont il se servait était tout simplement un os de mouton ayant sur le côté un trou rond que l'on bouche en tout ou en partie pour prendre l'intonation voulue. On comprend que les oiseaux, venant au cri d'appel et apercevant les muttes, s'empressent de se poser près d'elles. Lorsque le tendeur tire son cordeau pour rabattre la nappe sur les imprudents visiteurs, ceux-ci s'enlèvent, mais toujours en se dirigeant du côté de la terre; ils se jettent alors dans le filet, et très peu réussissent à s'échapper. Il y a près de Cayeux un étang appelé le Hâble qui n'est séparé de la mer que par une ligne de hautes dunes et qui est tellement favorable à ce genre de chasse qu'il est estimé de 120 à 150.000 francs, bien que sa valeur vénale ne soit en réalité que de quelques milliers de francs.

Le BÉCASSEAU MARITIME (*Tringa maritima* Brunich) est plus rare que l'espèce précédente dont il a d'ailleurs le régime et les habitudes.

Le BÉCASSEAU COCORLI (*Tringa subarquata* Guldenstein) a le même genre de vie que les espèces précédentes, comme presque toutes, il se reproduit dans le Nord, soit dans la Finlande, soit en Laponie, les œufs ont avec ceux des Bécassines la plus grande analogie, aussi je ne donnerai de détails que sur ceux dont la forme ou la coloration aurait un caractère spécial.

Le BÉCASSEAU CINCLE (*Tringa cinclus* Linné) et le BÉCASSEAU A COLLIER (*Tringa torquata* Brisson) qui n'est qu'une race du premier sont les oiseaux les plus répandus du genre, ils en ont les habitudes générales; mais le premier va se reproduire dans l'extrême Nord et jusqu'au cercle polaire, tandis que le second niche abondamment sur les côtes de la Baltique.

Le Bécasseau minule *(Tringa minuta* Leisler) et le Bécasseau temmia *(Tringa Temminckii* Leisler) sont les plus petits du groupe, à peine atteignent-ils la taille du Moineau. Ce sont de charmants petits échassiers moins communs que les espèces précédentes avec lesquelles ils se mélangent volontiers. Habituellement, ils voyagent par petites bandes, cependant, le 9 septembre 1878, j'en ai trouvé une troupe d'au moins cinquante ou soixante individus sur la plage est de l'île Dumet, (Morbihan). Tous deux se reproduisent en Laponie, mais le Bécasseau minule s'étend jusqu'en Sibérie, tandis que le Temmia ne dépasse pas la Norwège.

Le Bécasseau platyrhynque *(Tringa platyrhyncha* Temminck) qui est presque cosmopolite possède à un haut degré les habitudes migratrices qui caractérisent ce genre. Il ne quitte jamais les côtes maritimes ; en hiver il habite les rivages méditerranéens d'où il remonte au printemps sur tout le littoral de l'océan pour aller se reproduire au nord de la Laponie et de la Finlande, particulièrement aux environs de Mutnioniska où M. Mewes, fils du conservateur du musée de Stockholm, l'a trouvé nichant en colonies.

L'Actiture rousset *(Actiturus rufescens* Vieillot) ne diffère des Bécasseaux que par une queue plus allongée. C'est une espèce américaine qui visite accidentellement l'Europe et que l'on connaît peu. On assure qu'elle a plutôt les habitudes des Pluviers que celles des Bécasseaux et qu'elle habite les terrains cultivés de préférence aux bords de la mer.

Le Combattant ordinaire *(Machetes pugnax* Linné) est un des oiseaux les plus jolis et les plus intéressants de la grande famille des scolopacidés. D'une taille élancée et gracieuse, le mâle porte autour du cou et sur les côtés de la tête une élégante collerette formée de longues plumes arrondies, les unes noires, les autres rousses, toutes plus ou moins panachées de blanc, et variant sur chaque sujet. L'oiseau la relève plus ou moins quand il est sous l'empire de l'amour ou de la colère, mais c'est surtout lorsqu'il livre bataille à l'un de ses rivaux pour la possession d'une femelle qu'il la déploie dans toute sa beauté ; son nom indique du reste son penchant pour les querelles.

Le Combattant n'est pas rare dans tout l'ancien monde, il arrive sur nos côtes au commencement d'avril, mais nous ne l'y voyons dans sa belle livrée de noce que lorsque les passages ont été retardés par des temps contraires. Il se reproduit sur les rivages du nord de la France, en Hollande et en Allemagne. Il établit son nid dans les grands marais à la façon du Vanneau huppé, et y pond de quatre à six œufs.

Les chasseurs qui n'ont pas de hutteau ne pourraient à pied approcher tous ces oiseaux riverains qui sont en général très sauvages, aussi est-ce par mer qu'on cherche à les tirer. Voici comment je procédais. Quand le vent était favorable, je montais un petit canot armé d'une seule voile en forme de misaine qui s'abaisse facilement et qu'un seul homme peut aisément manœuvrer tout en maintenant le gouvernail. Je suivais les bords de la mer en les rangeant aussi près que le permettait la profondeur de l'eau, et en évitant tout mouvement brusque. J'approchais ainsi à portée les oiseaux les plus farouches. Aussitôt après mon coup de fusil, mon marin descendait la voile et saisissant la godille me conduisait droit sur le gibier ; quand le canot touchait le sable, je sautais à l'eau pour gagner la terre, je ramassais mes oiseaux et reprenant mon embarcation je continuais mon exploration.

Le CHEVALIER ABOYEUR *(Totanus griseus* Brisson) est propre à l'ancien continent comme du reste la plupart de ses congénères. Il fréquente indifféremment les eaux douces et les eaux salées, tandis que les Bécasseaux se bornent exclusivement aux rivages maritimes. C'est un oiseau sociable, voyageant par petites bandes, mais farouche et se laissant difficilement approcher. Il nous arrive en mars et avril, et nous quitte bientôt pour aller se reproduire dans l'extrême Nord. Son cri d'appel est un sifflement aigu qui se perçoit de fort loin ; tous les oiseaux de ce groupe ont le même genre de cri, qui cependant diffère d'espèce à espèce. Leur nourriture est généralement la même, mais plus variée, que celle des Bécasseaux, ils mangent indifféremment les crustacés, les petits mollusques et les insectes d'eau douce et d'eau salée, des vers, des larves, etc.

Le CHEVALIER BRUN *(Totanus fuscus* Linné) est peu commun ; il a le même régime que les précédents, mais paraît préférer les eaux douces ou saumâtres aux rivages maritimes. C'est presque toujours dans les marais salants qu'on le rencontre.

Le CHEVALIER GAMBETTE *(Totanus calidris)*, plus connu sous le nom de *Chevalier à pieds rouges*, est le plus commun du genre. Au moment des passages, on le trouve généralement sur tous nos grands cours d'eau, mais il n'est nulle part aussi abondant que sur notre littoral maritime. D'un naturel peu défiant, il donne facilement dans tous les pièges; comme il se familiarise rapidement, il est très employé comme mutte par tous les tendeurs de l'Ouest.

C'est dans la baie de Somme que j'ai fait mes plus belles chasses au hutteau. J'y arrivai au milieu de mai 1874, le passage était déjà commencé, mais connaissant le pays, je pus me mettre en campagne immédiatement. L'embuscade est préparée sur les grèves vaseuses que la mer découvre en se retirant, et on l'établit comme je l'ai expliqué à l'article de la chasse aux Vautours.

Le 23 mai fut un de mes plus beaux jours : j'étais parti de bonne heure; je m'installai dans mon hutteau avec toutes mes munitions de guerre, après avoir posé à terre à vingt-cinq pas devant moi un Chevalier aux pieds rouges tout simplement empaillé. Les chasseurs du pays qui ont des muttes les placent de même, et ont plus de chance de succès. Avec mon appeau j'attirais les voyageurs ailés qui, apercevant un confrère, venaient se poser près de lui, étonnés de ne lui voir faire aucun mouvement; ils se livraient quelquefois à une mimique si grotesque que j'en riais souvent tout seul au fond de mon trou. J'avais d'ailleurs tout le temps de choisir mon gibier qui reste près de l'appelant jusqu'à ce que le coup de fusil ou un passant le fasse enlever. J'ai tellement tiré dans les quelques heures que donne la marée que j'en ai eu l'épaule meurtrie pendant plusieurs jours et que j'ai rapporté quatre-vingts pièces.

Le CHEVALIER A PIEDS JAUNES *(Totanus flavipes)* qui s'égare accidentellement en Europe est une espèce américaine qui joue dans son pays le même rôle que le Chevalier à pieds rouges dans le nôtre.

Le CHEVALIER STAGNATILE *(Totanus stagnatilis* Bechstein) a le régime des autres Chevaliers, mais son habitat est plus méridional ; ce n'est que par exception qu'on le rencontre sur nos côtes, tandis qu'il est répandu dans l'Europe orientale et dans l'Afrique septentrionale, mais sans toutefois y être commun. Loche prétend que tous les Chevaliers ne sont que de passage en Algérie, mais je crois pouvoir contester l'exactitude de son observation en ce qui concerne le Stagnatile ; je l'ai tué dans l'été de 1854, sur le lac Fetzara, et le 13 mai 1856 sur le lac de Bouquezoul, d'où je conclus qu'il niche dans le pays. En tout cas, il se reproduit certainement dans la Russie méridionale et surtout aux environs de Sarepta.

Le CHEVALIER SYLVAIN *(Totanus glareola* Linné) a des habitudes spéciales ; il fréquente presque exclusivement les eaux douces, aime le couvert comme la Bécassine, et émigre isolément ou par couples. Il passe en avril et en mai et ne séjourne dans l'extrême Nord que le temps nécessaire pour y élever sa famille, puis nous revient en août et septembre. On le trouvait autrefois en Champagne presque régulièrement près des petites pièces d'eau, dans les prairies basses au moment de ses doubles passages, mais aujourd'hui, il est devenu très rare.

Le CHEVALIER CUL BLANC *(Totanus ochropus* Linné) recherche les eaux douces comme le précédent, mais se pose plus à découvert. Il émigre en suivant nos cours d'eau aux mêmes époques que le Chevalier glaréole.

Le Chevalier guignette *(Totanus hypoleucos* Linné) est très répandu, quoiqu'il ne soit jamais très commun ; on le rencontre sur le bord des fleuves et des rivières, sur les étangs, où il élève sa couvée sans se préoccuper de la latitude, car j'ai des œufs de Guignette capturés dans les Pyrénées, d'autres pris en Lorraine, en Allemagne, en Angleterre, quelques-uns même me viennent de la Laponie. Ce charmant petit oiseau est méfiant, et difficile à approcher ; on n'arrive à portée que lorsqu'il est en contre-bas d'un tertre derrière lequel on peut se glisser doucement.

Le Chevalier grivelé *(Totanus macularius* Linné) ressemble à la Guignette, mais il a la poitrine maculée de taches noires. Il a les mêmes habitudes et habite l'Amérique, niche au Canada et ne nous visite qu'à de rares intervalles.

Le Chevalier a longue queue *(Totanus longicauda* Bechstein) et le Chevalier semi-palmé *(Totanus semipalmatus* Gmélin) sont également des espèces propres à l'Amérique, que nous ne voyons que rarement en Europe.

Le Phalarope hyperboré *(Phalaropus hyperboreus* Linné) est un petit oiseau très voisin des Bécasseaux, mais qui s'en distingue par les palmures festonnées qui bordent ses doigts, ce qui lui permet de nager ou de courir avec une égale facilité. Il habite le cercle boréal qu'il ne quitte que pendant les grands froids. Il se répand alors sur les côtes des régions tempérées et des pays chauds. Il est friand de vers, d'insectes marins qu'il trouve dans les marais et dans les salins de l'Islande, de la Norwège, de la Finlande et même du Groenland, où il s'installe pour nicher. Il pond trois ou quatre œufs courts, ovoïconiques, qui ont la plus grande ressemblance avec ceux des Bécasseaux. On ne le rencontre sur nos côtes qu'en hiver, et encore n'y est-il jamais commun, sauf quelquefois, à la suite d'un grand coup de vent qui en jette des troupes entières sur notre littoral. J'ai été témoin d'un fait de ce genre.

En septembre 1852, je m'étais embarqué à Hambourg pour Rotterdam, puis de là pour Anvers d'où je comptais me rendre à Londres. La traversée avait été très dure ; j'avais bien payé mon noviciat ; nous avions fait de graves avaries qui avaient compromis la sûreté du navire et qui par là même avaient retardé mes projets. Le jour où je pus reprendre la mer, en me rendant à bord du *Soho*, je vis sur le port un marin qui cherchait à vendre des petits oiseaux dont il avait un panier rempli. En m'approchant, je reconnus des Phalaropes hyperborés et le matelot me raconta que pendant plusieurs jours, la longue plage connue sous le nom de *Tête de Flandre* en avait été littéralement couverte.

Le PHALAROPE DENTELÉ (*Phalaropus fulicarius* Linné) ressemble beaucoup au précédent, mais au moment des amours, sa gorge, sa poitrine et son ventre sont d'un joli roux foncé uniforme. Il est plus asiatique que le Phalarope hyperboré, ne niche qu'au Groenland, mais lui ressemble sous tous les autres rapports.

L'ÉCHASSE BLANCHE (*Himantopus candidus* Bonaterre) habite les parties chaudes de l'ancien monde, sur les plages basses et limoneuses, spécialement à l'embouchure des grands fleuves. Avec un corps relativement petit, elle a le cou très long, les ailes aiguës, les tarses grêles et très allongés, ce qui lui donne un facies tout particulier, mais non dépourvu de grâce et d'élégance. La longueur de ses jambes lui permet de parcourir sans peine les vases couvertes d'eau où elle s'empare très adroitement des bestioles aquatiques qu'elle rencontre. C'est en général à l'embouchure des grands fleuves qu'elle se reproduit, notamment au delta du Volga. Elle pond quatre œufs de forme ovalaire, d'un fauve ocracé, décorés de quelques taches d'un gris violet mêlées à d'autres d'un noir profond.

La RÉCURVIROSTRE AVOCETTE (*Recurvirostra avocetta* Linné) a les tarses longs et grêles de l'Échasse, comme elle, porte une robe blanche et noire, mais elle est un peu plus étoffée dans toutes ses parties ; elle est caractérisée par un bec tout spécial, allongé, très mince et relevé à son extrémité comme une faucille dont la pointe serait en l'air. L'Avocette se nourrit comme l'Échasse et habite les mêmes régions ; toutefois, elle monte davantage vers le nord ; elle émigre isolément ou par petites bandes, mais elle n'est jamais commune. Ses pattes, en partie palmées, lui donnent une grande facilité de natation. Je m'en aperçus le 30 mai 1874, j'en avais démonté une près du Crotoy (Somme) ; la mer était basse, il y avait au plus 30 centimètres de hauteur d'eau à l'endroit où je l'avais tirée et malgré cela, je dus la poursuivre très longtemps avant de pouvoir m'en emparer.

Elle niche en colonies, sur les rives de la mer Noire, et en général dans les contrées méridionales ; elle pond trois œufs qui ne diffèrent de ceux de l'Échasse que par la taille.

CHAPITRE XVII

ÉCHASSIERS

— SUITE —

Rallidés. — Mœurs et habitudes. — Ruses du Râle Baillon. — La Poule sultane. —La barque renflouée. — Familiarité des Foulques. — Leur chasse. — Gruidés. — Chasse en charrette.

RALLIDÉS. — Les oiseaux de cette famille ont un bec moyen, assez fort, les ailes courtes et arrondies, le corps étroit, les tarses robustes et quatre doigts démesurément allongés, ce qui leur a valu le nom de macrodactyles. Ce sont de très médiocres voiliers, mais des coureurs émérites et d'excellents nageurs. Tous ceux qui nous visitent régulièrement sont répandus dans l'ancien monde et fréquentent presque exclusivement le bord des eaux douces. Ils pondent un grand nombre d'œufs et leur nourriture est animale et végétale.

Le Râle d'eau (*Rallus aquaticus* Linné) nous arrive en mars et nous quitte fin octobre. Pendant ses pérégrinations, il voyage la nuit, en suivant les cours d'eau. C'est un oiseau doux et timide qui vit sur le bord des étangs et des rivières, d'où il ne sort qu'à la chute du jour pour chercher les vers, les petites hélices, les jeunes lymnées et les insectes qui constituent sa principale nourriture en été. En hiver, il se contente de graines de roseau et même de verdure lorsque la nourriture animale devient rare. Comme la Fauvette luscinoïde et la Bouscarle, sa vie intime est très difficile à pénétrer, et cependant rien n'est joli à voir comme ce petit oiseau lorsqu'il parcourt, avec une incroyable aisance, les fourrés épais dans lesquels se passe son existence. Très fin dans ses formes, le corps penché en avant, l'œil toujours au guet, il va, court, s'arrête, relève la queue en éventail, puis disparaît avec une telle rapidité qu'on se demande si c'est l'oiseau lui même qu'on a aperçu ou seulement son ombre. On comprend dès lors combien il est difficile à étudier. Lorsqu'il se sent poursuivi, il coupe et recoupe ses voies, et fait souvent perdre sa piste ; si le chien, parfaitement dressé, ne se laisse pas tromper, et que, serré de trop près, l'oiseau se décide à s'enlever, il ne fait qu'un très court trajet de cent pas à peine, puis se pose et recommence le même manège au moyen duquel il parvient Souvent à échapper aux recherches de son ennemi.

Il niche au milieu des roseaux, soit à la queue des étangs, soit sur les côtés de la chaussée. Il construit d'abord une base épaisse et solide qu'il élève à vingt centimètres au moins au-dessus de l'eau, et sur laquelle il établit son nid, puis il enlace quelques roseaux au-dessus de ce frêle édifice qui se trouve si bien caché qu'il est presque impossible de le découvrir. Ce n'est que par hasard ou à l'aide d'un excellent chien d'arrêt qu'on parvient à le trouver. Lorsqu'on approche de son berceau, l'oiseau le quitte, file sans bruit, se cache à

quelques mètres et pousse un ou deux petits cris d'a-
larme qui seuls décèlent sa présence. La ponte est de
sept à dix œufs, de forme ovée, à calcaire mince, d'un
blanc verdâtre, ornés de points, les uns d'un gris violacé,
les autres d'un brun rouge.

Le RALE DE GENÈT (*Rallus Crex* Linné) passe moins de
temps avec nous que le Râle d'eau ; il nous arrive plus
tard et nous quitte dès le mois de septembre ou le
commencement d'octobre. Son régime et ses mœurs
sont les mêmes et sa vie intime est tout aussi mysté-
rieuse ; mais ses habitudes sont moins aquatiques ; en
été il habite les joncs des étangs ou les prairies basses
avoisinant les cours d'eau. Pendant la pariade, il fait
entendre chaque soir un cri rauque assez aigu qui
constitue sans doute son chant d'amour. Il construit son
nid dans les mêmes conditions que le Râle d'eau, et y
dépose de six à neuf œufs absolument semblables à ceux
de l'espèce précédente. Pendant ses migrations, il s'arrête non seulement dans les prairies, les luzernes ; mais
encore dans les couverts des terrains secs. Il voyage
isolément, paraissant accompagner les Cailles, d'où lui
est venu le nom de Roi de Caille que lui ont donné les
chasseurs ; à ce moment il est très gras, et fort estimé
des gourmets.

Le RALE MAROUETTE (*Rallus Porzana* Linné) a les
habitudes générales du Râle d'eau, mais sa livrée est
moins monotone, elle est parsemée de taches blanches
triangulaires qui la rendent plus élégante. Son nid est
bâti tout différemment ; au lieu de l'établir d'une façon
fixe à une certaine hauteur au-dessus du niveau de l'eau
pour le mettre à l'abri d'une inondation, il construit un

charmant petit esquif amarré aux roseaux qui le cachent, de sorte que s'il survient une crue subite, il s'élève avec l'eau, sans danger pour la couvée. Ses œufs, au nombre de neuf à douze, sont ovalaires et colorés comme ceux du Râle de genêt, mais avec des taches plus foncées, et tranchant plus nettement sur le fond de la coquille.

Le RALE BAILLON (*Rallus Baillonii* Vieillot) est l'un des plus petits du genre, il atteint à peu près la taille du Moineau. Il nous arrive en avril pour se reproduire et nous quitte dès que les petits sont en état d'entreprendre le voyage. Il recherche de préférence les grands étangs en forêt où il s'installe dans les massifs de roseaux. Il est tout aussi difficile de pénétrer sa vie intime que celle de ses congénères ; c'est seulement pendant qu'il s'occupe de sa couvée, qu'il oublie sa prudence habituelle, et que l'on peut espérer pouvoir l'étudier.

Le 10 juillet 1886, je battais avec des rabatteurs et un chien d'arrêt une queue d'étang où je comptais trouver des Halbrans, lorsque tout à coup, un Râle Baillon s'enlève près de mes hommes, il se repose quatre pas plus loin en poussant un petit cri d'alarme, et en donnant des marques visibles d'inquiétude. Évidemment, le nid n'était pas loin ; j'en désirais un pour le musée d'un de mes amis et tout le monde se mit à le chercher, mais sans succès. Après quelques instants l'oiseau s'enleva de nouveau et disparut dans un buisson de saule. Je m'en approchai par un long détour et je finis par le découvrir, il était allongé contre une branche, masqué du côté de l'étang par quelques feuilles, il observait ses ennemis et manifestait ses craintes par des frémissements accompagnés d'un certain mouvement de la queue habituel à ses congénères, quand ils la relèvent en éventail. Je le contemplai quelque temps, et finis par être pris de compassion pour la pauvre petite bête qui témoignait ses inquiétudes d'une façon si explicite. Je rappelai mes hommes et mon chien pour porter la chasse ailleurs et lui rendre la paix de son berceau.

Le Râle Baillon construit son nid comme le Râle d'eau et dans les mêmes conditions, mais seulement en juin. En Lorraine il le tresse habituellement avec un roseau triangulaire, frais ou sec qui est, je crois, la feuille de l'iris des marais. La ponte est de six à neufs œufs ovalaires, d'un vert olive plus ou moins foncé, brillants et marbrés de brun peu apparent.

Le RALE POUSSIN *(Rallus minutus* Pallas a la taille et les mœurs du précédent, mais semble préférer une latitude plus méridionale. Ses œufs sont très semblables à ceux du Râle Baillon, mais en général d'une teinte plus pâle.

La GALLINULE POULE D'EAU *(Gallinula chloropus* Linné) diffère peu des Râles quant aux habitudes, cependant elle vole mieux et s'enlève plus facilement; comme eux elle habite les roseaux, mais préfère le voisinage des eaux tranquilles telles que celles des étangs, et lorsqu'on la rencontre près d'une rivière, c'est toujours à proximité d'une emprise ou d'une eau profonde et peu courante, sur laquelle on la voit nager matin et soir, et quelquefois même dans la journée lorsqu'elle croit n'être pas dérangée. Elle se nourrit de végétaux et de petits animaux de toutes sortes. Son nid est très bien caché, il contient de six à neuf œufs ovalaires, d'un jaune ocreux, quelquefois teintés de rouge, et couverts de petits points, les uns cendrés, les autres d'un brun rouge comme ceux de tous les Rallidés. Les poussins couverts d'un duvet noir criniforme courent à la sortie de l'œuf et sont d'une agilité remarquable.

Le PORPHYRION BLEU *(Porphyrio cæsius* Barre) habite les étangs et les lacs d'eau douce qui avoisinent la Méditerranée, et ne dépasse pas le nord de la Provence; mais on le trouve fréquemment sur les lacs de l'Algérie où il est connu sous le nom de *Poule sultane.* C'est une véritable Poule d'eau géante, parée d'une superbe robe d'un bleu vif passant au violet, avec des reflets irisés de toute beauté. Son bec et la plaque frontale qui orne sa tête sont d'un rouge ardent, ses pattes de même couleur sont immenses et absolument disproportionnées, ce qui nuit beaucoup à son élégance et lui donne un air lourd. Il a toutes les habitudes de la Poule d'eau : comme celle-ci il habite les massifs de roseaux où il dissimule assez bien sa grosse personne; il vole lourdement, mais nage et plonge bien; son cri, formé d'une seule note sonore, a une certaine analogie avec celui de la Grue, mais il est moins fort. Il mange toute espèce de bestioles, mais surtout des végétaux et des racines aquatiques.

La première fois que je pus l'observer, c'était à la fin d'avril 1854, sur le lac Haloulah où j'ai récolté bon nombre de nids et d'œufs. Ceux du Porphyrion sont faciles à trouver, le nid est un amas de joncs assez bien arrondi, dont la partie la plus creuse est au moins à quinze centimètres au-dessus du niveau de l'eau sur laquelle il flotte, mais sans changer de place, étant amarré à quelques roseaux enracinés; tous ceux que j'ai trouvés contenaient de quatre à neuf œufs ayant une grande analogie de forme et de couleur avec ceux de la Poule d'eau, mais de la taille de ceux des Foulques ; ils sont très variés, tantôt d'un jaune fauve, tantôt dorés ou rougeâtres, et ornés de points de différentes grosseurs, les uns gris violet, les autres d'un brun rouge. La première fois que je fis une excursion sur le lac, il m'arriva une aventure qui faillit m'être bien désagréable. J'avais trouvé sur le bord une vieille barque abandonnée, et après l'avoir retirée de l'eau avec le secours de mon guide, nous nous mîmes à en boucher toutes les fissures avec des joncs et de la terre glaise ; je pus alors m'en servir pour parcourir les parties profondes du lac, et y chercher avec chance de succès des pontes de Canards marbrés, de Poules sultanes, de Foulques à crête et autres, destinées à ma collection et à celles de mes amis. J'avais bien réussi, et ma chasse terminée, je traversais pour revenir une des pointes du lac où l'eau est très profonde, lorsque tout à coup, l'un de mes tampons de jonc sauta en donnant passage à une forte voie d'eau qui remplit mon embarcation en un instant. Voyant le danger, je poussai mon aviron avec toute la force dont j'étais capable, espérant atteindre le bord avant de couler, mais il fut bientôt évident pour moi que je ne pouvais arriver.

On juge de mes inquiétudes. Sans doute je ne craignais pas pour ma vie, car je pouvais facilement gagner la rive à la nage, mais abandonner au milieu du lac mon fusil et toutes mes richesses ornithologiques si péniblement amassées me désolait vivement. Une inspiration subite me vint : je changeai rapidement la direction de ma barque et la poussai vigoureusement dans les tamarix qui croissent abondamment dans cette partie du lac; je la hissai sur les racines émergées de ces arbustes, non sans efforts, mais avec un plein succès, sautai sur un tronc d'arbre et m'aperçus avec bonheur que ma nacelle cessait d'enfoncer. Dès lors, je n'avais plus qu'à la vider patiemment avec mon godet de fer-blanc et à fermer la voie d'eau avec des joncs que j'enfonçai avec mon couteau. Bientôt je pus la remettre à flot et gagner la rive, mais sans quitter la ligne des tamarix qui pouvaient me sauver en cas de nouveau malheur. Heureusement j'arrivai sans autre accident et débarquai sans encombre, après avoir été bien près de perdre mes armes et tout mon bagage scientifique.

On comprendra mes inquiétudes quand on saura que l'œuf de la Poule sultane est une rareté qui valait à cette époque dix francs pièce, et j'en avais plus de cinquante dans mon embarcation.

Le PARRA COMMUN (*Parra Jacana* Linné) est un Râle d'origine américaine qui a les mœurs propres à cette famille et dont un très beau sujet identifié par M. Gerbe a été tué en Provence. Il pond de très jolis œufs d'un jaune d'ocre très brillant, et couverts de traits étroits en zigzag d'un noir brillant.

La FOULQUE MACROULE (*Fulica atra* Linné), connue en Lorraine sous le nom de Morelle et dans le Midi et l'Ouest sous celui de Macreuse, est très commune sur les eaux paisibles des étangs implantés d'épaisses joncheries et sur les marais salants au moment des passages. Elle nous arrive par troupes nombreuses en mars et nous quitte à la fin d'octobre. A l'encontre des Râles, elle est très sociable et recherche ses semblables, même au temps des couvées. Habituellement craintive, elle se familiarise rapidement lorsqu'elle croit n'avoir rien à craindre des visiteurs. C'est ainsi que sur les étangs où on ne les chasse pas, elles se laissent facilement approcher à courte distance.

Il y a quelques années, j'en ai vu à Lucerne qui vivaient sur le lac et qui non seulement ne s'éloignaient pas du pont et des chaussées sur lesquelles passaient les promeneurs, mais qui s'approchaient même avec empressement des amis qu'elles reconnaissaient et qui leur jetaient des morceaux de pain qu'elles se disputaient comme des Canards sur une pièce d'eau.

La Foulque n'est pas difficile pour sa nourriture : insectes, graines, frai de poissons ou de batraciens, tout lui convient; mais en été, elle préfère les herbes aquatiques qui forment le fond de son ordinaire. Son nid est un amas de roseaux très épais réunis sans art et qu'elle laisse flotter à la surface des eaux; outre la partie qui baigne, il émerge d'environ vingt à trente centimètres; aussi a-t-elle soin d'établir une sorte de pont en pente douce qui permet aux jeunes Foulques de remonter dans leur nid, lorsqu'elles veulent s'y reposer. La ponte est de quatre à quatorze œufs, le plus habituellement de six, sept ou huit. Ils sont rugueux, d'un gris légèrement rougeâtre, très mats et couverts de petits points noirs. Les poussins nagent quelques heures après leur naissance et sont revêtus d'un duvet un peu pileux, noir sur tout le corps et d'un joli rouge orangé sur la tête. Les Foulques volent peu en été; elles perdent d'ailleurs cette faculté pendant quelque temps par la chute simultanée de leurs rémiges. Les jeunes n'ont leurs ailes complètement formées que lorsqu'elles ont atteint leur taille, c'est-à-dire à la fin d'août. En Lorraine, on ne les chasse pas avant le mois de septembre, et voici la méthode que l'on emploie. On réunit sur un étang un certain nombre de barques montées chacune par un chasseur posté à l'avant et par un marinier qui doit, sans quitter l'arrière de la nacelle, la diriger avec un aviron. Toutes les embarcations étant placées en ligne et à égale distance les unes des autres, quittent ensemble la chaussée, s'avançant en bataille vers la queue de l'étang. Dès l'abord, on peut tirer quelques pièces qui se sont laissé surprendre, mais en général elles filent devant les chasseurs et se laissent conduire jusqu'à la queue de l'étang. C'est alors que, se sentant pressées de trop près, elles s'enlèvent, rebroussent sur les bateaux et viennent passer entre les tireurs. Comme la Foulque vole droit et à peu de hauteur, on conçoit combien de victimes tombent à cette première attaque. J'ajoute que ces oiseaux ne quittant jamais l'étang et se portant invariablement du côté traqué à celui qui ne l'est pas, on peut recommencer plusieurs fois la même manœuvre avec les mêmes chances de succès.

La FOULQUE A CRÊTE (*Fulica cristata* Gmélin) a absolument le même régime et les mêmes mœurs que la Foulque macroule, dont elle ne diffère que par le double tubercule qui surmonte sa plaque frontale. En outre, elle est plus méridionale et ne dépasse pas le nord de la Provence, mais on la trouve communément sur tous les lacs algériens où elle se reproduit. Ses œufs sont un peu plus foncés de nuance et portent des taches un peu plus grandes que ceux de l'espèce précédente.

GRUIDÉS. — Les Grues sont les plus grands de nos échassiers, ce qui ne les empêche pas d'avoir beaucoup de points de rapport avec les Râles dont la taille est infiniment plus petite. Toutefois les gruidés ont les ailes relativement plus fortes, ce qui leur permet de voler avec facilité et même avec une certaine grâce, malgré leur lourdeur apparente. Ce sont des migrateurs arrivant et partant à date fixe, avec des instincts de sociabilité, et voyageant en troupes composées quelquefois d'un grand nombre d'individus. Ces oiseaux, dans leurs pérégrinations aériennes, se disposent habituellement sur deux lignes formant un triangle régulier; celui qui forme le sommet du triangle, ayant pour fendre l'air plus d'efforts à supporter que ses compagnons, est remplacé, lorsqu'il est fatigué, par celui qui le suivait et se range le dernier d'une des lignes. Tous se suppléent ainsi à tour de rôle. Ils nichent en général à terre dans les marais et pondent deux œufs qui, à la taille près, ressemblent beaucoup, quant à la forme et à la couleur, à ceux des Râles.

La GRUE CENDRÉE (*Grus cinerea* Bechstein) est répandue dans tout l'ancien monde. En Lorraine, elle passe dans la seconde quinzaine de mars, arrivant directement du sud-ouest et se dirigeant vers le nord-est. Elle repasse fin octobre en sens inverse. Les Grues sont très méfiantes, et avant de se poser, elles décrivent dans le ciel un grand nombre de cercles, afin de reconnaître la position.

Lorsqu'enfin elles se sont cantonnées, on en voit quelques-unes qui, détachées en sentinelles, surveillent les environs, et à la moindre apparence de danger se rapprochent du groupe et donnent l'alarme. Sous leur protection, les autres pâturent paisiblement les herbes et surtout les pousses tendres des céréales, ramassant en même temps les vers, les insectes, les mollusques, les batraciens et les petits reptiles qu'elles rencontrent.

Au moment de la pariade, elles se séparent par couples isolés et s'installent dans les grands marais à l'embouchure des fleuves, spécialement dans l'Europe orientale. Leurs œufs, de forme ovée ou ovalaire à coquille épaisse, sont d'un blanc jaunâtre ou verdâtre, quelquefois assez foncé et ornés de taches variables, d'un brun plus ou moins intense, qui se fondent dans la coloration générale. Les poussins, couverts d'un joli duvet fauve, courent à la sortie de l'œuf. Les Grues sont très difficiles à approcher à portée ; on ne peut les tuer au fusil qu'en préparant à l'avance un affût parfaitement dissimulé ou en se servant de la vache artificielle qui ne leur inspire pas plus de crainte que tous les bestiaux.

N'ayant pas ce déguisement, j'ai essayé un autre procédé qui m'a réussi dans plusieurs occasions, quoiqu'il ait, comme on le verra, ses inconvénients. Le 24 mars 1877, une bande d'une vingtaine de ces oiseaux s'était abattue dans la plaine en dessous de Manonville, et, armé de ma longue-vue, je pouvais de la fenêtre de ma chambre les observer à mon aise. La situation me parut favorable, et je résolus d'essayer de les approcher en voiture. Je fis atteler une charrette, j'y montai avec mon cocher, et me voilà en route à travers champs dans la direction des Grues. Tout alla bien dès le début ; mais arrivé à quelques centaines de mètres de mes voyageuses, je m'aperçus qu'elles étaient posées dans le bas d'un champ de blé qui aboutissait à une prairie inondée. A mesure que j'avançais, je trouvais les terres de plus en plus détrempées par la pluie, en sorte que ma voiture enfonçait d'une façon inquiétante et je commençais à craindre de ne pouvoir atteindre mon but. Il fallut descendre pour alléger le véhicule que mon cheval avait grand'peine à faire avancer, et chaque fois que nous coupions la ligne creuse, alors remplie d'eau, qui sépare chaque terre l'une de l'autre, je craignais que mon cheval ne s'abattît sur ces terres argileuses où il glissait à tout instant et perdait toute sa force. Néanmoins nous avancions masqués par le cheval que le cocher soutenait par la bride, et nous étions encore à cent mètres des Grues que déjà elles donnaient des marques d'inquiétude ; la sentinelle s'était rapprochée et il était évident que l'on tenait conseil, se demandant s'il y avait quelque danger à craindre et si l'on pouvait rester au cantonnement. Quand nous fûmes à quatre-vingts pas, toutes les têtes étaient levées ; il était manifeste que l'hésitation ne durerait plus longtemps ; je gagnai encore dix pas et toute la bande s'ébranla. J'envoyai mes deux coups de neuf graines et malgré la distance, j'eus la satisfaction de démonter un de ces oiseaux. Il tomba, mais je ne l'avais pas encore. Je le poursuivis longtemps et ne parvins à m'en emparer qu'avec beaucoup de peine à cause de la disposition des lieux et de la nature du terrain, et après avoir couru dix fois le risque d'estropier mon cheval.

Aussi j'engage les personnes qui se serviraient du même procédé à s'assurer d'avance que le terrain est sec et facilement viable.

La GRUE DEMOISELLE (*Grus virgo* Linné) est surtout caractérisée par les deux bouquets de plumes qu'elle porte en arrière sur les côtés de la tête. Elle est plus petite que la Grue cendrée dont elle a d'ailleurs le régime et les

mœurs. Elle recherche cependant une latitude plus méridionale et niche dans les terrains plus secs. Je l'ai trouvée en été dans les chotts de l'Agérie, ce qui prouve
qu'elle s'y reproduit, de même qu'aux environs de la
mer Noire où elle est très commune. Son œuf a la
même coloration que celui de l'espèce précédente.

La Grue leucogerane *(Grus leucogeranus* Pallas) est
une grande et belle espèce asiatique que nous ne voyons
que très rarement dans l'Europe orientale. Elle est entièrement blanche avec les rémiges noires. Ses œufs sont
semblables à ceux de la Grue cendrée, mais sensiblement
plus colorés.

La Grue Antigone *(Grus Antigone* Linné) est aussi une
très belle espèce asiatique qui s'égare quelquefois en Europe. Ses œufs presque semblables à ceux de la Grue
cendrée, sont blancs, assez lisses avec quelques taches
isolées d'un fauve pâle.

La Grue des Baléares *(Grus Balearica* Aldrovande),
que l'on a très exceptionnellement rencontrée aux îles
Baléares, est une espèce spéciale à l'Afrique ; elle est caractérisée surtout par le faisceau de plumes filiformes
qui garnissent sa nuque. Ses habitudes sont celles de la
Grue demoiselle et ses œufs sont semblables, mais ont
une teinte générale plus foncée avec des reflets très
chauds d'un brun rougeâtre.

CHAPITRE XVIII

ÉCHASSIERS

Ardéidés. — Régime, mœurs et poussins. — Héronnière d'Écury. — Nidification du Butor. — Ciconidés. — Mémoire des Cigognes. — Tantalidés. — Momies d'Ibis. — Le transformisme. — Rencontre d'une antilope bubale. — Phénicoptéridés. — Perte momentanée du vol chez les Flamants.

ARDÉIDÉS.

> Un jour sur ses longs pieds allait je ne sais où
> Le Héron au long bec emmanché d'un long cou

Ce portrait du Héron fait par le bon La Fontaine est si exact, que le naturaliste a peu à y ajouter pour le compléter. En effet, ces oiseaux dont le corps est très étroit, très peu en chair, sont relativement légers et capables malgré leur apparente lourdeur de voler rapidement et longtemps. Ils sont tristes, indolents, vivent solitaires, et si quelques-uns nichent en société, c'est plutôt par instinct de sécurité personnelle, que dans un but d'agréables et amicales relations dont ils semblent se soucier fort peu. Quelques espèces sont sédentaires, d'autres sont migratrices; mais toutes vivent dans le voisinage des eaux où ils se nourrissent de toutes les proies animales dont la capture leur est facile. Ils se posent assez volontiers sur les arbres, y nichent souvent, ou au moins à une certaine hauteur du sol. Ils pondent de trois à six œufs qui, à l'exception de ceux de deux ou trois espèces que j'indiquerai, sont tous d'un joli vert bleu sans tache. Les Hérons sont les seuls oiseaux de tout l'ordre dont les poussins naissent à peine emplumés ; ils sont longtemps avant de pouvoir quitter le nid et ont besoin que les parents leur apportent la nourriture.

Le HÉRON CENDRÉ (*Ardea cinerea* Linné) est propre à l'ancien monde comme la plupart de ses congénères. C'est un oiseau paresseux quoique très méfiant ; il reste souvent des heures entières immobile sur le bord d'un étang, ou au sommet d'un arbre, affaissé et replié sur lui-même ; mais si quelque chose l'inquiète, on le voit aussitôt allonger le cou, tourner la tête de côté et d'autre, et prendre son vol pour gagner un lieu plus sûr. Il se nourrit de reptiles, de batraciens, et de toutes autres proies animales qui se présentent à lui, et qu'il peut saisir sans effort. Il ne déploie un peu d'activité, et ne nous rend de véritables services que lorsqu'il a des petits auxquels il porte constamment des insectes nuisibles. C'est ainsi qu'en observant continuellement, pendant deux mois, un couple de Hérons, j'ai pu constater qu'ils avaient nourri leurs petits presque exclusivement des larves d'un orthoptère, *Æschna grandis*.

On sait qu'au moyen âge le vol du Héron, auquel j'ai fait allusion en parlant des Faucons, était un plaisir réservé aux princes et aux grands seigneurs et que, pour

Hérons cendrés, Bihoreaux, Butors et Garzettes.

ce motif, on les protégeait efficacement ; aussi, étaient-ils à cette époque beaucoup plus communs qu'aujourd'hui et nichaient-ils en colonies dans des portions de bois qu'on avait nommées *héronnières*.

Je n'en connais plus que deux ou trois en France, la plus importante appartient à un de mes amis, le comte de Sainte-Suzanne, elle est située dans son parc d'Écury (Marne), à quelques centaines de mètres du château, à proximité du grand marais de Champigneulles, où ces ardéidés trouvent une abondante nourriture. Les oiseaux qui composent cette colonie arrivent au commencement de mars, et partent en août. Leurs nids au nombre de 150 à 200 sont placés sur un groupe d'arbres qui pour la plupart sont des aunes ; composés de brindilles de bois réunies sans soin, ils ont tout à fait l'apparence d'aires de Buses ou d'Autours. Chose intéressante que j'ai constatée chez bien des espèces, ces oiseaux se rendent si bien compte qu'ils sont protégés que, si on en rencontre un sur un point quelconque du pays, il ne se laissera jamais approcher ; tandis que l'on peut se promener sous les nids, et c'est à peine s'ils manifesteront un peu d'inquiétude et si quelques sujets s'enlèveront pour se reposer à quelques pas plus loin ; mais la grande majorité restera sur les arbres, et ne cherchera pas à fuir. En hiver, la plupart des Hérons cendrés n'émigrent pas, mais se répandent sur les petits cours d'eau qui ne gèlent pas, ou près des sources où ils trouvent leur nourriture. En Lorraine, nous avons encore quelques Hérons qui vivent sédentaires et qui nichent isolément sur les grands étangs en forêt. Leur nid n'a aucun rapport avec celui de leurs similaires vivant en société.

Ils le placent au milieu d'un grand massif d'*Arundo phragmitis*, sur un buisson de saules rabougris, ou simplement sur les roseaux qui s'inclinent sous leur poids sans se rompre. Construit négligemment avec ces mêmes roseaux, il a un mètre trente à un mètre cinquante de largeur; il est très profond, et s'élève à quatre-vingts centimètres environ au-dessus du niveau de l'eau. Dans ces conditions ils pondent de cinq à six œufs, rarement moins, tandis qu'à la héronnière d'Écury la moyenne de la ponte est à peine de cinq œufs.

Le HÉRON A TÊTE NOIRE (*Ardea melanocephala* Vigors) est une espèce africaine qui ne fait que de rares apparitions en Europe et qui a d'ailleurs le régime et les mœurs du Héron cendré.

Le HÉRON POURPRÉ (*Ardea purpurea* Linné) diffère peu, quant à ses mœurs, du Héron cendré; mais il préfère un climat plus doux : c'est ainsi qu'en France on ne le rencontre communément que dans le Midi et dans l'Ouest; son nid est installé comme celui de son congénère dans les grands massifs de roseaux, soit sur des arbustes, soit sur les roseaux eux-mêmes, du moins est-ce ainsi qu'étaient établis ceux que j'ai eu l'occasion d'étudier dans les marais de la basse Loire.

Le HÉRON AIGRETTE (*Ardea alba* Linné) est un oiseau mince, svelte, élégant, dont toute la robe est d'un blanc pur. Il porte au bas du dos une parure de longues plumes décomposées très légères qu'il peut à volonté relever ou abaisser et qui, pendant longtemps, portées en plumet, ont servi de marques de distinction aux colonels. Quoique j'aie tué l'Aigrette sur le lac Fetzara, elle n'est pas plus commune en Algérie qu'en Provence, c'est seulement dans l'Europe orientale et méridionale qu'on la trouve facilement. Elle a le régime et les mœurs du Héron cendré.

Le Héron garzette (*Ardea garzetta* Linné) est de même entièrement blanc; mais il est plus répandu que l'Aigrette; on le rencontre fréquemment dans toute l'Afrique septentrionale, dans l'Europe méridionale, et même dans l'Europe centrale. Il niche en colonies sur le lac Haloulah et sur le lac Fetzara, dans les massifs de roseaux, sur les arbustes aquatiques, et spécialement sur les tamarix. En 1854, j'ai trouvé les uns près des autres des nids de Hérons garzettes, de Garde-Bœufs et de Crabiers.

Le Héron garde-bœufs (*Ardea ibis* Hassel) est aussi une espèce à robe entièrement blanche, mais avec le dessus de la tête d'un joli roux. C'est peut-être l'espèce la plus commune du genre dans les pays chauds. En Algérie on le rencontre dans toutes les plaines marécageuses, où il se nourrit comme ses congénères; mais il paraît avoir un goût marqué pour les insectes qui s'attachent aux bestiaux. Réunis en troupes, ils accompagnent les troupeaux à peu près comme le font nos Étourneaux, ce qui évidemment lui a valu son nom, et la protection dont on l'entoure est sans doute le motif de sa familiarité habituelle.

Le Héron crabier (*Ardea ralloides* Scopoli) fait partie des Hérons à tarses racourcis, qui, tout en ayant le même régime que les premiers, ont des habitudes un peu différentes. Le Crabier en effet se cantonne dans les joncheries où il se cache et évite le plus possible de se laisser voir; c'est une espèce assez commune dans les contrées méridionales mais qui s'avance peu vers le nord.

Le Héron blongios (*Ardea minuta* Linné) a une aire de dispersion très étendue quoiqu'il ne soit commun nulle part. Dans le Nord, c'est un migrateur qui arrive à la fin d'avril pour se reproduire, et repart en septembre. Il se nourrit particulièrement de petits crustacés, d'insectes, et de jeunes poissons. Il fait très habituellement son nid sur les saules étêtés qui se trouvent au milieu des massifs de joncs et y pond trois ou quatre œufs blancs insensiblement teintés de vert. Le Blongios m'a toujours paru un oiseau très niais, il m'est arrivé plusieurs fois dans nos chasses d'été sur les étangs d'en prendre à la main de parfaitement adultes qui n'avaient aucune blessure. Enfin, il a un cri rauque très fort pour sa taille, et qu'il fait entendre de temps en temps, au moment de la pariade.

Le Butor étoilé (*Botaurus stellaris* Linné), connu en Lorraine sous le nom de Bœuf d'eau, en raison du cri guttural et sonore qu'il pousse de temps en temps, a beaucoup des habitudes de l'espèce précédente. Il arrive aux mêmes époques, voyage de nuit et se cantonne immédiatement dans un grand massif de roseaux, au milieu d'un étang, et ne le quitte plus pendant tout son séjour dans le pays.

Il vit complètement isolé et on n'en trouve jamais qu'un seul couple sur un étang, quelle qu'en soit d'ailleurs l'étendue. C'est dans l'endroit le plus fourré et le moins accessible qu'il établit son nid en procédant de la manière suivante. Il coupe les roseaux à mi-hauteur, sur un espace d'un mètre de large, de façon que la tête des uns retombe sur les autres et forme une sorte de plate-forme élevée de quatre-vingts centimètres au-dessus du niveau de l'eau ; c'est sur cette espèce de plancher qu'il apporte d'autres roseaux ou des joncs qu'il enlace grossièrement pour former un nid dont il arrondit les contours intérieurs avec sa poitrine ; il y dépose dans le courant de juin quatre œufs, rarement plus ou moins, d'un vert olive pâle ou café au lait sans tache. Les petits sont nourris longtemps au nid, les parents leur apportent des insectes, des mollusques et souvent de jeunes poissons, et ils ne prennent pas leur vol avant la fin de juillet au plus tôt.

Les Butors sont très pêcheurs, car j'ai toujours trouvé dans l'estomac des adultes que j'ai tués d'assez gros poissons, tels que carpes, tanches, etc.; un en particulier avait une perche assez forte, ce qui prouve que l'oiseau s'inquiète peu de l'arête piquante que ce poisson porte sur le dos. Deux fois j'ai découvert, à huit ou dix mètres du nid des Butors, une seconde plate-forme établie comme la première et qui devait leur servir de perchoir et de garde-manger, car on y trouvait de nombreux débris de victuailles qui indiquaient clairement l'usage auquel elle était destinée.

Le BUTOR LENTIGINEUX (*Botaurus Freti Hudsonis* Brisson) ressemble au précédent autant par sa livrée que par son produit ovarien. C'est une espèce propre à l'Amérique septentrionale qui est venue se faire tuer accidentellement en Angleterre.

Le BIHOREAU D'EUROPE (*Nycticorax Europæus* Stephen) a été distrait des Hérons à cause de ses formes plus ramassées, de son œil plus grand et de quelques autres caractères. Il a le régime et les mœurs du grand Butor avec l'œuf vert bleu des autres ardéidés. Son cri est une sorte de croassement sonore qui lui a valu son nom. Il habite les contrées méridionales où il est assez commun.

CICONIDÉS. — Les oiseaux qui font partie de cette famille sont, avec les Grues, les plus grands de nos échassiers; mais c'est avec les ardéidés qu'ils ont le plus d'affinité. Ils s'en distinguent cependant par leur front et certaines parties de la tête complètement dénudés; leurs pattes sont garnies de membranes interdigitales qui se prolongent en bordure le long des doigts; enfin la couleur de leurs œufs est différente. En outre, ils sont privés de la faculté d'émettre aucune espèce de cri; lorsqu'ils sont animés par une cause quelconque, ils se contentent de faire claquer avec bruit les mandibules de leur bec l'une contre l'autre. Les ciconidés sont sociables, doux, d'un naturel triste; leur marche est grave, mais ne manque pas d'élégance; leur vol lent mais soutenu leur permet d'entreprendre de longs voyages.

La CIGOGNE BLANCHE (*Ciconia alba* Linné) est, ainsi que sa congénère, répandue dans tout l'ancien continent. Elle émigre en grandes bandes, passe l'hiver dans les pays chauds, se porte au printemps vers le Nord, où elle se reproduit et aussitôt après retourne vers le Midi. Comme elle est chargée par le Créateur de l'élimination des reptiles et des batraciens, c'est surtout dans le voisinage des grands fleuves et des grands marais qu'elle établit sa résidence d'été, en Hollande, en Allemagne et autres pays de même latitude. En Alsace, elle arrive du 10 février au 10 mars. Les mâles paraissent les premiers, en avant-coureurs, et peu après on aperçoit les femelles. La Cigogne est un oiseau doux, familier, susceptible d'une grande confiance, mais réservé avec les personnes qu'elle ne connaît pas.

Elle accepte volontiers la captivité, est capable d'attachement et aime les caresses. On la voit alors se promener gravement dans les jardins où elle ramasse les petits rongeurs, les mollusques, les insectes et les bestioles de toute sorte dont elle se nourrit ; par surcroît, elle se contente des reliefs de la cuisine.

Pour donner une idée de l'esprit de réflexion de ces oiseaux, je rappellerai que les Cigognes de Strasbourg, parties en 1870 aux premiers coups du bombardement, furent quatre ans sans revenir dans leur cité favorite. Un poëte n'eût pas manqué de dire qu'elles partageaient la douleur de leurs amis et protecteurs et qu'elles ne se sentaient pas le courage de revenir partager avec eux le deuil de la patrie perdue.

On sait qu'elles aiment à établir leur nid sur les maisons et les édifices élevés ; aussi les habitants des villes qu'elles ont choisies ont-ils grand soin de leur préparer des plates-formes sur leurs toitures ; ce sont souvent de vieilles roues sur lesquelles ces oiseaux apportent des brindilles qui constituent un nid assez semblable à l'aire des rapaces. Cependant il n'en est pas toujours ainsi ; j'ai vu non loin de Constantine une colonie de Cigognes campées sur de vieilles meules de fourrage où elles avaient établi leurs nids. La ponte est ordinairement de trois œufs blancs sans tache, mais d'un grain fin et serré qui leur donne un joli lustre.

La Cigogne noire (*Cicónia nigra* Gesner) est beaucoup plus rare et plus farouche que la précédente ; au lieu de rechercher les villes, c'est dans les forêts marécageuses qu'elle préfère se fixer. Elle a d'ailleurs le régime et les habitudes de ses congénères. Capable de supporter un long jeûne, elle peut aussi manger beaucoup lorsqu'elle trouve abondamment à se nourrir ; ainsi, j'ai compté dans le gésier d'un individu que j'ai tué sur un des étangs de le forêt de la Reine (Meurthe-et-Moselle) trente-deux grenouilles entières et certainement il y en avait autant dont l'état de décomposition empêchait d'évaluer le nombre. Cette Cigogne pond trois œufs semblables à ceux de la Cigogne blanche, mais un peu plus petits et revêtus à l'intérieur d'une pellicule d'un beau vert de mer.

La SPATULE BLANCHE (*Platalea leucorodia* Linné) est répandue dans l'ancien monde ; elle a les mœurs et les habitudes des Cigognes, mais paraît préférer le voisinage des eaux saumâtres ou salées à celui des eaux douces. Elle est surtout commune en Hollande où elle se reproduit en grande quantité ; elle suit dans ses migrations les mêmes rivages que les petits échassiers marins. Son bec large et aplati lui a valu son nom et lui permet de fouiller facilement les vases où elle trouve les vers, insectes, mollusques, crustacés, frai de poisson, dont elle fait sa nourriture. Son nid, placé comme celui du Héron pourpré sur des buissons, dans des massifs de roseaux, contient trois ou quatre œufs blancs, assez rugueux, portant quelques taches isolées d'un rouge clair assez pâle.

Les TANTALIDÉS ont les plus grands rapports avec les Hérons et les Cigognes, mais s'en séparent par leur bec allongé, étroit et arqué comme celui des Courlis, et jouissant à son extrémité d'un véritable tact. Ce sont des oiseaux migrateurs, à mœurs douces, qui vivent et nichent en société. Ils fréquentent le bord des eaux et suivent volontiers les inondations qui leur procurent plus facilement leur nourriture habituelle, vers, insectes, crustacés, mollusques, qu'ils assaisonnent souvent de végétaux aquatiques.

L'IBIS SACRÉ (*Ibis religiosa* G. Cuvier) est un bel oiseau noir et blanc ; sa tête et une partie du cou sont dénudées, ses scapulaires sont formées de plumes décomposées qui se prolongent en parures élégantes sur le dos qui est lui-même admirablement irisé de vert et de violet. Il habite l'Afrique équatoriale et arrive en Égypte au moment de la crue du Nil pour disparaître en même temps que l'inondation. Il ne quitte pas les bords limoneux du fleuve où il trouve en quantité les vers et les mollusques qui composent le fond de sa nourriture.

C'est à tort qu'on lui a prêté la spécialité de faire la guerre aux serpents, car ces reptiles habitent ordinairement les terrains secs et élevés que ne fréquente pas l'Ibis qui, d'ailleurs, ne serait pas organisé pour ce genre de chasse. Si les anciens Égyptiens lui ont voué un culte particulier, c'est uniquement parce que cet oiseau, arrivant régulièrement avec les eaux bienfaisantes qui donnent la fertilité à leurs terres et se retirant avec elles, ils ont pris l'effet pour la cause et ont honoré de leur reconnaissance celui qu'ils supposaient leur apporter un si précieux concours. On sait que les Égyptiens l'embaumaient. Les nombreuses momies de l'oiseau et celles de son produit ovarien que l'on découvre tous les jours établissent non seulement l'identité de cette espèce, mais prouvent encore que, depuis quatre mille ans, l'Ibis et son œuf n'ont pas subi la moindre modification et qu'ils sont encore aujourd'hui ce qu'ils étaient à cette époque si éloignée.

Ce fait a une grande valeur scientifique : il prouve que l'animal qui reste dans les mêmes conditions de milieu conserve sa forme primitive et ne se modifie en rien. Il indique aussi aux savants trop épris de la science du transformisme que si les animaux domestiques, soumis à la volonté de l'homme et subissant tous les changements de milieux qu'il veut leur imposer, peuvent se modifier rapidement et même se transformer complètement, ils auraient tort d'en conclure qu'il en est ainsi dans la nature lorsque les conditions restent les mêmes. Sans doute, et je le reconnais, si un oiseau pour une cause quelconque ne trouve plus dans son pays la nourriture qui lui est nécessaire et que, soumis à la loi générale de la lutte pour la vie, il émigre pour une autre région qui lui fournit les ressources indispensables, il pourra subir à la longue certaines transformations de couleurs et d'habitudes, si le sol et les conditions climatériques ne sont pas les mêmes que dans le pays qu'il a quitté, et ces modifications qu'il transmettra à ses successeurs constitueront souvent une forme nouvelle que les nomenclateurs décriront sous le nom de race locale ou même d'espèce nouvelle. Mais de là à conclure que la cellule, cette poussière de vie dont on ne donne pas d'ailleurs l'origine, deviendra un singe et ce singe un homme, il y a un monde, et la science qui voudra établir clairement cette théorie peut travailler encore pendant quelques milliers d'années au bout desquelles je doute fort qu'elle ait atteint son but.

L'Ibis sacré niche sur les arbres, dans les plaines inondées, et pond trois ou quatre œufs d'un blanc légèrement azuré, agrémentés de quelques rares petites taches d'un roux brun assez pâle.

Le FALCINELLE ÉCLATANT OU IBIS NOIR *(Falcinellus igneus)* est propre aux pays chauds et aux régions les plus méridionales de la zone tempérée de l'ancien monde. Il est d'un beau noir lustré, mais plus mince et plus svelte que l'Ibis sacré dont il a d'ailleurs le régime et presque toutes les habitudes. Il émigre en troupes quelquefois considérables, volant sur une seule ligne qui ne se rompt pas, mais ondule en zigzag dans l'espace. Il niche dans les marais boisés, comme le lac Fetzera, où il est commun. Il pond trois ou quatre œufs de forme ovée, d'un joli vert sans tache. Les Tantales comptent un assez grand nombre d'espèces réparties un peu partout, mais ayant toutes les habitudes des espèces précédentes.

Les principales sont :

Le TANTALE IBIS OU DE L'INDE qui a la taille de la Grue cendrée ;

L'IBIS ROUGE DE CAYENNE, charmante petite espèce dont la robe est entièrement d'un rouge vermillon ;

L'IBIS CHAUVE, qui doit son nom à un manque absolu de plumes sur la tête ; je l'ai tué dans les chotts ou lacs salés de l'Algérie.

C'est en allant à sa recherche, à la fin de mars 1856, que je fis, dans les circonstances les plus émouvantes, l'un des plus beaux coups de fusil de ma vie. La veille de ce jour, j'avais laissé une partie de ma caravane au caravansérail de Guetestel, n'emmenant avec moi que les hommes et les chameaux nécessaires pour le transport des provisions. Accompagné de mon fidèle Ali qui était de toutes les excursions, je gagnai après une journée de marche la pointe d'un chott qui se trouve à l'ouest de Guetestel, et je m'arrangeai pour y passer la nuit le plus commodément possible. Le lendemain au point du jour, hommes et chevaux étaient sur pied; nous commençâmes le tour du lac et, sans trouver rien de bien rare, j'étais content de cette première étape; j'avais bon nombre de captures en œufs et en oiseaux; j'avais en particulier trouvé l'Ibis chauve, nouveau pour moi, et lorsque nous fûmes arrivés dans les dunes, à l'extrémité du marais, je donnai le signal du repos. Les chameaux furent déchargés et entravés; les hommes allumèrent le feu et commencèrent les préparatifs du repas du soir, tandis que moi, assis sur une roche au milieu de mes richesses, je les mettais en ordre, donnant à chaque objet les soins nécessaires à sa conservation; car sous ce climat brûlant, le moindre retard peut exposer le collectionneur à des pertes irréparables. Quand j'eus terminé mon travail, je jouissais avec bonheur du calme de ces solitudes lorsque j'entendis courir derrière moi et j'aperçus Ali arrivant à toutes jambes : « Des *beur el ouahch*, criait-il; mets des balles. » Je me hâtai de glisser des cartouches dans mon fusil et de suivre mon guide à l'extrémité du couloir qui nous servait de refuge et je vis à peu de distance un épais nuage de poussière soulevé par un troupeau d'antilopes qui arrivaient sur nous à fond de train. Je me cachai contre le rebord du roc; Ali avait éteint le feu d'un coup de pied et recommandait aux hommes un silence absolu et j'attendis avec anxiété que mon gibier fût à bonne portée. Cependant le troupeau n'était plus qu'à cent mètres; déjà je pouvais compter les têtes, quand soudain les animaux s'arrêtent, hument l'air comme si quelque effluve leur eût décelé notre présence et changent légèrement de direction. Impossible de tirer à pareille distance, et je commençais à renoncer à l'espoir de descendre une de ces magnifiques antilopes, lorsqu'un bel animal, le plus grand de la harde et qui paraissait en être le chef, se détache de ses compagnons et vient passer à trente pas de moi en plein travers. Je visai avec soin, lui envoyai ma balle au défaut, et il roula foudroyé, tandis que le reste de la troupe disparaissait comme emporté par le vent.

J'avais entendu dire que rendu furieux par une blessure, le *beur el ouahch* est extrêmement dangereux, toutefois dans la joie de mon triomphe j'oubliai toute prudence et courus sur ma victime. Mais à la vue de son ennemi, l'antilope rassemblant ce qui lui restait de forces se releva et fondit sur moi tête baissée pour me percer de ses cornes. Je n'eus pas le temps de viser, je lui lâchai mon coup de fusil à bout portant, et cette fois il tomba mort en roulant sur mes pieds. A sa taille, et à ses armes je compris que, si mon sang-froid m'avait abandonné un instant, j'étais perdu. C'était un splendide bubale, haut comme mon cheval, au pelage brun fauve, avec la queue terminée par un bouquet de poils, et orné de superbes cornes très longues et sinueuses. Ma première balle était bien au défaut, mais un peu basse, la seconde l'avait atteint au-dessous du massacre presque au milieu de la tête. Ali, qui s'était précipité à mon secours un couteau à la main, était ravi, et mes hommes dont la joie débordait se mirent immédiatement à dépecer la bête, et passèrent la nuit à manger des grillades avec une gloutonnerie dont on ne peut se faire une idée. Le lendemain, deux gigues en sautoir, surmontées de la peau et des cornes étaient posées sur le dos d'un chameau et nous rentrions en triomphe à Guetestel, fiers de nos succès.

PHÉNICOPTÉRIDÉS. — Famille très nettement caractérisée et qui forme passage entre les échassiers et les palmipèdes. Les oiseaux qui la composent ont les tarses allongés, les habitudes et les mœurs des échassiers ; mais en même temps ils ont le bec lamellé et les pattes palmées des canards. Leur bec offre en outre une particularité, il est plié brusquement dans le milieu comme s'il était cassé. Les Flamants sont des oiseaux de toute beauté, leur plumage est en entier d'un blanc rosé, et les ailes sont d'un rouge vif plus ou moins intense selon les espèces. Ils voyagent et vivent en troupes nombreuses, et se plaisent dans les eaux basses qu'ils peuvent parcourir en marchant, et où ils trouvent les vers et les mollusques dont ils se nourrissent. Tous habitent les pays chauds, pondent des œufs blancs plus ou moins recouverts d'un sédiment calcaire comme celui qu'on remarque sur ceux des Pélécanidés.

Le FLAMANT ROSE (*Phœnicopterus roseus* Pallas) est répandu dans les parties chaudes de l'ancien continent, particulièrement à l'embouchure des grands fleuves qui se jettent dans la mer Noire et dans la mer Caspienne ; on le trouve aussi aux bouches de l'Ebre et du Rhône où il niche en colonies. Il était autrefois très commun dans cette partie de la France où le Rhône se partage

Le Flamant rose en famille.

en une infinité de bras avant d'entrer dans la mer;
mais on lui a fait une guerre si acharnée, qu'il y est
devenu très rare. Cet oiseau comme ses congénères
perd au moment de la mue toutes ses rémiges à la fois,
ce qui le met pour quelque temps dans l'impossibilité
absolue de voler, de plus, il n'est pas organisé pour
plonger, de sorte qu'à ce moment il lui est très difficile
de fuir ou de se cacher, et il devient facilement la proie
des chasseurs. Malgré la longueur de son cou et de ses
tarses, le Flamant rose est élégant et même gracieux. Il
porte en marchant le corps horizontal, et le cou agréablement ondulé. D'un naturel doux, il se sert peu de
son redoutable bec comme d'une arme offensive, mais
il l'utilise à merveille pour chercher dans la vase les petits
animaux dont il se nourrit. L'extrême mobilité de son
cou lui est alors d'un grand secours. Son nid consiste en
un monticule de boue qui ressemble à un cône tronqué,
il est élevé d'au moins trente centimètres au-dessus de
l'eau et son sommet concave reçoit deux œufs blancs
plus ou moins recouverts d'une couche crétacée très
friable.

Le FLAMANT ÉRYTHRIN (*Phœnicopterus erythrœus* Ver-
reaux) est une espèce essentiellement africaine qui
s'avance jusqu'à la Méditerranée, et fait même quelquefois des excursions à Malte. Il est très voisin du Flamant
rose mais il est moins gros, et son cou et ses pattes sont
encore plus longs et plus grêles. Il a d'ailleurs le même
régime, et des mœurs analogues.

En 1857, j'ai trouvé une troupe d'environ cent cinquante individus de cette espèce établis sur le Sebkha
Zabre, lac salé ou chott qui se trouve à l'ouest de Djelfa.

Rien n'est admirable pour un naturaliste ou un chasseur comme le coup d'œil qu'offre une bande de ces oiseaux s'ébattant au soleil; leurs brillantes couleurs, qu'ils semblent étaler avec orgueil, animent d'une façon splendide le cadre un peu sombre dans lequel ils se meuvent, et celui à qui il a été donné de contempler ce ravissant spectacle ne l'oubliera jamais.

CHAPITRE XIX

ORDRE DES PALMIPÈDES

Pélécanidés. — Rôle des Pélicans. — Cavités aériennes du Fou. — Ascension aux falaises de Dieppe. — Colonie de Cormorans huppés. — Procellaridés. — Puissance du vol de l'Albatros. — Puffins et marsouins. — Chasse aux marsouins. — L'oiseau tempête.

PÉLÉCANIDÉS. — Les pélécanidés forment une famille homogène et parfaitement caractérisée ; les oiseaux qui en font partie ont le bec fort, largement fendu et terminé par un crochet, la face en partie nue, la gorge formée d'une peau nue aussi et extensible, les tarses courts, enfin les pieds totipalmes, c'est-à-dire que les trois doigts et le pouce qui est un peu sur le côté sont réunis par une large membrane. Les pélécanidés sont grands ou très grands, bons voiliers, nageurs remarquables et vivent volontiers dans la société de leurs semblables. Ils émigrent en grandes troupes, sont des pêcheurs consommés, très voraces, qui détruisent une quantité énorme de poissons. Leurs œufs de deux à quatre ont aussi un caractère spécial, l'extérieur de la coquille est recouvert d'une couche plus ou moins épaisse d'une substance crétacée ; cette particularité ne se rencontre que dans cette famille, chez les Flamants, et chez le Balaniceps roi.

Le PÉLICAN BLANC (*Pelecanus onocrotalus* Linné) est répandu comme son congénère dans les parties chaudes et dans les régions tempérées de l'ancien monde. Il émigre en grandes bandes et se dispose sur une seule ligne, traversant les airs soit rangés en bataille, soit en monôme. Il arrive dans l'Europe orientale à la fin d'avril ou au commencement de mai, et ne regagne les contrées plus chaudes qu'à l'automne. Il remplit sur les eaux le rôle attribué sur la terre aux rapaces ; aussi vorace qu'eux, il a cependant le caractère plus doux, et n'est nullement batailleur. Il accepte volontiers la domesticité ; dans ce cas, il est à peu près omnivore, tandis qu'à l'état sauvage, il est presque exclusivement piscivore. J'ai rencontré souvent en Dalmatie des troupes nombreuses de Pélicans et quoique je ne les aie pas vus travailler, j'ai tout lieu d'ajouter foi à la narration des gens du pays qui m'ont raconté à différentes reprises la manière ingénieuse dont ces oiseaux organisent leur pêche. Lorsqu'ils ont reconnu une baie ou une anse poisonneuse, ils en ferment l'entrée en s'y rangeant sur une seule ligne, et avancent vers la terre en battant l'eau et en resserrant toujours leur cercle sans jamais le rompre ; ils refoulent ainsi le poisson vers le rivage jusqu'à ce que celui-ci, n'ayant plus assez d'eau pour fuir en plongeant au-dessous de ses ennemis, leur fournit alors une proie facile et abondante. Ils détruisent de cette façon, paraît-il, un nombre incalculable de poissons par jour. On trouve également ces oiseaux sur le bord des eaux douces ou sur les eaux salées, soit sur les lacs, soit à l'embouchure des grands fleuves de l'Orient où il niche en société. Son nid est un amas informe établi au milieu des grands massifs de joncs, il pond habituellement trois œufs de forme tantôt ovalaire, tantôt elliptique. Le poussin naît couvert d'un duvet blanc, court et soyeux qui à la main a le toucher du velours.

Le PÉLICAN FRISÉ (*Pelecanus crispeus* Bruch) diffère très peu de l'espèce précédente dont il a le régime et les mœurs. Toutefois, il pousse ses pérégrinations en Asie beaucoup plus loin que son congénère.

Le FOU DE BASSAN (*Sula Bassana* Linné) est un bel oiseau pêcheur de la haute mer. Son bec est droit et sans crochet ; il varie beaucoup dans son plumage d'un brun fuligineux dans son jeune âge ; cette nuance est ornée de nombreuses taches blanches à l'âge moyen et il devient absolument blanc à l'état adulte. Le Fou habite notre littoral, où il vit exclusivement du produit de sa pêche. Voilier de premier ordre, du haut des airs, il suit de l'œil les bandes de harengs, de sardines et autres poissons dont les écailles argentées brillent au soleil, et il les capture à la façon des Sternes, en se laissant tomber de tout son poids, la tête la première. Il niche sur les rochers, près de la mer, principalement dans le Nord, en Norwège, aux îles Féroé et même assez communément sur la partie des côtes d'Écosse, nommée Bass Roch. Sa ponte est de deux œufs blancs, de forme ovalaire et très allongés. Un épisode qui peint bien la vie intime de cet oiseau. Le 12 septembre 1878, j'étais à bord de la *Sainte-Hélène,* et nous naviguions en pleine mer par le travers de l'île Dumet (Morbihan), lorsqu'un de nos marins me signala tout à coup une épave qui flottait au loin par notre avant, mais un peu à tribord. Avec ma longue-vue je reconnus un Fou, mais sans pouvoir en distinguer la tête ; c'était peut-être un de ceux que j'avais tirés les jours précédents, aussi je fis border les voiles et porter de façon à passer au plus près. Je pris en même temps mon fusil afin d'être paré à tout événement ; nous arrivâmes ainsi à dix pas de l'oiseau que je commençais à croire mort, quand tout à coup il leva la tête, déploya ses ailes et s'envola, mais il était trop tard et je l'étalai sur la mer. Aussitôt ramassé, je le dépouillai afin de me rendre compte si quelque ancienne blessure l'avait empêché de fuir, mais je n'en découvris pas trace. Toutefois, j'ai constaté une particularité extrêmement curieuse. La peau de ce pélécanidé n'est adhérente à la chair que sur le dos, le cou, la tête et les cuisses ; dans les autres parties du corps, elle ne lui est attachée que par quelques aponévroses, d'où il résulte de larges cavités qu'il peut sans doute remplir d'air à volonté, de sorte qu'après sa pêche, pour digérer et dormir, l'oiseau peut, en gonflant ses cavités aériennes, se poser sur les flots où la lame le roule doucement, comme une mère berce son enfant.

Il est probable que le Fou n'est pas le seul oiseau qui présente ce phénomène, et il serait à désirer que les naturalistes voyageurs étudient à ce point de vue tous les individus de haute mer qu'ils auront occasion de dépouiller, afin d'éclaircir ce point intéressant.

Le Cormoran ordinaire (*Phalacrocorax carbo* Linné) est assez commun dans les régions du nord et du centre de l'Europe et de l'Asie. Il vit sédentaire sur nos côtes maritimes et ce n'est qu'exceptionnellement qu'on le rencontre sur les cours d'eau dans l'intérieur du pays.

C'est un bon voilier, mauvais marcheur, mais excellent plongeur. Il ne prend pas le poisson en le traquant comme le Pélican, ni comme le Fou, en se laissant tomber sur lui du haut des airs, mais de vive force, en le poursuivant sous l'eau avec une incroyable rapidité. Aussi, depuis longtemps, ses aptitudes ont été utilisées par les Chinois qui en ont fait un oiseau de pêche dont ils tirent grand profit. En France, un inspecteur des forêts, M. Larue, a essayé ce genre de sport avec un plein succès.

Le Cormoran commun vit et niche souvent en colonies; cependant, certains individus demeurent isolés, mais j'ai remarqué que ce sont toujours des sujets adultes, paraissant même vieux, qui ont des perchoirs où ils viennent fidèlement se reposer et digérer après leur pêche. Ils choisissent en général la pointe d'une roche isolée, une balise, une bouée à l'entrée d'un port qui leur sert en même temps d'observatoire pour surveiller les environs, afin de ne pas se laisser surprendre, ce qui, du reste, leur arrive rarement, car ils sont très méfiants. Cet oiseau se reproduit dans les cavernes, sur les rochers, ou les falaises les plus escarpées. Dans les environs de Dieppe, il niche en grand nombre avec les Goélands à manteau bleu, sur des saillies ou encorbellements naturels qui se trouvent contre les falaises à pic. Les nids sont faits sans art et posés les uns à côté des autres. Un naturaliste préparateur de ce pays, M. Lalande, avec lequel M. Hardy m'avait mis en relation, m'emmena avec lui, au printemps de 1851 ou 1852, lorsqu'il alla visiter les couvées de Cormorans, et je suivis avec beaucoup d'intérêt sa périlleuse exploration. Il se mettait dans une chaise de couvreur et se faisait descendre à bras d'hommes avec des cordes qui jouaient sur mouflettes. On comprend que la difficulté de l'opération consiste dans l'état friable de ces falaises qui se délitent en gros morceaux au moindre frottement ; aussi le voyage aérien du dénicheur n'est-il pas toujours sans danger. On trouve dans chaque nid de trois à cinq œufs d'un beau vert de mer, dont on ne distingue la couleur qu'en brisant la matière crétacée qui les recouvre en entier.

Le Cormoran huppé (*Phalacrocorax cristatus* Fabricius) a le régime et les habitudes du Cormoran commun, mais son aire de dispersion est plus étendue ; il descend plus au midi et n'est pas rare sur les côtes de la Méditerranée. Il niche en troupes, sur un grand nombre de points. Une de ces colonies s'est établie dans une caverne marine de Belle-Isle, à l'ouest de l'île, et non loin du grand phare, à un endroit que les habitants ont surnommé la *mer Sauvage*. Je n'ai pu la visiter qu'une seule fois, car on ne peut y pénétrer qu'en canot, par un très beau temps et un grand calme ; l'entrée en est étroite et défendue par des récifs au milieu desquels il est très difficile de se glisser. On le voit, la place est admirablement choisie, car il s'écoule souvent des mois entiers sans qu'on puisse y aborder.

Le Cormoran pygmée (*Phalacrocorax pygmæus* Pallas) est une petite espèce répandue dans les contrées chaudes et dans les régions tempérées de presque tout l'ancien monde. Il a le même régime que les autres espèces, mais fréquente plus volontiers les eaux douces. Il niche de même en colonies, mais place son nid sur les arbres ou dans les marais ; c'est dans ces conditions que je l'ai trouvé sur le lac Fetzara.

La Frégate marine *(Fregata marina* Barré) habite les régions intertropicales, et ce n'est qu'exceptionnellement qu'on l'a tuée en Allemagne. De tous les oiseaux de mer, c'est celui dont les ailes sont proportionnellement les plus longues et le vol le plus puissant. Elle se nourrit de poissons qu'elle pêche comme le Fou avec lequel elle a, du reste, beaucoup d'habitudes communes. Elle niche sur les rochers, particulièrement à l'île de l'Ascension, d'où j'en ai reçu des œufs. Ils sont absolument semblables à ceux du Cormoran ordinaire, mais un peu plus gros et un peu plus courts.

Le Phaéton éthéré *(Phaeton æthereus* Linné), plus connu sous le nom de *Paille en queue* qu'il doit aux deux longs brins qui dépassent sa queue, est aussi un habitant des mers tropicales qui s'est laissé capturer une fois ou deux seulement en Europe. C'est un très bel oiseau dont toutes les parties blanches sont teintées de rose vif, et qui est connu de tous les navigateurs par l'élégance de son vol. Son régime et ses mœurs sont les mêmes que ceux des espèces précédentes.

PROCELLARIDÉS. — Les oiseaux compris dans cette famille ont un bec crochu, surmonté d'un tube saillant, à l'extrémité duquel se trouvent les narines. Le pouce manque, ou n'existe qu'à l'état rudimentaire ; les ailes sont aiguës et très allongées. Les procellaridés sont des voiliers remarquables qui vont chercher au loin, sur les hautes mers, les crustacés, mollusques et poissons dont ils se nourrissent. Ils ne pondent qu'un seul œuf blanc, à coquille relativement mince et friable ; chez quelques espèces, l'œuf répand une forte odeur de musc qu'il conserve indéfiniment et qui est très caractéristique.

L'Albatros hurleur (*Diomedea exulans* Linné), connu des marins sous le nom de *Mouton du Cap*, est un habitant de l'hémisphère austral qui ne s'est égaré dans le nôtre que très rarement. C'est de tous les oiseaux de mer celui qui a la plus grande envergure, car de la pointe d'une aile à l'autre, il mesure quatre mètres et quatre mètres et demi. Tous les voyageurs sont d'accord sur la meveilleuse puissance de vol dont il jouit ; ils assurent tous qu'il peut sans fatigue apparente, suivre un navire pendant une semaine entière en se jouant autour de lui comme pourrait le faire un chien qui sort avec son maître pour une promenade. Il se repose de temps en temps sur la vague, mais regagne en quelques minutes le vaisseau qu'il veut accompagner. Je ne serais pas étonné qu'il possédât les mêmes cavités aériennes que le Fou, ce qui lui permettrait de se poser sur les flots par les plus gros temps et ce qui expliquerait la facilité avec laquelle il s'éloigne quelquefois à des centaines de lieues de toute terre. Cet oiseau est si vorace qu'on l'a comparé au Vautour ; il se nourrit de céphalopodes, de crustacés et de toute proie animale dont il peut s'emparer. Les marins en prennent facilement avec un hameçon garni d'un morceau de viande ou de lard qu'ils attachent solidement à une cordelette amarrée à l'arrière du navire, le laissant flotter dans le sillage. Il niche dans les îles désertes, particulièrement dans l'île Campbell. L'expédition astrologique française qui y fut envoyée pour observer le passage de Vénus en rapporta environ une centaine d'œufs. Comme je l'ai dit précédemment, ils sont blancs et à coquille relativement très mince. Les œufs d'Albatros présentent cette singulière particularité, qu'ils varient extrêmement de forme ; on en trouve d'ovalaires très allongés, d'autres sphériques, et ils prennent constamment les formes intermédiaires entre ces deux extrêmes.

L'ALBATROS CHLORORHYNQUE (*Diomedea chlororhynchos* Gmélin) est beaucoup plus petit que le précédent, habite les mêmes régions et a un régime et des mœurs analogues.

Le PÉTREL GLACIAL (*Procellaria glacialis* Linné) est répandu dans toute la zone glaciale. Il est à peu près sédentaire et ne descend sur les mers tempérées que lorsqu'il y est contraint par les glaces. Comme ses congénères, c'est un excellent voilier de haute mer qui ne fréquente les côtes qu'au moment de sa reproduction. Il se nourrit spécialement de crustacés et de mollusques pélagiens, mais comme il est très vorace, il sait se contenter de toute proie animale et même de cadavres de cétacés. Il pond son œuf dans les trous et dans les fissures des falaises ou des roches à pic et a la singulière habitude, lorsqu'on approche de son nid, de lancer au visiteur un jet de salive fétide, exactement comme la seiche vide sa poche d'encre. Il niche à Saint-Kilda (Hébrides), aux Féroé et plus au nord où il est même tellement commun que les indigènes prennent les petits et les salent comme provision d'hiver. Son œuf, ainsi que tous ceux du genre, a une odeur de musc très forte et très persistante.

Le PÉTREL DU CAP (*Procellaria Capensis* Linné) a le régime et les habitudes du précédent, mais il habite l'hémisphère austral et ce n'est que très accidentellement qu'il a été tué en Europe. Nos marins le connaissent sous le nom de *Damier* en raison de la disposition du noir et du blanc qui ornent ses parties supérieures.

Le PÉTREL HASITE *(Procellaria Hasitata* Kuhl), connu sous le nom de *Diable*, est une espèce asiatique très répandue dans l'océan Indien; il a toutes les habitudes de ses congénères. On l'a aussi accidentellement rencontré en Europe.

Le PUFFIN CENDRÉ *(Puffinus cinereus* Kuhl) paraît à peu près localisé dans la mer Méditerranée. Comme tous les procellaires, c'est un excellent voilier qui se tient toujours au large, sauf pendant le temps de sa reproduction ou lorsque la tempête l'oblige à chercher un refuge à terre. Il est dès lors très difficile de pénétrer la vie intime des oiseaux de cette famille et il y a encore beaucoup à apprendre sur leurs habitudes. On sait qu'ils sont très voraces et mangent de tout; ce endant ils vivent spécialement de mollusques et de crustacés pélagiens; ils ont des habitudes semi-nocturnes, mais on ignore encore comment se fait leur mue, si les mâles restent ensemble au large pendant que les femelles couvent, et bien d'autres détails que l'on ne peut connaître que par des observations continues. Les marins capturent facilement les Puffins au moyen d'un hameçon établi comme celui dont ils se servent pour l'Albatros. Ils en prennent quelquefois de grandes quantités, car j'en ai vu beaucoup sur le marché d'Alger en avril 1856 qui tous avaient été pris de cette manière. Cet oiseau niche dans les trous des rochers et spécialement sur des îlots déserts de la Grèce. Son œuf blanc et unique a l'odeur caractéristique que j'ai signalée.

Le PUFFIN MAJEUR *(Puffinus major* Faber) est un habitant de l'océan Atlantique et de la mer Glaciale dont nous connaissons peu les mœurs. Il pond un seul œuf blanc, dans les mêmes conditions que ses congénères et dans l'extrême Nord.

Le Puffin des Anglais (*Puffinus Anglorum* Ray) est répandu dans les régions froides et dans la zone tempérée de l'ancien monde. Il se nourrit comme ses congénères, mais ses mœurs sont aussi peu connues. Il est certain qu'on le trouve en haute mer et par grandes troupes pendant tout l'été, particulièrement vis-à-vis les côtes du Morbihan et celles de la Loire-Inférieure où il paraît rechercher le voisinage des marsouins dont il se fait le compagnon. J'en ai tué souvent dans ces conditions et j'ai constaté que toujours je ramassais des mâles. Ne pourrait-on pas en conclure que ceux-ci, une fois l'accouplement terminé, se réunissent en bandes, laissant aux femelles tous les soins de l'incubation et de l'élevage des petits?

La ponte est d'un seul œuf blanc; elle a lieu dans un trou de rocher, le plus souvent en Écosse, aux Hébrides et aux îles Féroé.

La dernière fois que j'eus l'occasion de tirer ces oiseaux que nos marins ne connaissent que sous le nom de Pétrels, c'était en prenant part à une chasse aux marsouins. J'y avais été gracieusement invité par M. Rogatien Lévesque, de Nantes, possesseur d'un charmant bateau à hélice armé pour ce genre de sport.

Le 4 juillet 1886, l'*Hébé* avait de grand matin quitté le Croisic, son port d'attache, et nous portait vers le nord-ouest, où nous comptions rencontrer les bancs de sardines toujours suivis des cétacés que nous cherchions.

Grâce à la finesse de formes de notre vapeur, il y avait à peine deux heures que nous marchions que nos marins signalaient à l'horizon une troupe de Pétrels qui, suivant leur dire, annonçaient les marsouins, et ils gouvernèrent dans leur direction. En effet, une bande de ces delphinidés fut bientôt en vue; ils naviguaient droit devant eux, poursuivant avec une incroyable vitesse les poissons qu'ils cherchaient à happer, montant et descendant régulièrement dans les flots et nous présentant successivement leur tête, puis leur nageoire dorsale et leur queue. C'est à l'instant précis où ils se découvrent qu'ils doivent être frappés d'une balle ou d'un harpon. Cependant, l'*Hébé* avait réglé sa vitesse et sa direction; nous nous trouvions par le travers de la troupe qui passa à l'avant du bateau sans modifier sa marche. M. Lévesque, le harpon à la main, attendait le moment favorable, lorsque l'un d'eux, arrivant à la surface, reçut en plein flanc l'engin meurtrier lancé par une main exercée. Il ne se débattit qu'un instant et déjà il etait mort, lorsque le bateau s'arrêta. Au moyen d'une corde terminée par un nœud coulant, il fut amarré par la queue et hissé à bord à force de bras. En deux jours de chasse, nous avons rentré ainsi onze marsouins dont quelques-uns avaient deux mètres de longueur et qui pesaient de trois à quatre cents livres. Nous en perdîmes aussi un certain nombre qui, tués à balle, coulèrent à pic avant qu'on eût eu le temps de les harponner.

Le Puffin Yelkouan (*Puffinus Yelkouan* Acerbi) n'est plus considéré aujourd'hui que comme une simple race méridionale de l'espèce précédente. On le rencontre sur les côtes de l'Afrique et sur la Méditerranée.

Le Thalassidrome tempête courant sur les flots

Le Puffin obscur *(Puffinus obscurus* Gmélin), que l'on a accidentellement capturé en Europe, est une espèce de l'Amérique centrale. J'ai reçu de M. Brewer l'œuf de cet oiseau, qui se multiplie assez abondamment dans les îles de Bahama.

Le Puffin fuligineux *(Puffinus fuliginosus* Strickland), lui aussi, n'est européen qu'exceptionnellement. Toutefois son aire de dispersion est très étendue; on le signale à Terre-Neuve et aux environs de la Nouvelle-Zélande. L'œuf que je possède m'a été envoyé de l'île Norfolk (Australie).

Le Thalassidrome tempête *(Thalassidroma pelagica* Linné) est cosmopolite; malgré sa petite taille, il vit constamment au large. Les marins l'ont surnommé l'*Oiseau de la tempête*. Il a reçu du Créateur le même rôle que la baleine : l'élimination des petits mollusques et crustacés pélagiens qui sont dans le Nord tellement nombreux qu'ils couvrent parfois la surface des flots et leur donnent une coloration rouge dont on a longtemps ignoré la cause. L'Oiseau-Tempête ne vient que très rarement sur nos côtes; c'est ordinairement à la suite de grands ouragans, car malgré son admirable organisation comme voilier, il ne peut pas toujours résister aux grandes perturbations atmosphériques et vient chercher un refuge sur la terre ferme. Souvent, à la suite de violentes tempêtes, la plage est semée de ces malheureux Thalassidromes qui se sont laissé surprendre par la tourmente. Cet oiseau dépose son œuf dans les trous des rochers et niche sur un grand nombre de points, car j'en ai des œufs d'Algérie, de Provence, de Bretagne, des Shetland et des Féroé. Ils sont blancs, parsemés de quelques petits points d'un rouge pâle, formant souvent couronne sur le gros pôle.

Le Thalassidrome océanien (*Thalassidroma oceanica* Kuhl) est habituellement confiné sur les côtes du sud et du centre de l'Amérique. Mais on le capture de temps en temps dans les limites géographiques de l'Europe.

Le Thalassidrome cul-blanc (*Thalassidroma leucorhoa* Vieillot) vit sur l'océan Atlantique; il niche sur les côtes d'Europe et sur celles de l'Amérique. Il a les mœurs et les habitudes de l'Oiseau des tempêtes, mais son régime est différent, car il semble rechercher les très petits poissons. En Europe, il se reproduit assez communément aux Orcades. Son œuf, d'un ovale parfait, est blanc avec quelques petits points d'un rouge pâle.

Le Thalassidrome de Bulwer (*Thalassidroma Bulweri* Jardine) est une espèce africaine, la plus grosse du genre, qu'on ne rencontre que très rarement sur les côtes d'Angleterre. Il a les mœurs et le régime de ses congénères, niche en colonies sur les îlots déserts qui avoisinent Madère et les Açores et ne pond qu'un seul œuf blanc. J'ai vu un marin en apporter chez un marchand de Londres une boîte qui en contenait deux cent vingt à deux cent cinquante qu'il nous a dit avoir trouvés en deux excursions. On voit combien l'espèce y est abondante.

CHAPITRE XX

PALMIPÈDES

— SUITE —

Laridés. — Le Stercoraire pomarin. — Le Goéland bourgmestre et le Syndic. — Vitalité du Goéland brun. — Ascension de l'aiguille de Houat. — L'œuf de la Mouette rieuse. — La Sterne Caugek et aventure de Jean-Marie. — Destruction des œufs de la Sterne Pierre-Garin. — Mœurs des Guifettes.

LARIDÉS. — Belle et intéressante famille : les oiseaux qui en font partie ont le bec comprimé, crochu et légèrement courbé, les pattes palmées, le cou court et les ailes allongées et très puissantes. La queue est variable selon les genres : les Stercoraires l'ont cunéiforme, les Goélands carrée et les Sternes habituellement fourchue. Les laridés sont propres, coquets ; ils marchent et nagent avec grâce et ont un vol élégant. Ce sont de fort mangeurs, peu difficiles dans le choix de leur nourriture, mais cherchant surtout le poisson, qu'ils pêchent avec beaucoup d'adresse. Ils nichent souvent en société, généralement dans le Nord et l'extrême Nord, font un nid peu élégant composé des matériaux mollets qu'ils peuvent trouver ; ils y déposent de deux à quatre œufs très joliment collorés et tachés, mais ne différant presque que par la taille d'espèce à espèce.

Le STERCORAIRE CATARACTE (*Stercorarius cataractes* Linné) habite comme ses congénères le cercle boréal et ne paraît sur nos côtes que lorsqu'il y est porté par la tempête ou pendant les grands hivers, quand un froid excessif le fait descendre vers les régions tempérées. Il se nourrit de toute espèce de proie animale, et comme il est glouton, hardi et entreprenant, il ne se gêne pas pour se jeter sur les Mouettes et les Sternes qu'il trouve en pêche, les oblige à lâcher le poisson qu'elles avaient pris et s'en empare sans la moindre vergogne. Ce Stercoraire se réunit au moment des amours et niche en colonies aux îles Shetland, aux Féroé, au Groenland, et place son nid sur les rochers ou sur les dunes garnies de broussailles. Ses œufs, au nombre de trois, sont d'un vert sombre ou brunâtre et marqués d'assez grandes taches d'un brun noir.

Le STERCORAIRE POMARIN (*Stercorarius Pomarinus* Temminck) diffère du précédent par un plumage plus sombre, et par une taille plus petite, quoique ses filets soient plus longs ; mais il habite les mêmes régions et a des mêmes mœurs. C'est surtout en été qu'on le trouve communément sur les côtes du Labrador où il se reproduit abondamment.

En 1872 sur la plage des Sables-d'Olonne, j'ai démonté un Stercoraire que je crois être le Pomarin. Il tombait sur une Sterne qui pêchait et qui venait de prendre un petit poisson. Mon oiseau ayant l'aile cassée un peu haut ne pouvait nager vivement, et comme la mer perdait, elle l'entraînait au large. Craignant de le

manquer, je me jetai à la nage et me mis à sa poursuite, je ne l'approchais que lentement lorsque du
rivage je m'entendis appeler avec insistance ; sans me
rendre compte des motifs qui faisaient agir mes compagnons, je rebroussai chemin, et bien m'en prit. La
lame qui me portait si facilement au large tirait de fond,
et malgré ma grande habitude de la natation, je dus
pendant dix minutes environ lutter vigoureusement
avant d'arriver aux premières vagues où je pus prendre
pied. Évidemment si j'avais continué ma poursuite plus
longtemps, il m'eût été impossible de regagner la
côte.

Si j'ai raconté ce petit incident, c'est pour prévenir les
naturalistes chasseurs qu'à mer baissante, et surtout au
voisinage des ports, il se fait un courant qui entraîne
doucement au large et que, sans s'en douter, le nageur
le plus expérimenté peut courir un vrai danger.

Le STERCORAIRE PARASITE (*Stercorarius parasiticus*
Linné) et le STERCORAIRE LONGICAUDE (*Stercorarius longicauda* Brisson) ne diffèrent des deux autres que par
leur plumage ; mais ils habitent les mêmes régions et
ont le même régime et les mêmes mœurs.

Le GOÉLAND ROSE (*Larus roseus* Macgilliwray) est certainement l'une des plus belles espèces de ce genre. Il a
les parties supérieures d'un gris perle, avec les rémiges
noires tandis que la tête et les rectrices sont d'un blanc
pur. Sa poitrine et son ventre sont d'un rouge rosé, il
porte en outre un collier noir très étroit ; enfin ses pattes
sont d'un joli rouge vermillon. Malheureusement cet
oiseau est extrêmement rare, même dans la région
arctique de l'Amérique qu'il ne quitte que très excep-

tionnellement ; on n'en compte que trois ou quatre captures en Europe.

Le Goéland blanc (*Larus eburneus* Gmélin) est répandu dans tout le nord de notre hémisphère, et visite assez fréquemment notre littoral. Les sujets adultes sont entièrement blancs, mais les jeunes portent des taches et des bandes transversales grises. Cet oiseau comme tous ses congénères se nourrit des proies animales que la mer lui fournit. Poissons, crustacés, vers, mollusques, etc. Il est moins sociable que les autres espèces, car il voyage de préférence par couples ou par petites familles. Il niche sur les rochers et sur les falaises et pond ordinairement trois œufs assez semblables à ceux des autres Goélands ; ils sont d'un vert fauve ou olive, et ornés de taches d'un gris violet ou d'un brun noir.

Le Goéland bourgmestre (*Larus glaucus* Brünnich habite l'extrême nord de l'Europe et de l'Amérique dont il s'écarte peu, car il est très rare sur nos côtes. C'est la plus grande espèce du genre. Comme presque tous ses congénères il vit en troupes, explorant sans cesse la mer qui lui fournit tous les débris animaux nécessaires à son robuste appétit. Il niche sur les plages désertes du Groenland, particulièrement aux environs d'Holbold et pond habituellement trois œufs de forme un peu allongée, colorés comme tous ceux du même genre.

Je n'ai tué cet oiseau qu'une seule fois. En 1875 le 20 avril, j'accompagnais dans son bateau M. Petit, syndic de Billiers (Morbihan) qui allait visiter une balise en réparation. Le temps était superbe avec une jolie brise, nous marchions à la voile quand j'aperçus une bande de Goélands pêchant au large. Les approcher en

évitant tout mouvement brusque fut l'affaire d'un instant ; j'allais tirer l'un des plus rapprochés lorsque
j'en remarquai un autre plus éloigné il est vrai, mais
beaucoup plus gros, que je soupçonnai être un Bourgmestre ; il devint mon objectif, et malgré la distance je
l'abattis grièvement blessé. Nous laissâmes porter sur
lui, mais au moment de le saisir, un effort l'éloigna de
nous, nous dûmes virer pour recommencer notre tenta-
tive, car n'ayant pas d'avirons nous ne pouvions baisser
la voile ; nous approchâmes une seconde, puis une troisième fois, et toujours l'oiseau nous échappait. Le
syndic aussi impatient que dévoué retire ses chaussures
et sa veste et déclare qu'à un nouvel échec il ira seul à la
poursuite du fugitif. En un instant il est à la mer en me
criant : « Baissez la voile ». Je me précipite sur la drisse,
mais elle se noue dans la poulie et me voilà parti laissant
mon ami à l'eau. Malgré la promptitude avec laquelle je
montai au mât, j'avais fait du chemin avant d'avoir
dégagé la poulie, et j'étais loin de mon compagnon. Je
fis virer le bateau à sec en me servant de la gaffe comme
d'aviron et aussitôt que j'eus repris la direction, je remis
à la voile, serrant au plus près pour revenir vers le
naufragé. Il se maintenait doucement, tenant le Goéland
d'une main, et sa vue calma mes angoisses. Enfin
j'arrivai aussi près que possible, baissai la voile et mon
ami nageant vigoureusement m'eut bientôt rejoint.
Saisissant le bordage d'une main, de l'autre il me pré-
senta l'oiseau avant de se hisser à bord. Inutile de dire
de quel poids je fus soulagé quand je le vis près de moi
dans l'embarcation et avec quelle joie je serrai la main
de celui qui venait de courir un si réel danger pour me

rendre un service. Lui au contraire, calme et souriant me disait : « J'ai cru que vous me laissiez votre Goéland comme bouée de sauvetage » ; il ajouta : « J'ai suivi votre manœuvre et admiré votre sang-froid, sans lequel j'aurais pu manquer de forces pour vous rejoindre, et boire un bouillon. »

Le GOÉLAND LEUCOPTÈRE (*Larus leucopterus* Ferber) est plus petit que le précédent avec lequel il a cependant beaucoup de ressemblance. Comme lui, il habite l'extrême Nord et ne nous visite qu'en hiver. Dans cette saison les marins en prennent beaucoup soit à l'hameçon, soit avec un piège en bois qui a la forme d'une petite fourchette dont les branches font ressort ; elles se ferment en serrant le cou de l'oiseau lorsqu'il a saisi l'amorce, et en l'étouffant arrêtent tout mouvement de sa part ; ils s'en saisissent alors sans difficulté, mangent sa chair qui à mon avis est extrêmement médiocre, et se servent de ses plumes comme de duvet.

Le GOÉLAND MARIN (*Larus marinus* Linné) est encore une grande et belle espèce connue sous le nom de Manteau noir à cause de la teinte bleu ardoisé, presque noire dont sont colorées toutes ses parties supérieures. Il habite l'Europe et l'Asie, mais il est moins septentrional que les précédents et n'est pas rare sur nos côtes. Il s'y reproduit rarement ; cependant j'ai trouvé plusieurs fois son nid, particulièrement sur les falaises de Dieppe.

Le GOÉLAND BRUN (*Larus fuscus* Linné), qui est connu aussi sous le nom de Goéland à pieds jaunes, a toutes les habitudes de ses congénères, mais son aire de dispersion est bien plus étendue, et on peut le considérer comme cosmopolite. On le trouve non seulement sur toutes nos côtes, mais encore sur les rives de la Méditerranée. La vitalité de cet oiseau et de ses congénères, ne le cède en rien à celle des rapaces avec lesquels d'ailleurs ils ont plusieurs points de ressemblance.

Un jour, je tirai sur les côtes de Rochefort un Goéland brun qui, s'étant posé et relevé plusieurs fois devant moi, m'avait paru blessé; aussi en le dépouillant je l'examinai avec soin et découvris en effet plusieurs vieilles blessures. En le dépouillant je fus suffoqué par une odeur épouvantable, puis dès que ma préparation fut terminée j'ouvris le corps pour vérifier le sexe, et il se répandit une quantité d'eau verdâtre et fétide, résultat de la corruption des intestins, du foie et des autres organes intérieurs dont il ne restait pas trace. Malgré cela le malheureux animal se défendait encore et aurait probablement vécu plusieurs jours si je n'avais mis fin à ses souffrances.

Le Goéland argenté (*Larus argentatus* Brünnich) est répandu sur toutes les côtes de l'Europe et de l'Asie. En Orient, sur le littoral méditerranéen, il est remplacé par deux races, le Goéland leucophée et le Goéland de Heuglin qui en diffèrent à peine. C'est aussi une très belle espèce dont le manteau est d'un joli gris perle bleuté. Il est méfiant comme tous ses congénères, et se laisse difficilement approcher à portée, sauf si l'on arrive près de sa couvée; lorsqu'on trouve son nid dans un îlot désert, il est habituellement posé à terre sur la plage, mais si l'oiseau niche dans les endroits fréquentés par les marins, il s'installe sur les roches, sur les falaises et dans les parties les plus inaccessibles.

Un de ces nids m'a donné beaucoup de peine à capturer ; voici dans quelles circonstances je parvins à m'en emparer.

Le 12 juin 1869, vers une heure, à bord d'une chaloupe de pêche, patron Robert, du port de Billiers (Morbihan), j'arrivais à l'île de Houat, dans le but d'explorer ce petit groupe d'îlots au point de vue ornithologique. Dès que l'embarcation fut bien assise sur ses amarres, on mit le youyou à la mer ; j'y montai avec deux marins et le mousse et nous commençâmes nos recherches. Bientôt nous remarquâmes une foule d'oiseaux qui voltigeaient autour d'une roche très élevée et aiguë qu'on nomme dans le pays une aiguille, située au nord de Houat et enveloppée de tous côtés par la mer.

Nous y abordâmes, et muni d'un solide cordeau, j'entrepris, avec le petit mousse, d'en essayer l'escalade. A l'est, elle tombait à pic dans la mer, mais à l'ouest elle était légèrement arrondie, et malgré les éboulis que nous provoquâmes plus d'une fois, nous aidant l'un l'autre dans les passages difficiles, nous arrivâmes au faîte sans accident. Après m'être emparé de plusieurs couvées intéressantes, je m'avançai du côté de l'est et découvris, sur une plate-forme au-dessous de moi, un nid de Goéland argenté, dont les parents volaient depuis quelque temps autour de nous, en poussant des cris désespérés. Ce nid renfermait trois œufs, dont un très précieux : au lieu d'être d'un vert fauve, taché de brun, comme ses compagnons, il était d'un vert bleu sans tache, aussi je résolus de m'en emparer ; mais le moyen ! J'aurais bien descendu mon mousse avec mon cordeau, mais je redoutais sa maladresse pour remonter la trouvaille, aussi, je me décidai à y aller moi-même. J'enroulai ma corde et

Goélands et Mouettes en pêche.

la nouai solidement à la pointe de l'aiguille. Je chargeai
le mousse d'en maintenir une des extrémités pour qu'elle
ne puisse se desserrer, puis saisissant l'autre bout, je
me laissai glisser sur la plate-forme où je ne trouvai que
la place juste pour poser les pieds. J'emballai mon trésor
et remontant à ma corde, je fus bientôt de retour sur le
sommet. La descente ne fut pas plus facile que l'ascension ; le petit mousse glissa sur une roche et roula à la
mer. Le youyou était là qui repêcha immédiatement le
pauvre gamin qui en fut quitte pour un bain et quelques
quolibets, mais tout fut bien vite oublié dans un verre
de cidre.

Le Goéland d'Audouin (*Larus Audouini* Payraudeau)
habite les côtes et les îles de la Méditerranée où il joue
le même rôle que le Goéland argenté sur les côtes de
l'océan Atlantique.

Le Goéland railleur (*Larus gelastes* Lichtenstein) a le
même habitat que l'espèce précédente, mais un peu plus
étendu. Il fréquente de préférence les petites mers intérieures et les grands lacs où il niche sur le sable. Ses
œufs, au nombre de trois, sont d'un blanc laiteux, couverts de taches moyennes ou petites ; les unes d'un gris
ardoisé, les autres d'un brun pâle, quelquefois rougeâtre.

Le Goéland cendré (*Larus canus* Linné) est très commun dans le nord de l'Europe et de l'Asie, et le devient
également sur nos côtes en hiver. A cette époque, on
le voit souvent dans les prairies et dans les marais peu
éloignés de la mer ; c'est ainsi qu'à la fin de l'hiver 1852,
j'en ai vu une bande composée de plusieurs centaines
d'individus, dans la vallée d'Arques, près de Dieppe.
Cette espèce niche dans le Nord, aux Orcades, aux îles

Féroé, en Islande, en Finlande, dans les mêmes conditions que ses congénères dont elle a toutes les habitudes.

Le GOÉLAND TRIDACTYLE *(Larus tridactylus)* est répandu dans tout notre hémisphère ; il niche dans le Nord et ne paraît pas, pour se reproduire, descendre plus au sud que l'Angleterre où j'ai capturé moi-même ses œufs.

Ceux-ci, tout en ayant la plus grande ressemblance avec ceux des autres Goélands, s'en distinguent toujours par une coloration cendrée un peu blafarde. Cet oiseau ainsi que les petites espèces du genre partagent avec les Sternes, l'habitude de se porter au secours de leurs compagnons, s'il leur est arrivé quelque accident. C'est ainsi que lorsqu'on a démonté un individu, toute la bande arrive à tire d'aile près du blessé, et l'on peut en tirer plusieurs avant que le reste de la troupe batte en retraite.

Le GOÉLAND LEUCOPHTHALME *(Larus leucophthalmus* Lichtenstein) commence la série des Goélands à calotte colorée de noir ou de brun, auxquels on donne spécialement le nom de *Mouettes*, bien qu'ils diffèrent si peu des Goélands sous tous les autres rapports, qu'on les a laissés dans le même groupe générique. Cette Mouette habite les régions chaudes de l'Asie et de l'Afrique et remonte quelquefois la mer Rouge pour venir visiter la Méditerranée.

La MOUETTE ATRICILLE *(Larus atricilla* Linné) qui ne visite nos contrées que très accidentellement, est un habitant de l'Amérique qui se reproduit spécialement en Floride et dans le Massachusetts.

La MOUETTE ICHTHYAÈTE *(Larus Ichthyaetus* Pallas) qui est de beaucoup la plus grande des Mouettes, habite principalement l'Europe orientale et l'Asie occidentale,

sur les lacs et à l'embouchure des fleuves. Sa nourriture
consiste surtout en poissons qu'elle pêche avec beaucoup
d'habileté. Elle pond sur le sable, trois œufs très gros,
d'un blanc ocracé et ornés de taches grises et rousses.

La Mouette rieuse (*Larus ridibundus* Linné) la plus
commune du genre, est répandue dans les régions tempérées de l'Europe et de l'Asie ; elle est peu farouche
et devient même assez familière, mais elle est souvent
querelleuse dans les jardins zoologiques dont elle anime
les pièces d'eau. Quoique pêcheur déterminé, elle n'est
pas difficile dans le choix de sa nourriture, et se contente
de toute espèce de détritus animaux. Elle est très no-
made ; on la trouve souvent en grandes bandes, sur les
lacs et sur les fleuves de l'intérieur, tout comme sur le
littoral maritime. En février 1871, le lac de Genève en
était absolument couvert, quoique le froid fût encore très
vif, et en mars 1887, j'en ai vu sur la Meuse, près de
Lérouville, une troupe que j'évalue à cent cinquante ou
cent quatre-vingts individus. Elle niche de préférence sur
les plages, à l'embouchure des grands fleuves, particulièrement en Crimée. Son œuf est l'un des plus poly-
morphes et des plus variables dans sa coloration, que
l'on connaisse. Tantôt ovale allongé, tantôt presque
sphérique, il est ou vert olive, ou fauve, ou brun clair,
quelquefois presque blanc ou légèrement bleuâtre ; il a
des taches grandes ou petites, tantôt violacées ou brunes,
d'autres fois presque noires.

La Mouette mélanocéphale (*Larus melanocephalus*
Nattérer) a de grandes ressemblances avec la précédente,
mais elle est confinée sur les rivages de la Méditerranée.
Elle niche principalement sur les côtes de la Syrie ; son

œuf qui se rapproche de celui de la Mouette rieuse est généralement plus pâle, avec le fond de la coquille d'un blanc jaunâtre.

La Mouette Bonaparte (*Larus Bonapartei* Richardson) qui est caractérisée par un capuchon d'un brun cendré, est propre à l'Amérique du Nord et n'a été recontrée en Europe qu'accidentellement.

La Mouette Sabine (*Larus Sabinei* Leach) diffère de la précédente par un étroit collier noir. Elle habite l'extrême nord de l'ancien continent ; c'est une espèce toujours rare, quoiqu'elle visite quelquefois nos rivages, car je l'ai tuée le 7 septembre 1878, sur les côtes de Bretagne où elle était en compagnie de la Sterne Caugek. C'était un jeune oiseau, dont l'estomac contenait des insectes divers et des petits poissons. Elle ne niche que dans le Nord, particulièrement au Groenland.

La Mouette pygmée (*Larus minutus* Pallas) est, comme son nom l'indique, la plus petite du genre. Elle habite l'Asie septentrionale et l'Europe orientale ; on la voit quelquefois sur les côtes bretonnes.

Le 13 juillet 1875, j'en ai trouvé cinq ou six individus au milieu d'une troupe de Sternes Caugek, qui pêchaient à l'embouchure de la Villaine. Celle que j'ai tuée avait dans le gésier un certain nombre de mouches et de petits insectes ailés, et seulement un petit poisson. La Mouette pygmée niche sur les lacs ; son œuf est vert foncé, taché de brun et ressemble beaucoup à celui de l'Hirondelle Pierre-Garin. Il varie peu, car ceux que j'ai reçus par M. Martin, des lacs salés de l'Oural, diffèrent peu de ceux que m'a envoyés M. Mewes, et qu'il avait capturés sur le lac Ladoga.

Le Noddi niais (*Anous stolidus* Linné), qui est très voisin des Sternes, a le plumage d'un brun fuligineux, excepté le sommet de la tête qui est d'un joli gris souris. C'est une espèce des mers tropicales qui s'égare très fortuitement en Europe.

La Sterne Tschegrava (*Sterna Caspia* Pallas), la plus grande du genre, est assez répandue dans les parties chaudes et dans les régions tempérées de l'ancien monde. Comme ses congénères, elle a les tarses courts, les ailes allongées et puissantes et la queue fourchue. Son vol est prolongé et élégant; elle se pose peu à terre, nage rarement et passe sa vie dans l'air comme l'Hirondelle : de là le nom d'*Hirondelle de mer* donné aux Sternes dans beaucoup de pays. La Sterne Tschegrava, comme les autres Sternes, voyage, pèche et niche en troupes. Elle pond deux ou trois œufs qu'elle dépose sur le sable ou sur les dunes au bord de la mer; quelques-unes se reproduisent sur divers points de la Turquie, d'autres en Danemark, particulièrement à l'île de Sylth. Les œufs sont d'un jaune d'ocre clair, couverts de taches de taille variable, les unes violacées, les autres brunes.

La Sterne Hansel (*Sterna Anglica* Montagu), quoique cosmopolite, n'est commune nulle part; elle a le régime de la précédente et fréquente indifféremment les eaux douces et les eaux salées. Elle niche plus habituellement dans les contrées méridionales, en Turquie, en Grèce, en Syrie, et se montre parfois de passage sur nos côtes.

La Sterne Caugek (*Sterna cantiaca* Gmelin) est très commune sur le littoral de l'Europe et sur les rivages d'Afrique; c'est par excellence une espèce voyageuse qui

n'interrompt ses migrations côtières que pendant les deux
ou trois mois qu'elle emploie à élever sa famille. On ne
la voit que très rarement sur les eaux douces, mais aussi
il est peu de littoral où on ne la rencontre. Je l'ai observée sur les côtes de la Dalmatie, de l'Afrique septentrionale, de l'Espagne, sur tous les rivages de France, de
Belgique, de Hollande et sur la Baltique. Elle niche isolément sur un grand nombre de points; d'autres fois, on
en trouve des colonies considérables comme à l'île de
Sylth où les dunes en sont littéralement couvertes. Elle
pond de deux à trois œufs extrêmement variables, mais
dont la couleur fondamentale est, comme chez la Tschegrava, d'un jaune d'ocre.

La Sterne Caugek est très sociable; elle émigre en
bandes composées non seulement d'individus de son espèce, mais encore d'autres Sternes; elle s'associe même
avec les Mouettes pygmées et les Mouettes Sabine.

Au moment du passage de ces oiseaux, en août 1882,
je fis un petit voyage d'exploration sur les côtes de Bretagne; j'étais à bord de ma chaloupe la *Sainte-Hélène*,
nous avions laissé à la remorque un canot qui nous servait à visiter les endroits plats où la chaloupe ne pouvait
atteindre et aussi à ramasser plus facilement notre gibier,
et cette circonstance bien simple faillit devenir la cause
d'un affreux accident.

Comme il ventait bonne bise, la *Sainte-Hélène* marchait rapidement, mais le canot, repoussé de temps en
temps par le remous, venait frapper contre la chaloupe
et il pouvait en résulter quelque avarie; aussi, pour pa-
rer à cet inconvénient, on y fit descendre le plus vieux
des matelots qui, armé de sa gaffe, maintenait la frêle

embarcation à distance et évitait les chocs. Le canot était armé à l'ordinaire, sa voile baissée, les avirons dans le fond et son ancre, dont la chaîne était enroulée, posée à l'avant. J'avais à bord toute ma famille dont chacun des membres me seconde dans mes préparations, et le syndic des gens de mer de Billiers qui avait obtenu un congé pour m'accompagner dans cette excursion de cinq ou six jours seulement.

Déjà nous avions passé entre Hoedic et les Cardinaux ; nous étions en vue de Belle-Isle et, avec la longue-vue, j'observais les pêcheurs de thons qui profitaient de cette belle brise pour tendre leurs lignes, lorsqu'un bruit de chaînes me fit tourner la tête. Le syndic se précipitait sur une hache et coupait l'amarre du canot, tandis que le vieux Jean-Marie pesait de toute sa force sur la chaîne de son ancre, avec le calme que donne aux marins l'habitude du danger. Nous virâmes pour nous rapprocher du petit bateau qui, en un instant, était resté à une grande distance de sa chaloupe ; un de nos marins y descendit, aida le vieux à remonter son ancre, et ce fut seulement alors qu'on nous expliqua que l'amarre, ayant accroché l'une des extrémités de l'ancre du canot, l'avait précipitée dans la mer. Si elle avait mordu et si le syndic n'avait immédiatement coupé le filin, le frêle esquif, accroché d'un côté et fortement entraîné de l'autre, eût été infailliblement brisé et le marin, ne sachant pas nager, aurait eu comme tant de ses compagnons la mer pour tombeau.

Lorsque je fis compliment au syndic de son sang-froid, il me répondit tranquillement : « Il n'y avait pas autre chose à faire », et, détournant la conversation, il ajouta : « Si j'avais de l'amorce, vous verriez la belle pêche aux maquereaux que nous ferions ici. »

La STERNE VOYAGEUSE (*Sterna affinis* Rüppel) et la STERNE BERGE (*Sterna Bergii* Lichtenstein) sont des espèces propres à l'océan Indien ; elles ont les mêmes mœurs que les précédentes et s'avancent quelquefois par la mer Rouge jusque dans l'Europe orientale.

La STERNE PIERRE-GARIN (*Sterna hirundo* Linné) est connue dans tout notre hémisphère. C'est surtout sur les côtes des régions tempérées qu'on rencontre cette gentille espèce autrefois si commune, mais qui devient rare depuis que la mode a mis ses ailes à prix. Elle vit en troupes comme la plupart des Sternes, se montre familière là où elle n'est pas tracassée, crie constamment et anime nos côtes où on la voit toujours en mouvement pour pêcher les petits poissons et les bestioles dont elle se nourrit. Elle niche en abondance sur notre littoral où elle pond à nu sur le sable des dunes ou des plages élevées quelquefois deux, plus souvent trois œufs. Quand elles se sentent protégées, les Pierre-Garin placent leurs nids à peu de distance les uns des autres ; ainsi dans les dunes de Saint-Quentin (Somme), qui sont sévèrement gardées, j'ai compté 150 nids dans moins de dix ares de terrain. Malheureusement il n'en est pas ainsi partout ; dans beaucoup de pays, on les ramasse pour les manger ; j'ai vu des enfants en rapporter un grand panier d'une seule promenade, et il est à craindre que, si l'on continue à tolérer cette chasse inconsidérée, l'espèce ne diminue promptement. Ces œufs varient beaucoup ; ils sont ou vert olive ou jaune fauve, quelquefois d'un blanc sale et plus ou moins couverts de taches d'un gris cendré ou d'un brun plus ou moins foncé. Les poussins, charmants comme tous ceux du genre, naissent couverts de duvet, sont vifs et alertes, mais n'abandonnent le nid que lorsqu'ils peuvent voler.

La STERNE DOUGALL (*Sterna Dougalli* Montagu) a la plus grande ressemblance avec la Pierre-Garin, dont elle diffère surtout par son bec entièrement noir. Elle habite l'Europe et l'Amérique septentrionale; quelques petites colonies se reproduisent sur les côtes d'Angleterre et de Bretagne, mais elles sont nomades et ne reviennent pas périodiquement aux mêmes lieux. J'avais trouvé la Dougall assez abondamment à Hoédic (Morbihan) et, lorsqu'en 1886 je suis retourné dans ces parages, c'est à peine si j'en ai vu un couple ou deux, reconnaissables à leur vol plus élevé et à leur cri moins aigu que celui de la Pierre-Garin. Les œufs sont semblables à ceux de cette dernière, mais un peu moins gros et un peu plus allongés.

La STERNE PARADIS (*Sterna paradisea* Brünnich) diffère de la Pierre-Garin par son bec rouge et ses tarses plus courts. Elle habite le cercle Arctique et, dans ses pérégrinations, descend moins au sud que celle-ci; aussi est-elle rare sur nos côtes, où elle ne se reproduit jamais. Elle niche en Islande, au Groenland, au Labrador et pond trois œufs absolument semblables à ceux de la Pierre-Garin.

La STERNE NAINE (*Sterna minuta* Linné) est, ainsi que son nom l'indique, la plus petite du genre. Elle habite les régions chaudes et les rivages tempérés de l'Europe et de l'Afrique. Elle voyage, niche et pêche en colonies comme les espèces précédentes, comme elles aussi gobe beaucoup d'insectes. Ses œufs, presque toujours au nombre de trois, sont d'un blanc jaunâtre ou verdâtre, marqués de petits points bien détachés, les uns gris, les autres d'un brun assez vif. La première fois que je pris ces œufs, c'était en juin 1861, sur un îlot appelé Bélair, situé sur la côte bretonne vis-à-vis Penétan. Le nid était presque en haut de la falaise, et lorsque je m'en fus emparé, je remontais au sommet, quand tout à coup le terrain sableux et friable s'éboula, m'entraînant dans sa chute. Je roulai de plusieurs mètres sans me faire aucun mal et, chose plus heureuse, sans que les trois œufs que j'avais dans la main eussent la moindre fissure.

La STERNE FULIGINEUSE (*Sterna fuliginosa* Gmélin) qui habite toutes les mers tropicales, ne s'égare qu'accidentellement en Europe. Son œuf est très joli ; il est d'un blanc jaunâtre ou rosé et taché de points violets ou d'un rouge brun.

La STERNE ÉPOUVANTAIL (*Sterna fissipes* Linné) fait partie d'un groupe qui préfère les eaux douces aux eaux salées, et dont quelques auteurs ont fait le genre Hydrochelidon, caractérisé par une queue moins échancrée et des palmures moins étendues que celles des autres Sternes. Elle est répandue sur les lacs et sur les étangs des régions tempérées de l'ancien monde. Elle émigre dans le Nord, nous arrive au mois de mai pour se reproduire et nous quitte en août. Elle se nourrit de petits poissons, de frai et d'insectes.

Lorsqu'une colonie est établie sur un étang et que l'on désire se procurer des œufs, rien n'est plus facile ; les oiseaux se chargent de vous indiquer eux-mêmes leurs nids en multipliant leurs cris lorsque votre barque en approche.

C'est ainsi que le 30 mai 1888, en une demi-heure, j'en ai découvert un certain nombre, sur l'étang de la Grande-Brunessaut (Meuse). Ils étaient établis les uns à côté des autres, au milieu de l'étang, tantôt sur de vieux joncs flottants, tantôt sur des feuilles de nénuphar ; ils étaient plats, flottants, et formés seulement de quelques joncs ; ils contenaient chacun deux ou trois œufs d'un jaune fauve et en partie couverts par de grandes taches d'un brun noir.

La Sterne leucoptère (*Sterna nigra* Linné) habite aussi l'ancien monde, mais sous une latitude plus méridionale que la précédente dont elle a, d'ailleurs, le régime et les habitudes ; elle est assez répandue sur les lacs algériens, mais c'est surtout dans l'Europe orientale, en Hongrie, en Turquie et en Crimée qu'on la trouve en abondance. Ses œufs ressemblent absolument à ceux de la Sterne épouvantail.

La Sterne moustac (*Sterna hybrida* Pallas) a le régime, les mœurs et l'habitat de la Leucoptère ; toutefois, elle paraît s'avancer un peu plus vers le nord. M. Lescuyer l'a trouvée nichant dans la Haute-Marne, comme moi-même je l'ai observée sur l'étang de Vargevaux (Meuse). Ses œufs, un peu plus gros que ceux de la précédente, sont d'un vert assez clair, et parsemés de petits points d'un brun noir.

CHAPITRE XXI

PALMIPÈDES

— SUITE —

Anatidés. — Généralités. — Le Cygne sauvage. — Chasse aux Cygnes. — Hivernage de l'Oie sauvage en Lorraine. — Chute des anatidés. — Panthières pour Oies et Canards. — Casarcas. — Chasse des désailés. — Mœurs des Sarcelles.

ANATIDÉS. — Les oiseaux compris dans cette famille, sont caractérisés par un corps lourd, assez massif; par des tarses courts, souvent placés à l'arrière du corps, et par un bec aplati, garni de lamelles. Leurs ailes aiguës ne sont pas très longues par rapport à leur taille, mais elles sont nerveuses et robustes, de sorte que si ces oiseaux ne peuvent s'enlever vivement et sont lents à prendre leur essor, du moins une fois lancés ils avancent rapidement et peuvent fournir une longue course. Tous nagent à merveille, quelques-uns même sont d'habiles plongeurs. Les anatidés sont très recherchés pour leurs plumes, leur duvet et leur chair qui est toujours comestible, et quelquefois très délicate ; aussi les chasseurs leur font-ils une guerre sans merci. Heureusement que leur multiplication est très abondante et qu'ils peuvent réparer facilement les pertes que la chasse leur fait subir. Les œufs, de forme ovée, sont unicolores, blancs, plus ou moins teintés de vert ou de jaune.

Le CYGNE SAUVAGE *(Cygnus ferus* Ray) habite l'Europe, l'Asie et l'Afrique septentrionale. Chacun connaît ce magnifique oiseau dont la mythologie s'est emparée et qui fut célèbre par sa beauté dès la plus haute antiquité.

Cependant, si on le surprend pendant les courts instants qu'il passe sur la terre ferme, il ne répond certes pas à l'idéal que nous ont fait rêver les poètes ; il est lourd, gauche, marche péniblement, se défend à peine contre ses ennemis ; la course lui est impossible ; son unique moyen d'attaque est dans la force de ses ailes, dont un seul coup peut casser la jambe à un homme : j'ai été témoin du fait. Mais que ce même oiseau regagne son élément, l'éclat immaculé de son plumage se détache sur la transparence de l'onde ; ses ailes relevées au vent et arrondies comme les voiles d'un navire l'aident à nager sans effort apparent, de sorte qu'il semble glisser naturellement sur l'eau ; son cou long et ondulé, rejeté en arrière, enfin, tous ses mouvements empreints de douceur et de grâce, en font certainement le plus splendide et le plus élégant des palmipèdes qui ornent nos pièces d'eau. Il n'a pas de chant, quoi qu'en aient dit les poètes, mais seulement un cri qui consiste dans une sorte de gloussement sonore.

Son régime très varié est emprunté au règne végétal et au règne animal. Lorsqu'il pâture ou qu'il poursuit quelque proie vivante, il ne plonge pas, mais allonge le cou et immerge toute la partie antérieure du corps de telle façon que de l'extrémité du bec au bout de la queue, il forme une ligne absolument verticale, et il peut ainsi atteindre à une profondeur de 50 à 60 centimètres.

Le Cygne sauvage habite indifféremment les eaux douces ou les lacs salés. Ceux qui se reproduisent dans le Nord, émigrent en hiver, et c'est alors que nous les voyons sur nos côtes ou sur nos eaux intérieures ; mais ceux qui sont établis dans le Midi, sur les lacs algériens en particulier, sont à peu près sédentaires. Tous les Cygnes perdent, à l'époque de la mue, toutes leurs rémiges à la fois, ce qui les prive momentanément de la faculté du vol et les met à la merci de leurs ennemis ; ne pouvant plonger, et se cachant difficilement à cause de leur taille et de leur couleur, ils se laissent alors approcher par les indigènes qui en détruisent une grande quantité. Leur nid est placé sur un îlot ou à son défaut sur l'eau, au milieu des fourrés de roseaux. C'est un amas informe de joncs, arrondi sans art et sur lequel la femelle dépose de six à huit œufs d'un blanc légèrement ocracé.

Les Cygnes sont couverts d'un épais duvet, très soyeux ; aussi leur peau, comme celle des Grèbes est-elle très estimée des fourreurs. Les indigènes les recherchaient autrefois pendant toute l'année sur les lacs de l'Algérie, mais aujourd'hui, cette chasse est heureusement soumise à un règlement protecteur. Pour les approcher, les Arabes avaient recours à un stratagème assez ingénieux : ils se couvraient la tête et le haut du corps avec des joncs dressés et attachés autour d'eux, puis s'avançaient dans le lac, soit courbés, soit debout, suivant les circonstances, et marchaient avec une sage lenteur dans la direction des oiseaux qu'ils convoitaient ; habituellement ils arrivaient ainsi à portée. Il fallait cependant au chasseur une certaine dose d'énergie pour se livrer à cet exercice, car il était exposé à la morsure des sangsues très communes en ce pays, et à la piqûre d'un insecte venimeux, connu sous le nom de *gale d'eau*, dont il est extrêmement difficile de se préserver.

Le Cygne de Bewick (*Cygnus minor* Pallas) qui est sensiblement plus petit que l'espèce précédente, habite les mêmes régions, a les mêmes mœurs et le même régime, mais ne se reproduit jamais en Afrique.

Le Cygne tuberculé (*Cygnus mansuetus* Ray) est caractérisé par le tubercule charnu qu'il porte sur le front. Il habite l'ancien monde, et c'est lui qui a fourni la race qui orne les eaux de nos parcs, et celle de nos jardins zoologiques. Le Cygne sauvage doit fréquenter volontiers le Cygne domestique, car il y a environ vingt ans, j'avais dans mon jardin un couple de ces oiseaux, et un jour d'hiver, la personne chargée de leur porter la nourriture, fut très surprise de voir s'enlever, à vingt pas d'elle seulement, cinq autres Cygnes dont elle distingua parfaitement le bec jaune et qui étaient bien des Cygnes sauvages. Le Cygne tuberculé mange beaucoup d'herbe et purge en peu de temps les eaux sur lesquelle il habite de toutes les plantes aquatiques qui les encombrent. Son régime est d'ailleurs celui de tout le genre. Il niche non seulement dans tout le Nord, mais aussi en Algérie où j'ai trouvé son nid sur le lac Haloulach, en 1854. Ses œufs, au nombre de six à huit, ont une coquille épaisse, rugueuse, souvent crétacée et teintée de vert clair.

On voit maintenant, chez les particuliers comme dans les jardins publics, plusieurs espèces de Cygnes exotiques. Les plus curieux, ceux dont l'existence a été longtemps mise en doute sont certainement les Cygnes noirs d'Australie qui se multiplient très bien en domesticité et qui font mentir le proverbe : blanc comme un Cygne.

L'OIE HYPERBORÉE (*Anser hyperboreus* Pallas) habite l'hémisphère boréal et n'est que rarement de passage dans l'Europe orientale. Elle est entièrement blanche, à l'exception de ses rémiges qui sont noires. Elle forme en quelque sorte passage des Cygnes aux Oies ; comme celles-ci elle a le bec relativement étroit, les tarses élevés, placés presque au milieu du corps, en sorte qu'elle marche facilement, quoique sans grâce. Comme ses congénères, elle va peu à l'eau, si ce n'est pour boire et faire sa toilette, elle préfère marcher pour pâturer les herbes qui constituent sa principale nourriture, et pour ramasser les insectes et les mollusques qu'elle est loin de dédaigner. Elle niche dans l'extrême Nord, et son œuf que j'ai reçu de l'Amérique septentrionale est blanc, sans caractère spécial.

L'OIE CENDRÉE (*Anser cinereus* Meyer) est répandue en Europe et en Asie. C'est un oiseau farouche, méfiant très difficile à approcher, hargneux avec les autres oiseaux, mais sociable avec ses congénères. C'est de cette espèce que descendent nos races domestiques qui ont conservé les caractères primitifs de leurs ancêtres. L'Oie cendrée passe au commencement du printemps, gagne le nord de l'Europe où elle se reproduit, et repasse à la fin de l'automne pour se rendre dans le Midi. Comme tous les oiseaux de ce genre, elle émigre en bandes formant habituellement un angle aigu et suivant de pré-

férence le littoral maritime. En été elle perd momentanément la faculté du vol par la chute simultanée de ses
rémiges. Il est probable qu'il en est de même pour ses
congénères.

L'Oie sauvage (*Anser sylvestris* Brisson) est aussi une
habitante de l'Europe et de l'Asie. Elle se reproduit dans
l'extrême Nord et pond de huit à quatorze œufs blancs,
semblables à ceux de l'espèce précédente dont elle a
aussi le régime ; mais elle en diffère un peu dans ses
habitudes.

Ainsi dans ses migrations au lieu de suivre le littoral
maritime, elle arrive par l'intérieur du pays où elle se
cantonne sur divers points pour passer l'hiver. Jamais elle
ne descend aussi au midi que l'Oie cendrée elle s'arrête
dans les régions plus tempérées. C'est ainsi que chaque
année à date fixe, elle arrive dans les premiers jours d'octobre s'établir par bandes de trois à quatre cents individus sur le pourtour de l'étang du Stock, près Langatte,
arrondissement de Sarrebourg. Cet étang appartient à la
marquise de Turgot, et a une superficie d'environ deux
cents cinquante hectares. Quoiqu'il y ait dans le pays
d'autres pièces d'eau plus considérables, celle-ci seule a
la spécialité d'attirer les Oies sauvages qui ne s'établissent jamais ailleurs. Elles repartent pour le Nord également à époque fixe, au commencement de mars. Pendant l'hiver elles se nourrisent d'herbes, de jeunes
pousses de céréales, de mollusques fluviatiles de graines
de roseau et de plantes aquatiques, particulièrement
d'une ombellifère qui croît dans les étangs et qui est
connue vulgairement sous le nom de carotte sauvage.
Lorsque la gelée a couvert l'étang d'une couche de

glace et que la terre est ensevelie sous la neige, il est très probable que la grande troupe se divise en petites bandes qui se portent sur les ruisseaux d'eaux vives, car ce n'est qu'alors que nous voyons l'Oie sauvage dans nos régions et que nous la tirons à la chute.

Voici en quoi consiste ce genre de chasse. Quand le froid est très vif surtout si le sol est couvert de neige, le chasseur part au coucher du soleil et va se placer à l'affût près d'un ruisseau, sur lequel il sait que s'abattent les Oies et les Canards sauvages. Il se dissimule le mieux possible contre un tronc de saule, un buisson d'épine ou un poteau, se couvre d'un vêtement blanc, et attend immobile, le fusil à la main. Dès que le crépuscule commence, les anatidés se mettent en mouvement, et aussitôt que le chasseur entend le sifflement d'aile caractéristique, il porte le fusil à l'épaule sans attendre qu'il aperçoive le gibier qui est à portée dès qu'on le distingue. Quand la troupe au lieu de passer sur la tête du tireur s'abat à ses pieds ce qui arrive souvent lorsqu'il a bien choisi sa place, il doit attendre que les oiseaux repliant à moitié leurs ailes étendent leurs pattes pour se poser et forment une masse confuse; d'un seul coup il peut faire une chasse superbe. J'ai connu un vieux garde, le père Roth, qui a rapporté un jour six Oies sauvages tuées dans ces conditions d'un seul coup de fusil.

L'OIE A BEC COURT (*Anser brachyrhynchus* Baillon) qui ne diffère de l'Oie sauvage que par un bec plus court en a le régime et les mœurs, mais semble spécialement confinée dans l'Europe septentrionale et dans l'Europe orientale.

L'Oie a front blanc (*Anser albifrons* Gmélin) et l'Oie naine (*Anser erythropus* Linné) qui ne diffère de la première que par une plus petite taille habitent toutes deux la zone boréale et se répandent en hiver dans l'Europe tempérée. Elles ont d'ailleurs les mœurs et les habitudes des espèces précédentes, et sont les dernières du genre à plumage cendré. Celles dont nous allons parler et que beaucoup d'auteurs classent sous le nom de Bernaches ont un plumage noir ou roux.

L'Oie bernache (*Anser leucopsis* Bechstein) est répandue en Europe et en Asie. En été elle habite l'extrême Nord où elle se reproduit, et arrive en hiver sur nos côtes maritimes en bandes quelquefois considérables; mais elle est extrêmement rare sur les eaux intérieures. Son régime et ses mœurs sont peu différents de ceux de ses congénères ; son œuf cependant est à pores plus serrés, et par conséquent la coquille en est plus lisse; elle est d'un blanc teinté de jaunâtre. On prend en hiver sur nos côtes maritimes un grand nombre de Bernaches au moyen de grands filets à larges mailles que l'on nomme panthières. On les tend le soir à fleur d'eau en les maintenant perpendiculairement au moyen de perches plantées de distance en distance. A la chute du jour les Bernaches s'y jettent et se boursent. Les tendeurs prennent de même des Goélands et différentes espèces d'Oies et de Canards dont ils fournissent les marchés de Paris et ceux des grandes villes.

L'Oie cravant (*Anser brenta* Brisson), qui doit son nom à la tache cendrée qu'elle porte sur le côté du cou, habite l'hémisphère boréal et visite quelquefois nos côtes en hiver, mais plus rarement que la précédente dont elle a, d'ailleurs, les mœurs et les habitudes. Elle se reproduit au Spitzberg et son œuf ne diffère pas sensiblement de celui de la Bernache.

L'Oie a cou roux *(Anser ruficollis* Pallas) est un oiseau de l'Asie septentrionale que l'on voit quelquefois, mais rarement dans l'Europe orientale. Elle porte sur la poitrine un large plastron d'un roux vif; c'est une des plus jolies Bernaches ; elle a les mœurs et les habitudes de ses congénères.

L'Oie d'Egypte *(Anser Ægyptiaca* Linné) forme passage des Oies aux Canards dont elle se rapproche par son bec élargi et une sorte de miroir sur l'aile. Elle habite l'Afrique et lors de ses migrations, visite régulièrement l'Europe orientale. Elle niche en Afrique, dans les broussailles immergées par les eaux douces ou sur les lacs salés ; elle pond de six à huit œufs, semblables à ceux des Bernaches, mais un peu plus gros. L'Oie d'Égypte vit très bien en captivité et s'y reproduit comme presque toutes les Oies; mais, ainsi que les belles espèces exotiques acclimatées, elle a le défaut d'être hargneuse et méchante avec tous les autres oiseaux de basse-cour qu'elle poursuit et tue sans pitié quand elle le peut; aussi est-on obligé de l'enfermer dans des enclos particuliers.

Le Canard tadorne *(Anas tadorna* Linné) habite les parties chaudes et les régions tempérées de l'ancien monde. C'est encore une espèce de transition. Il est élevé sur pattes comme l'Oie d'Egypte dont il porte les couleurs, mais il a le bec aplati des Canards, la mandibule supérieure recouvrant la mandibule inférieure et le miroir qui caractérise les Anas. Il préfère les eaux salées aux eaux douces, et on le trouve, mais en petit nombre, sur tout le littoral de l'Europe occidentale. Il vit par couples ou en petites familles et ne se réunit jamais en grandes bandes comme ses congénères. Il a, comme ceux-ci, une nourriture très variée : herbes, graines, insectes, mollusques, vers et petits crustacés lui conviennent également ; enfin, il a aussi un genre de nidification spécial. Son nid n'est pas découvert comme ceux des autres anatidés, mais placé dans un trou, dans les falaises ou dans des terriers de lapins, sur des dunes qui avoisinent la mer. Ses œufs dont le calcaire est serré, gras et lisse comme ceux des Canards en général sont légèrement teintés de jaune.

CANARD CASARCA (*Anas casarca* Linné). Tout ce que j'ai dit du Canard Tadorne peut s'appliquer également au Casarca ; toutefois, celui-ci a des habitudes plus méridionales et préfère les eaux douces aux eaux salées. Il est commun près de la mer Caspienne et dans l'Europe orientale, et n'est pas rare en Algérie. Je l'y ai trouvé en plusieurs endroits et déniché au commencement de mai 1856 dans les dunes qui avoisinent le lac de Bouquezoul. Le nid, très grossièrement établi, était placé au fond d'un petit terrier, à soixante centimètres de profondeur, et contenait huit œufs semblables à ceux du Tadorne, mais un peu plus petits. Le déblai de sable qui se trouvait à l'entrée paraissait assez frais et me fait supposer que, si l'oiseau n'a pas creusé lui-même le terrier, du moins il a dû l'agrandir. J'ai d'ailleurs remarqué d'autres trous dans le voisinage de celui-ci, mais ils étaient plus petits et devaient avoir été creusés par des lapins ou par des gerboises, quoiqu'il n'y en ait encore que très peu dans ces régions, car on sait que ces gracieux et intéressants mammifères ne sont communs que dans les plaines plus méridionales.

Le CANARD SOUCHET (*Anas clipeata* Linné) habite toute l'Amérique septentrionale, l'Europe et le nord de l'Afrique. Son bec, dont l'extrémité est très élargie, lui a fait donner par quelques auteurs le nom de Spatule. Il émigre par bandes, passe à la fin de février et on le revoit en novembre. Il se reproduit sur un grand nombre de points en Europe. Je l'ai trouvé en 1878 près de Billiers (Morbihan), dans des marais salants dont l'exploitation avait été abandonnée. Son nid était établi au milieu de massifs de perce-pierre. La ponte est de douze œufs d'un blanc olivâtre. Le Souchet recherche surtout les eaux vaseuses où il peut faire une ample moisson de vers et d'insectes aquatiques qu'il préfère à toute autre nourriture ; aussi sa chair est-elle très fine et très recherchée ; il atteint toujours un prix assez élevé sur les marchés de Paris où il est connu sous le nom de Rouge de rivière.

Le CANARD SAUVAGE (*Anas boschas* Linné) est cosmopolite ; il fréquente toutes les eaux, mais il préfère les eaux douces. Quelques-uns sont migrateurs, d'autres sédentaires ; c'est ainsi qu'en France, sur beaucoup de points, ils ne quittent jamais la région qu'ils ont choisie, tandis qu'ailleurs, ils sont simplement de passage à la fin de novembre et dans les derniers jours de février.

Le régime du Canard sauvage est très varié : insectes de toute sorte, reptiles, poissons, frai, herbes aquatiques, graines, semences de roseau, tout lui convient. En hiver et au printemps, alors qu'il est en robe de noce, c'est un superbe oiseau aux couleurs vives et tranchées, avec des reflets irisés de toute beauté. La nuance de son cou l'a fait surnommer Col vert par les chasseurs. Il est très sociable avec ses congénères, aime à vivre en troupes et on le voit très rarement seul. Très fin et très rusé, il se laisse difficilement approcher et déploie une très grande habileté pour se dissimuler, lorsqu'à l'époque de la mue, par la chute simultanée de ses rémiges, il perd momentanément la faculté du vol. Dans deux notes parues dans le *Bulletin de la Société zoologique de France* pour 1884 et 1886, j'ai signalé avec détails et preuves à l'appui, ce fait très curieux, que le mâle seul est soumis à cette mue complète, tandis que la femelle, ne perdant ses rémiges que les unes après les autres, conserve toujours la faculté de voler. La nature l'a voulu ainsi, parce qu'elle seule est chargée de l'éducation des petits dont le mâle ne s'occupe en rien ; elle devait donc conserver tous ses moyens de défense pour élever sa nombreuse progéniture. La Cane place habituellement son nid sur le bord des étangs, dans les parties les plus épaisses des joncs et y pond de dix à douze œufs d'un blanc verdâtre. Les canetons parvenus à peu près à leur taille, prennent le nom de Halbrans, et les mâles en mue, celui de Désailés.

En Lorraine, on les chasse en battue, au mois de juillet, par un procédé peu connu, souvent très fructueux, et que je décrirai sommairement. Lorsque, au jour fixé, chasseurs et traqueurs sont réunis sur l'étang, les rabatteurs se disposent en ligne dans toute la largeur de la haie de roseaux qui borde un des côtés de l'étang et marchent lentement en bataille, afin de pousser devant eux le gibier non volant. Deux barques sont montées chacune par un chasseur placé à l'avant et par un conducteur qui doit la diriger sans quitter l'arrière. Une de ces embarcations se dissimule sur la lisière des joncs, à cent mètres environ en avant, tandis que l'autre côtoie les roseaux à la hauteur des traqueurs qui doivent être accompagnés d'un bon chien ; un chasseur à pied suit le bord du bois. Tout Canard volant s'enlève et peut être tiré par un des fusils ; les autres arrivent à la queue de l'étang, c'est-à-dire dans cette partie peu profonde où cessent les joncs et qui est couverte d'herbes aquatiques. Les chasseurs, munis de bottes de marais, descendent des barques et s'intercalent entre les rabatteurs, cernant le gibier entre eux et la terre.

C'est alors que les malheureux fugitifs déploient toute leur adresse pour rompre le cercle fatal. Les uns plongent, les autres cherchent à gagner le bois à pied et sont alors souvent pris par le chien ; quelques-uns à bout de forces remontent sur l'eau ne laissant émerger que la tête qu'ils cachent sous une feuille de nénuphar à peine soulevée, et un œil bien exercé peut seul l'y découvrir, d'autres réussissent à s'échapper et à gagner la haie de roseaux opposée à celle qui a été traquée. Chasseurs et traqueurs ayant terminé cette première partie de la chasse reprennent leur ligne de bataille pour redescendre les joncs sur l'autre flanc de l'étang, dans l'ordre qu'ils ont suivi au départ, mais en sens inverse et ramènent ainsi à la chaussée le gibier qui avait échappé à leurs recherches. Quelquefois, un Désailé poursuivi de trop près se hasarde à quitter les roseaux et à traverser la claire eau pour chercher un refuge de l'autre côté, mais s'il est aperçu c'est alors une lutte de vitesse entre la barque la plus rapprochée de l'oiseau et le fugitif. Le mérite du nautonnier est alors de juger à la manière dont le Canard a plongé la direction où il devra reparaître, et d'y lancer son embarcation.

Cette poursuite est palpitante d'émotion et souvent le fuyard ne doit son salut qu'au manque de sang-froid du tireur qui lui envoie cinq ou six coups de fusil sans lui faire aucun mal parce qu'il se hâte trop et ne calcule pas que les deux tiers au moins de l'oiseau étant sous l'eau et protégés par elle, s'il ne vise pas à vingt centimètres au-dessous du but, il le manquera infailliblement.

Cette chasse est très productive, autrefois on citait des jours d'ouverture où l'on avait rapporté cent vingt ou cent cinquante Canards, à deux ou trois fusils ; mais aujourd'hui on regarde comme une belle chasse la capture de trente ou quarante de ces oiseaux en une seule expédition. Heureusement que ce genre de sport ne dure que peu de temps, car à la fin de juillet il ne donnerait plus de résultat, Désailés et Halbrans ayant leurs ailes bien garnies ; aussi la gent cancanière ne paraît-elle pas diminuer sur nos étangs où elle nous promet pour longtemps encore d'agréables distractions.

Le CANARD CHIPEAU (*Anas Strepera* Linné) est répandu dans l'ancien monde. Il se reproduit dans le nord et dans l'est de l'Europe notamment en Turquie ; il nous visite lors de ses migrations qui coïncident avec celles du Canard sauvage dont il a la plupart des habitudes.

Le CANARD SIFFLEUR (*Anas Penelope* Linné) habite l'ancien monde, se reproduit dans le Nord, quelquefois même dans nos régions et se montre très communément en France à son double passage. Il est l'un de ceux qui nous arrivent les premiers en automne, on le voit dès le commencement d'octobre, très souvent en compagnie de Sarcelles. C'est de tous les Canards celui qui, le soir, tombe avec le plus d'assiduité sur les étangs en pêche, où il trouve une abondante nourriture d'herbes et de petits animaux aquatiques. Quelques couples se reproduisent de temps en temps sur ces pièces d'eau, et j'ai lieu de croire qu'eux aussi perdent momentanément la faculté du vol, mais je n'ai pu les étudier d'assez près pour être certain du fait. Le Siffleur pond de dix à douze œufs d'un blanc un peu jaunâtre.

Le CANARD PILET (*Anas acuta* Linné) habite les mêmes régions, et a les mêmes habitudes que le précédent. Il est facilement reconnaissable à son cou effilé et à ses longues rectrices médianes. Il est assez farouche, et ne se laisse pas approcher plus facilement que ses congénères, mais comme il est très sociable, il vient bien à l'appeau et se pose volontiers près des appelants des huttiers qui en tuent un grand nombre de cette manière. Il niche dans le Nord, particulièrement en Laponie. Son œuf est d'un blanc légèrement olivâtre.

Le CANARD SARCELLE (*Anas querquedula* Linné), bien connu des chasseurs sous le nom de Sarcelle d'été, doit son nom à l'habitude qu'il a de nous visiter au printemps ou en été, bien avant ses congénères ; c'est d'ailleurs un habitant des régions tempérées, ou des pays chauds de l'ancien monde qui nous quitte aux premiers froids. C'est une des espèces du genre dont la chair est la plus estimée. Il établit son nid au milieu des joncs, et y pond de huit à dix œufs d'un blanc à peine teinté d'ocre jaune.

Le CANARD SARCELLINE (*Anas crecca* Linné), le plus petit des Anatidés, est connu sous le nom de Sarcelle d'hiver. Son aire de dispersion est très étendue, car on le rencontre dans le Nord, tout aussi bien que dans les régions tempérées de l'ancien monde. C'est un oiseau très sociable qui voyage en bandes non seulement avec des individus de son espèce, mais encore avec la plupart de ses congénères.

La Sarcelline est assez farouche et paraît douée d'une ouïe excellente, car elle s'enlève au moindre bruit. J'ai remarqué en maintes occasions que lorsqu'elle est posée sur un cours d'eau, on l'approche facilement à bout portant si l'on marche doucement et sans bruit et si l'on peut se masquer derrière un tertre ; tandis qu'en bateau, où malgré toutes les précautions on fait toujours un peu de bruit, elle s'enlève constamment à cent cinquante ou deux cents mètres du chasseur, aussi en tire-t-on très peu en nacelle. Quelquefois lorsqu'une troupe de Sarcelles a été levée et qu'elles tournent pendant un temps infini avant de se poser, elles viennent, confiantes dans la rapidité de leur vol, passer à portée ; et on peut alors en abattre cinq ou six d'un seul coup de fusil ; mais ces circonstances se présentent très rarement. Cette sauvagerie, commune d'ailleurs à presque toutes les espèces de Canard, rend très difficile l'étude de leur vie intime qui est ainsi très peu connue particulièrement sous le rapport de la mue.

La Sarcelline préfère les eaux douces aux eaux salées, elle se reproduit depuis la Laponie jusqu'au midi de l'Europe et cache dans les roseaux un nid où elle pond de neuf à dix œufs semblables à ceux de la Sarcelle d'été.

Le CANARD A FAUCILLES (*Anas falcata* Pallas), qui doit son nom à la longueur de quelques-unes de ses rémiges qui retombent en parure sur ses flancs, et le CANARD

FORMOSE *(Anas formosa* Georgi) sont deux magnifiques Sarcelles asiatiques, ayant des mœurs analogues à celles de nos Sarcelles indigènes et qui s'égarent quelquefois dans l'Europe orientale.

Le CANARD MARBRÉ *(Anas angustirostris* Menestrier) est répandu dans les régions chaudes de l'ancien monde. Il a les mœurs des Sarcelles, comme elles, il préfère les eaux douces aux eaux salées ; mais il s'éloigne de ce groupe par l'absence de miroirs et par l'ensemble de son plumage d'un gris clair marbré de blanc, sans la moindre trace des nuances vertes, bleues et irisées, qui sont communes à tous les Canards. La Sarcelle marbrée se trouve surtout en Orient, sur la mer Caspienne, et au Maroc, je l'ai rencontrée abondamment aussi en Algérie, sur le lac Fetzara. Elle est beaucoup moins farouche que ses congénères et se laisse facilement approcher. Elle a le même mode de nidification et pond sept ou huit œufs assez obtus, d'un blanc brillant légèrement ocracé.

Le CANARD DE LA CAROLINE *(Anas sponsa* Linné) est l'un des plus jolis Canards connus ; il rivalise pour la beauté de sa robe avec le Canard mandarin, mais il a sur lui l'avantage de se domestiquer facilement et de se reproduire en captivité ; il habite l'Amérique du Nord et s'égare quelquefois en Europe, où il a été tué à l'état sauvage. A. T. Brewer qui m'en a envoyé des œufs capturés sur le lac Koskonong (Visconsin) m'a dit qu'il niche en grand nombre dans cette région et que sa chair y est très estimée. Ses œufs courts comme ceux de la Sarcelle marbrée ont avec eux beaucoup d'analogie.

CHAPITRE XXII

PALMIPÈDES

— SUITE —

Anatidés (suite). — Le Morillon. — Les Huttiers champenois. — Le Nyroca et sa nidification en Lorraine. — L'Eider. — Récolte de l'Édredon. — Les Macreuses dans la baie de Bourgneuf. — L'Erimisture couronnée. — Ses mœurs — Son œuf. — Les Harles et leurs habitudes.

La FULIGULE ROUSSATRE *(Fuligula rufina* Pallas) comme toutes les Fuligules, a le cou court, le corps ramassé, les pieds largement palmés et les pattes placées très à l'arrière du corps, ce qui rend sa marche lourde et disgacieuse, mais par contre, cette disposition contribue à en faire un excellent plongeur. Ce Canard, plus connu sous le nom de Siffleur huppé, se trouve dans tout l'ancien continent et spécialement dans la Russie méridionale où il se reproduit abondamment. Il émigre plutôt en petites familles qu'en grandes bandes, préfère les eaux salées aux eaux douces et pond de huit à dix œufs d'un blanc grisâtre.

La FULIGULE MORILLON *(Fuligula cristata* Stephen) a le même habitat que l'espèce précédente, mais elle ne se reproduit que dans l'extrême Nord. Elle passe l'hiver dans les régions chaudes et nous visite à son double passage. Ses migrations se font par petites bandes et à l'époque où nous voyons tous les Canards de passage, c'est-à-dire à la fin de novembre et dans les derniers jours de février. Le Morillon est un charmant oiseau, portant une huppe sur la nuque comme le Siffleur huppé, coquet, élégant même, il a les mœurs douces, paraît moins méfiant que ses congénères, et se laisse parfois approcher à portée. C'est aussi un plongeur émérite qui, dans nos eaux douces pour lesquelles il a une préférence marquée, se livre sans contrainte à tous ses ébats nautiques ; tantôt il renverse son corps perpendiculairement, immergeant la tête et le cou, pour pâturer les herbes qui croissent au fond de l'eau ; tantôt il s'adonne à la grande chasse, plongeant tout entier afin de poursuivre une proie qu'il vient ensuite dévorer tout à son aise à la surface de l'eau. Le Morillon niche dans le nord de la Suède, en Laponie, particulièrement dans les environs de Kautokéino ; il pond de huit à dix œufs blancs, légèrement brunâtres.

La FULIGULE MILOUINAN (*Fuligula marila* Linné) est un habitant de l'hémisphère boréal qui, en hiver, se répand dans les contrées méridionales de l'Europe et descend même jusqu'en Afrique. Elle a les mœurs de ses congénères, niche dans le Nord, principalement à Muotkajervi et pond dix à douze œufs, d'un gris olivâtre clair.

La FULIGULE MILOUINETTE *(Fuligula affinis* Eyton) paraît n'être qu'une race américaine de l'espèce précédente dont elle ne diffère que par une taille plus petite. J'ai reçu des œufs de M. Mac Farlane qui les avait capturés sur les côtes de la mer Arctique ; ils ressemblent à ceux de la Fuligule milouinan, mais sont un peu moins gros.

La Fuligule milouin (*Fuligula ferina* Linné) est répandue dans tout l'ancien continent et a le régime et les mœurs de ses congénères. Elle niche dans le Nord et ses œufs sont d'un blanc verdâtre assez prononcé. Au moment de ses migrations, elle est très commune dans les régions tempérées et fournit un large contingent parmi les oiseaux de cette famille qui tombent à cette époque sous les coups des chasseurs.

Comme je l'ai dit plus haut, tous ces oiseaux se prennent dans l'ouest de la France, soit au filet, soit au hutteau. En Champagne, au moment des passages, on leur fait aussi une guerre acharnée, mais les huttes dont on se sert sur les étangs, sont différentes de celles qu'emploient les tendeurs riverains. Lorsque le chasseur à la hutte ou huttier s'est assuré de l'endroit où les Canards tombent habituellement, il y enfonce quatre pieux très solides formant un carré de deux mètres sur un mètre trente, les laissant dépasser le niveau des plus grandes eaux de dix centimètres environ ; c'est sur ces piquets qu'il établit d'abord un plancher, puis sa hutte. Celle-ci se compose d'une sorte de coffre en planches ayant un mètre quatre-vingts de longueur sur un mètre vingt de largeur. Le dessus présente deux pentes en forme de toiture : l'une beaucoup plus courte est fixée à demeure ; l'autre est partagée dans sa longueur en deux parties égales dont la première est fixe, tandis que la seconde glisse sous celle-ci pour donner passage au chasseur. Le devant de la hutte n'a que soixante centimètres de hauteur ; il est coupé par une meurtrière longue d'environ soixante centimètres et haute de douze, et par laquelle le tireur passe le canon de ses fusils. Cette construction doit être établie de façon à ce que le chasseur regarde le nord. Extérieurement, l'ouvrage est garni de roseaux rangés le plus naturellement possible, maintenus par des plinthes clouées, de sorte que le tout ressemble à un îlot de joncs. Lorsque cet affût est bien dissimulé, il n'est par rare d'y voir des Râles ou des Hirondelles de mer y établir leur nid. Au moment du passage, le huttier garnit une Cane ordinaire d'un corset de gros fil, y attache une ficelle de cinq à six mètres de longeur et la fixe à une grosse pierre à vingt cinq ou trente pas de l'affût. A la chute du jour, un vol de Canards vient s'abattre près de la Cane et le chasseur n'a qu'à attendre le moment où les oiseaux se trouvent bien groupés pour envoyer au plus épais un coup de sa canardière, le fusil n'étant destiné qu'à achever les blessés.

Il y a deux manières de se rendre à la hutte, ou en bateau, avec un conducteur qui se retire après avoir déposé le chasseur, ou avec un va-et-vient en cordeau qui permet de repousser au loin l'embarcation dont la présence effraierait le gibier.

Cette chasse est très productive et très attrayante, mais en même temps très dure et n'est permise qu'à ceux qui ne craignent ni le froid ni les rhumatismes.

La FULIGULE NYROCA (*Fuligula nyroca* Guldenstein) est répandue dans l'ancien continent, mais fréquente de préférence les régions chaudes ou tempérées. Elle se reproduit abondamment dans l'Europe orientale et sur les lacs algériens. Quelques couples s'avancent plus au Nord et s'y établissent pendant l'été quand ils trouvent des conditions favorables à leur reproduction. C'est ainsi qu'en mars 1886, deux Nyroca mâle et femelle vinrent se fixer sur un de mes étangs, y élevèrent leur famille et ne nous quittèrent qu'en octobre. L'année suivante, trois couples y revinrent et depuis, j'en ai toujours quelques nichées, ce qui m'a permis de les étudier avec soin.

Ce joli petit Canard porte un plumage d'un roux vif, ombré de noir, avec le ventre et le miroir blancs. Il vit en famille, se montre très méfiant et sait à merveille se dissimuler. Il plonge sans effort, reste très long-temps sous l'eau, et sur ce point ne le cède en rien aux Grèbes. A peine âgés de quelques jours, les poussins jouissent déjà de cette faculté. J'en fis l'observation en juillet dernier. Je vis un jour une mère Nyroca suivie de ses poussins se promenant au milieu de l'étang Bru-nesseau qui a au moins quatre cents mètres de largeur. Les petits, éclos tout nouvellement, étaient à peine de la grosseur d'une Mésange et je crus qu'il me serait facile d'en prendre un pour ma collection. Je poussai douce-ment ma barque dans leur direction, mais j'en étais encore à quatre-vingts mètres que déjà la femelle, après avoir fait entendre un cri sourd pour avertir sa famille, plongeait pour reparaître beaucoup plus loin, puis prenait son vol et venait tourner autour de moi en poussant un gloussement d'inquiétude, mais sans tou-tefois venir à portée. Les petits étaient restés sur l'eau, je les approchai à quinze pas, puis ils plongèrent et à ma grande surprise ne reparurent plus. Ils avaient par conséquent gagné les joncs par un plongeon de près de cent mètres. Un peu après je les retrouvai dans le massif de roseaux, la mère les avait rejoints; mais ils dispa-rurent plus vite encore que la première fois et finale-ment, ce jour-là, je ne parvins pas à m'emparer d'un seul d'entre eux. Le Nyroca se nourrit d'herbes, de graines, d'insectes et de mollusques aquatiques. Ceux que j'ai tués en août, jeunes et adultes, avaient tous le gésier rempli de la graine d'une plante aquatique connue dans le pays sous le nom de blé d'étang. Son nid est flottant, construit comme celui de la Foulque, mais un peu plus petit, la femelle y dépose, fin mai, de six à huit œufs d'un blanc cendré inclinant parfois vers le roussâtre.

La FULIGULE-GARROT (*Fuligula clangula* Linné) habite tout notre hémisphère, se reproduit en Laponie et en Finlande et ne nous visite que lors de ses passages. Il y a une dizaine d'années une bande de quinze Garrots passa tout un hiver sur un de mes étangs en Lorraine, mais il faut observer que cet hiver fut exceptionnellement doux et que les étangs ne furent pas une seule fois entièrement congelés. L'œuf du Garrot est court et d'une jolie teinte vert clair.

La FULIGULE DE BARROW (*Fuligula Islandica* Gmélin), habite les régions arctiques, et ne nous visite qu'exceptionnellement. Elle a le régime et les mœurs du Garrot et pond un œuf semblable, mais d'un vert plus intense.

La FULIGULE HISTRION (*Fuligula histrionica* Linné) est aussi un habitant de notre zone boréale qu'elle ne quitte que lorsqu'elle y est contrainte par la rigueur de la température. C'est un oiseau très original dans sa livrée de noce. Elle a les parties supérieures brunes et les parties inférieures cendrées, mais coupées transversalement par des taches en forme de croissant d'un blanc pur liserées de noir, et qui lui donnent un aspect grotesque auquel elle doit son nom. Ce n'est qu'exceptionnellement que nous rencontrons l'Histrion dans nos climats tempérés ; il niche au Groenland, au Labrador et même en Islande ; son œuf est d'un blanc légèrement roussâtre.

La Fuligule de Miquelon *(Fuligula glacialis* Linné) a le même habitat et les mêmes habitudes que l'Histrion. Son plumage est en majeure partie blanc, comme d'ailleurs celui d'un grand nombre d'espèces boréales ; sa queue est très longue, et les rectrices médianes égalent la longueur du corps. Cette Fuligule ne se rencontre qu'irrégulièrement sur nos côtes, et seulement dans les hivers très rigoureux ; elle se reproduit au Labrador, en Laponie, et pond de huit à dix œufs d'un blanc brunâtre.

La Fuligule de Steller *(Fuligula Stelleri* Pallas) est une très jolie espèce, mais rare, et qui est localisée dans la zone boréale des deux mondes. Elle a la tête et les parties supérieures blanches, la poitrine et les parties inférieures d'un joli roux, et porte sur les côtés de la tête des taches d'un vert clair très prononcé. Elle se reproduit au Kamtschatka, au Labrador et probablement aussi en Norvège, car j'ai reçu de M. Nordvi un couple de ces oiseaux tués en pleine noce le 14 mai 1872 à Warangerfjord.

La Fuligule eider *(Fuligula mollissima* Linné) est commune dans tout le nord de notre hémisphère. C'est la plus belle et la plus utile espèce de tout le genre. Sa coloration a beaucoup d'analogie avec celle de la Fuligule de Steller, elle est marquée de nuances très nettes, bien définies où dominent le blanc pur, le noir, le roux chamois et le vert clair. Toute cette livrée n'appartient qu'au mâle en robe de noce, la femelle est plus modeste et se contente de couleurs sombres et sans éclat. L'Eider est un oiseau essentiellement marin, lourd à terre, mais plongeur par excellence, dont la vie se passe sur l'eau. Il se nourrit de petits animaux marins, particulièrement de mollusques et de poissons et ne quitte jamais les régions qu'il habite à moins d'y être contraint par la congélation de la mer, aussi ce n'est que très rarement qu'on le rencontre sur nos côtes.

Son duvet est le plus souple, le plus léger et le plus chaud qui existe ; il est connu sous le nom d'édredon, et constitue une véritable source de revenu pour les habitants des pays où il se reproduit.

En Norvège particulièrement, il est très protégé et devient par là même très familier. Loin de fuir l'homme il recherche son voisinage, établit son nid aux alentours de sa demeure souvent même s'installe sous le même toit et paraît aussi confiant que les Hirondelles de notre pays. Son nid est grossièrement composé, mais bien garni à l'intérieur d'une forte épaisseur du précieux duvet dont la Cane se dépouille pour feutrer la couche de ses futurs poussins. Ce n'est qu'après la naissance des petits que les indigènes se paient, par la récolte de l'édredon, de la protection dont ils ont entouré les parents. Lorsque la plume est rapportée au logis, elle est d'abord placée sur un feu doux, dans une grande chaudière où on l'agite continuellement. Cette opération a pour but de la débarrasser des insectes et d'une partie des impuretés qu'elle renferme et qui par l'effet de la chaleur tombent au fond du vase ; on la nettoie ensuite à la main et c'est seulement alors qu'elle est livrée au commerce. C'est grâce à cette manière sage et modérée de se procurer l'édredon que l'Eider pullule en Norvège, tandis qu'il

Colonie d'Eiders au moment de la nidification.

devient fort rare dans certaines régions, au Groenland par exemple, où les habitants, non contents de tuer l'oiseau en toute saison, dépouillent sans pitié tous les nids qu'ils peuvent trouver. L'Eider pond de six à huit œufs couleur café au lait assez clair, passant quelquefois au vert.

La FULIGULE A TÊTE GRISE (*Fuligula spectabilis* Linné) ne se distingue de la précédente que par la jolie nuance gris-perle qui couronne sa tête et par les caroncules qu'elle porte sur le bec; elle a le même régime, les mêmes habitudes; comme elle, habite les régions arctiques à l'exception cependant de la Norvège; comme elle aussi, donne un excellent édredon. Son œuf toutefois a une nuance verte plus accentuée.

La FULIGULE MACREUSE (*Fuligula nigra* Linné) habite l'extrême nord de l'Europe pendant l'été et émigre sur nos côtes pour y passer l'hiver. Elle est entièrement noire, mais si sa robe ne peut rivaliser avec celle des espèces précédentes, elle ne leur cède en rien sous d'autres rapports et en particulier pour son habileté à plonger. C'est de cette manière qu'elle pêche les mollus- ques marins, surtout les bivalves dont elle se nourrit de préférence.

Dans la baie de Bourgneuf (Loire-Inférieure) où elle est très commune pendant tout l'hiver ; elle recherche avi- dement le coquillage connu sous le nom de peigne varié. On la capture à la faveur de la nuit avec des nappes de filet qu'on dispose perpendiculairement dans la mer. Le matin lorsque le tendeur vient visiter ses engins, il trouve les Macreuses boursées et asphyxiées ; il n'a que la peine de les ramasser. Je connais à la Bernerie, un deces piégeurs qui, lorsque le temps est favorable, peut prendre de cinquante à cent Macreuses dans une seule nuit. Mais c'est un gibier fort peu estimé, qui n'a d'autre mérite que de se manger en maigre, et qui ne se vend que quarante à cinquante centimes pièce dans le pays.

La Macreuse pond de six à huit œufs d'un blanc ocracé, à reflets rougeâtres.

La FULIGULE BRUNE *(Fuligula fusca* Linné), plus connue sous le nom de Double-Macreuse, ne diffère de la précédente que par une taille plus forte et par l'absence de tubercules sur la mandibule supérieure. Elle habite d'ailleurs les mêmes régions, a les mêmes mœurs, le même régime, et son mode de nidification est analogue.

La FULIGULE A LUNETTES *(Fuligula perspicillata* Linné) porte le même plumage que la Macreuse auquel elle ajoute deux taches blanches, posées, l'une sur le sommet de la tête, l'autre sur la nuque. C'est un oiseau du même groupe, propre à l'Amérique du Nord, qui visite nos côtes de temps en temps, mais jamais en bandes. On la trouve isolée, ou mêlée aux Macreuses communes.

L'ÉRIMISTURE COURONNÉE *(Erimistura leucocephala* Scopoli) habite les parties chaudes ou tempérées de l'ancien monde. C'est encore un Canard dans son aspect général, mais par la forme de son bec, la brièveté de ses ailes et de sa queue, par son plumage lisse et gros, il se rapproche des Harles et des Grèbes et constitue un genre de passage. Il a d'ailleurs les habitudes de ces derniers, vole peu, ne marche pas ou presque pas, et passe sa vie sur l'eau.

J'ai pu l'étudier au lac de Fetzara (Algérie) où j'ai admiré avec quelle aisance il plonge et semble se jouer dans l'élément liquide. Lorsqu'il veut éviter le chasseur, il est rare qu'il s'envole; il se contente de disparaître entre deux eaux et ne se montre que beaucoup plus loin. Il a le régime végétal des Canards et y ajoute de petits poissons, car j'en ai trouvé dans l'estomac des individus que j'ai étudiés. Son nid est flottant et ressemble beaucoup à celui de la Foulque; il y dépose de sept à huit œufs énormes, relativement à la grosseur de l'oiseau. Ses œufs sont blancs, à calcaire épais et ganuleux, comme chagriné, ne ressemblant en rien à ceux des anatidés. Ils se compareraient plutôt à ceux de certains rapaces.

Le HARLE BIÈVRE (*Mergus merganser* Linné) habite le nord de notre hémisphère, et émigre sur nos côtes maritimes pendant les grands froids. C'est un grand et bel oiseau; le mâle, en robe de noce, a le ventre et la poitrine d'un blanc rosé et sa tête est ornée d'une huppe d'un joli roux brun. Il a les ailes courtes, les pattes très à l'arrière du corps et marche mal, mais comme ses congénères il nage et plonge avec une extrême facilité. Aussi, sa nourriture consiste-t-elle presque exclusivement en poissons même assez gros, dont il s'empare avec une grande adresse. Le Harle bièvre doit sans doute son nom à ses habitudes de nidification, car il dépose ses œufs dans des terriers ou trous de roche, semblables à ceux que creusent les castors, connus de nos pères sous le nom de bièvres. La ponte est de douze œufs d'un blanc huileux.

Le HARLE HUPPÉ (*Mergus serrator* Linné) a les mêmes mœurs et les mêmes habitudes que l'espèce précédente; comme elle, il habite le nord de notre hémisphère en été et se répand en hiver non seulement sur nos côtes maritimes, mais encore sur nos lacs. Sur celui de Genève en particulier, il est assez commun dans la mauvaise saison. Son aire de dispersion, pendant le moment de la reproduction, est très étendue. On en trouve de nombreuses nichées dans le Jutland, dans l'île de Rugen et sur les côtes rocheuses de l'Écosse.

Le HARLE PIETTE *(Mergus albellus* Linné) est répandu dans tout le nord de notre hémisphère. Il a les habitudes générales de ses congénères, mais se montre beaucoup moins farouche, et lors de ses migrations, il se laisse facilement approcher. Il niche non seulement sur les rivages de la mer, mais au bord des rivières, car j'ai ses œufs, capturés sur l'Argun (Daourie sibérienne).

Le HARLE COURONNÉ *(Mergus cucullatus* Linné) est caractérisé par une magnifique huppe disposée en couronne. C'est une espèce propre à l'Amérique septentrionale qui ne visite l'Europe que très accidentellement.

CHAPITRE XXIII

PALMIPÈDES

— SUITE —

Podicipidés. — Le Grèbe huppé transportant ses poussins. — Les Grèbes et leur
fourrure. — Procédé pour les forcer. — Le Castagneux. — Particularité de
son vol. — Colymbidés. — Le Plongeon Imbrin. — Alcidés. — Les Guillemots. — Chasse aux phoques. — Les Macareux. — Leur terrier. — Leur mue
insolite. — Les Pingouins. — Valeur extraordinaire du Pingouin brachyptère
et de son œuf.

PODICIPIDÉS. — Les oiseaux compris dans cette
famille ont le bec mince, le cou assez long, le corps étroit,
les ailes courtes, le plumage soyeux et décomposé et
sont privés de queue. Ils ont les pattes longues, lobées, et
l'os du tarse est prolongé à l'arrière du genou, afin d'augmenter leur puissance de natation; enfin, les ongles
sont aplatis et ne ressemblent en rien à ceux des autres
oiseaux. Les Grèbes volent peu et marchent mal, mais
nagent et plongent admirablement. Ils vivent isolément ou en petites familles sur les eaux douces, et descendent en hiver dans les régions chaudes ou tempérées.
Leur nourriture, presque exclusivement animale, se
compose surtout de poissons ou d'insectes. On remarque

presque toujours dans leur gésier quelques plumes qui jouent chez ces oiseaux le même rôle que le gravier dans l'estomac des gallinacés et facilitent la décomposition des aliments. Les œufs, de forme elliptique, sont blancs, plus ou moins teintés de fauve ou de brun, selon leur degré d'incubation ; ils sont en outre enduits d'un sédiment crayeux.

Le GRÈBE HUPPÉ (*Podiceps cristatus* Linné) ou GRAND GRÈBE, sans être commun nulle part, est répandu sur la plupart des eaux douces de notre hémisphère. Dans notre région, nous le voyons dès le mois de mars ; mais il est probable qu'il n'arrive dans le Nord qu'un peu plus tard : il retourne dans le Midi quand ses petits sont assez forts pour entreprendre le voyage, c'est-à-dire vers la fin de septembre ou le commencement d'octobre. En Lorraine, il se cantonne sur un étang dès son arrivée et ne le quitte plus avant l'émigration hivernale ; il vit par couples, et il est rare d'en trouver plus d'un sur le même étang. Cet oiseau peut rivaliser d'élégance avec le Cygne ; comme lui il nage avec grâce, et s'il porte le cou un peu droit, il rachète cette apparente raideur par le charme de sa belle huppe et de son épaisse collerette qu'il soulève de temps à autre, et dont la coloration, d'un joli roux brun, tranche à merveille sur sa robe d'un blanc argenté. Il se tient habituellement dans la partie de l'étang où l'eau est la plus profonde, dans les endroits découverts et dépourvus de roseaux. On peut donc facilement l'y observer. On le voit nager doucement, plonger de temps en temps et donner les premières notions à ses poussins qu'il ne quitte jamais, même lorsqu'ils pourraient se suffire. La sollicitude du mâle égale celle de la femelle, car habituellement ils se partagent les petits; s'il y en a quatre, deux suivent le père et les deux autres sont protégés par la mère. Cette adoption a lieu dès la naissance des poussins, et voici comment je m'assurai du fait.

Je connaissais un nid de grand Grèbe, et d'après la date de la ponte du dernier œuf, je surveillais l'éclosion. Un jour, en allant faire ma visite accoutumée, je vis mes deux plongeons nageant gravement dans la claire eau, ayant chacun deux petits sur le dos. Je les admirai long-temps; je revins le lendemain et les jours suivants et j'acquis la certitude qu'ils promènent ainsi leur progéni-ture pendant un jour ou deux avant de leur permettre de descendre dans l'élément où doit cependant se passer leur vie tout entière. Plus tard, les jeunes continuèrent à suivre deux par deux celui de leurs parents qui les avait adoptés au début. Rien n'est joli comme ces petits pous-sins dont le duvet blanc et noir se divise en raies longi-tudinales bien régulières et admirablement tranchées. Leur nid est un amas arrondi de joncs superposés; il a une hauteur totale de cinquante centimètres, dont vingt seulement émergent au-dessus de l'eau; quelques roseaux enracinés sont emprisonnés dans la construction de l'édifice, ce qui l'empêche d'être déplacé par le vent. La femelle y dépose habituellement quatre œufs du 10 au 20 mai, et lorsque, pendant l'incubation, on l'approche en barque, avant de plonger, elle recouvre ses œufs de quelques brins d'herbe, afin de les cacher aux regards in-discrets. J'en ai eu de nombreux sujets entre les mains, et j'ai toujours trouvé leur estomac garni de poissons, larves de toutes sortes, particulièrement de dyptiques et de libellules. Tous les Grèbes ont une fourrure estimée, et c'est pour ce motif qu'ils sont recherchés des amateurs, car leur chair a un goût d'huile de poisson qui la rend à peu près immangeable.

Le Grèbe huppé est commun en hiver sur le lac de Genève ; aussi les chasseurs de ce pays peu giboyeux lui font-ils une guerre acharnée. Ils ont fait de sa chasse un véritable sport. C'est avec de petits bateaux à vapeur construits spécialement dans ce but qu'ils forcent les Grèbes et s'en emparent sans les tirer. Tous les oiseaux de ce genre se laissent ainsi prendre à la main, soit lorsqu'ils sont forcés, soit lorsqu'on vide un étang sur lequel ils sont cantonnés. Quand ils ne peuvent plus plonger, ils se livrent à leurs ennemis sans chercher à s'envoler. Aussi je me demande s'ils n'auraient pas, comme le Fou, des cavités aériennes destinées à suppléer à l'insuffisance de leurs ailes, mais qu'ils ne pourraient remplir instantanément ; on s'expliquerait alors pourquoi l'oiseau, qui vole suffisamment au moment des migrations, ne peut s'enlever avec le seul secours de ses courtes ailes, lorsqu'il n'a pas le temps nécessaire de garnir ses réservoirs aériens. Le fait est indéniable ; je ne sais si l'explication en est juste, mais j'en recommande l'étude aux jeunes ornithologues qui étudient les oiseaux dans le grand livre de la nature.

Le Grèbe jougris (*Podiceps grisegena* Boddaert) a les mêmes habitudes et le même régime que le précédent, mais il habite de préférence l'Europe orientale et l'Afrique septentrionale et ne nous visite qu'au moment de ses migrations.

Le Grèbe de Holböll (*Podiceps Holbölli* Reinhart), semblable en tout au Jougris, est seulement un peu plus grand ; c'est une race locale propre à l'Amérique du Nord et que nous ne voyons que très exceptionnellement.

Le Grèbe oreillard *(Podiceps auritus* Linné) est commun en Europe et dans l'Afrique septentrionale. Il a les habitudes générales des Grèbes, ne voyage que la nuit et se dissimule si bien que nous n'en voyons que très peu lors de ses passages. Il émigre cependant très régulièrement, se reproduit en Hollande, en Suède et dans tout le Nord, pond quatre ou cinq œufs et revient passer l'hiver en Afrique où il est, dans cette saison, très commun sur les lacs, dans les chotts et même dans les rédirs du Sahara.

Le Grèbe a cou noir *(Podiceps nigricollis* Sundewal) habite les régions tempérées et les pays méridionaux. Comme le Grèbe oreillard, il porte à la tête des parures qui ne sont dans toute leur beauté qu'au moment de la livrée de noce. Il se reproduit abondamment sur les lacs algériens, où je l'ai trouvé communément. De même que tous ses congénères, il nage avec grâce et n'évite ses ennemis qu'en plongeant. Son nid, quoiqu'un peu plus petit, est semblable à celui du grand Grèbe. Les chasseurs algériens lui ont fait, ainsi qu'à tous les Grèbes, une guerre si acharnée que, pour en prévenir l'entière destruction, on a dû en défendre la chasse pendant deux ans sur le lac Fetzara.

Le Grèbe castagneux *(Podiceps fluviatilis* Brisson) est le plus petit du genre et le seul dont la tête soit dépourvue de parures. Il est cosmopolite et commun partout où il y a des eaux tranquilles, poissonneuses et bien peuplées d'insectes. Il a le régime et les mœurs générales de ses congénères, mais il en diffère par quelques habitudes que je crois utile de faire connaître. Le mâle ne paraît pas comme eux s'occuper de ses petits qui, du reste, sont très rustiques, suivent leur mère sur l'eau et plongent avec une étonnante facilité dès le premier jour de leur naissance. Leur nid est flottant et contient de quatre à sept œufs qui ne diffèrent de ceux des autres espèces que par une taille plus petite ; tandis que le Grèbe huppé ne fait entendre qu'un cri rare et sonore, le Castagneux a un sifflement répété assez aigu et qu'on peut comparer au chant des petits oiseaux. C'est surtout chez le Grèbe castagneux que j'ai constaté son impuissance à prendre le vol à certains moments. Il n'est presque pas d'année où je n'aie vérifié ce fait singulier. Lorsqu'à la fin de mars on lâche l'eau des derniers étangs en pêche, ces oiseaux se trouvent à sec et, ne pouvant plonger, cherchent leur salut dans la fuite à pied, sans essayer de s'envoler. Plusieurs fois j'en ai pris à la main ; je les lançais en l'air, mais ils retombaient immédiatement sur le sol ; d'autres fois, j'en ai rapporté que je lâchais sur un petit réservoir et aussitôt ils se perdaient sous l'eau comme de véritables poissons.

COLYMBIDÉS. — Les oiseaux qui appartiennent à cette famille ont beaucoup d'analogie avec les Grèbes, mais en diffèrent cependant d'une façon suffisante pour justifier leur classification. Ils ont, en effet, le corps plus trapu ; leur plumage, moins décomposé, est diversement coloré ; ils ne portent point de parures sous forme de huppe ou de collerette ; ils ont une queue, courte, il est vrai ; enfin, leurs ongles sont moins aplatis et leurs pattes entièrement palmées. En outre, leurs habitudes sont spécialement marines et leurs œufs, au nombre de deux seulement, au lieu d'être blancs, sont chaudement colorés.

Le PLONGEON IMBRIN (*Colymbus glacialis* Linné) est, comme tous les oiseaux de cette famille, un habitant de la zone boréale qui ne nous visite qu'exceptionnellement en hiver. On le rencontre alors quelquefois sur nos côtes ou sur les lacs des régions tempérées. C'est un grand oiseau de la taille du Dindon, qui est remarquablement beau dans sa livrée de noce, quoiqu'elle ne comporte que deux couleurs. Les parties inférieures sont blanches, tandis que les parties supérieures sont d'un noir profond ; les côtes du cou sont sillonnées de lignes noires étroites et ondulées qui se détachent admirablement sur le fond blanc. Des raies semblables coupent transversalement les quatre grandes taches blanches qu'il porte sur le dos. Toutes les parties noires sont semées de petites marques triangulaires blanches bien nettement dessinées. Ce Plongeon vit presque exclusivement de poisson qu'il chasse entre deux eaux. Il est très méfiant et, comme presque tous les oiseaux de ce genre, il cherche plutôt son salut sous l'eau que dans l'air, quoiqu'il vole assez facilement. Il se reproduit dans l'extrême Nord, particulièrement au Labrador et au Groenland et sur les îlots déserts. Il ne pond que deux œufs d'un brun olivâtre, semés de petites taches noires bien délimitées.

Le PONGEON LUMME (*Colymbus arcticus* Linné) a beaucoup de ressemblance avec l'Imbrin, mais il est sensiblement plus petit. Son régime et ses mœurs sont les mêmes, mais son mode de nidification est différent, car il se reproduit habituellement dans les joncs des lacs salés du Nord et de l'Oural.

Le PLONGEON CAT-MARIN (*Colymbus septentrionalis* Linné) est le plus petit du genre et aussi le plus commun. Son plumage est sombre comme celui des Plongeons en général, mais il a la gorge ornée d'une jolie tache couleur chocolat au lait. Il est répandu dans toute la région boréale, au Groenland, en Sibérie, en Suède, en Islande même, et en hiver il descend assez communément sur nos rivages. C'est un maître plongeur qui sait prévoir les troubles atmosphériques. Lorsque la tempête éclate, il a su s'éloigner à temps des côtes et supporte en haute mer les plus fortes tourmentes ; aussi ne le trouve-t-on jamais sur les plages où on ramasse en foule les Pingouins, Guillemots et Macareux que la vague en fureur a brisés contre les rochers ou les falaises. Les œufs du Cat-Marin sont semblables à ceux des autres Plongeons, mais plus petits et quelquefois d'une nuance plus claire.

ALCIDÉS. — Ces oiseaux, essentiellement marins sont caractérisés par un bec emplumé sur les côtés, des scapulaires courtes, des ailes aiguës et de peu d'étendue ne leur permettant qu'un vol bas et peu soutenu, des tarses courts et des pattes palmées, mais dépourvues de pouce. Les uns comme les Guillemots ont le bec presque droit et peu comprimé, les autres comme les Macareux et les Pingouins ont un bec très élevé, très comprimé et sillonné sur les côtés. Les alcidés ne vivent que d'animaux marins tels que frai de poisson, insectes, mollusques, astéries et crustacés ; ils sont sociables, voyagent et nichent le plus souvent en colonies, plaçant leurs nids dans les trous des rochers ou des falaises. Leurs œufs, en petit nombre, un ou deux au plus, d'un calcaire épais, sont très gros relativement à la taille de l'oiseau, et le plus souvent très richement colorés.

Le GUILLEMOT TROÏLE (*Uria Troïle* Linné) est répandu sur les côtes maritimes de notre hémisphère, mais il est plus commun dans le Nord, surtout pendant la belle saison. En hiver il émigre sur nos rivages tempérés où il est abondant. Comme tous les oiseaux de ce genre, c'est un médiocre voilier, mais un bon plongeur et un excellent nageur. Il recherche tous les petits animaux marins, et paraît préférer les crustacés, car j'en ai trouvé dans l'estomac de tous les individus que j'ai examinés. J'en ai possédé un adulte qui avait été pris dans un trou, il mangeait avidement tous les débris de cuisine qu'on lui présentait et particulièrement la viande. Le Guillemot Troïle se reproduit soit isolément, soit en petites colonies sur plusieurs points de notre littoral et sur les côtes d'Angleterre. Il choisit un trou dans les rochers ou dans les falaises qui bordent la mer et y fait un nid dans lequel il ne dépose qu'un seul œuf piriforme, relativement très gros, à calcaire épais et rugueux, tantôt vert-clair, tantôt d'un blanc jaunâtre, mais toujours verdâtre dans sa transparence. Il est orné de points, parfois de traits plus ou moins gros, les uns gris, les autres d'un brun noir. Ces œufs sont très jolis, et souvent utilisés par l'industrie comme ornement ; aussi en Angleterre a-t-on pris des mesures sérieuses pour empêcher la destruction de l'espèce. En France, on recherche peu les Guillemots, si ce n'est dans la baie de Somme, où les amateurs qui ont manqué leur chasse aux phoques s'indemnisent sur ces oiseaux pour sauver la bredouille. Cette chasse aux veaux marins est très intéressante, mais demande pour réussir le concours d'une foule de circonstances que l'on trouve rarement réunies. Ces animaux sont très méfiants et se tiennent très près de la mer dans laquelle ils rentrent à la première alerte ; doués d'une vue parfaite ils aperçoivent la barque de très loin et sont par là même très difficiles à approcher. Pour tenter avec chance de succès une expédition de ce genre, il faut d'abord un beau soleil, et un temps chaud sans quoi les phoques ne sortent pas ; un bon vent d'est avec lequel on puisse gouverner droit sur les îlots où ils se reposent, sans être obligé de courir des bordées, puis il faut que l'heure de la marée soit convenable, enfin les amphibies doivent être adossés à un tertre qui permette de dissimuler le débarquement. Les deux premières de ces conditions me paraissant favorables, j'allai un soir prendre rendez-vous avec un vieux matelot de douane surnommé Barberousse, et le lendemain 22 mai 1874 il vint me prendre dans la matinée. Son embarcation fine dans ses formes et bien gréée, filait comme une Mouette ; de temps en temps le patron, à l'aide de sa longue-vue, inspectait les bancs de sable qui un à un se découvraient devant nous, lorsque tout à coup, poussant un joyeux hurrah, il s'écria : « Les voilà parfaitement placés, nous serons bien malheureux si nous n'en rapportons pas un aujourd'hui. » Il me passa l'instrument d'optique et je vis quatre de ces amphibies qui paraissaient dormir au soleil, couchés sur le flanc sud d'un des bancs de sable. Mon nautonnier changea immédiatement l'orientation de son bateau : il laissa porter vers le Nord, et en un instant nous perdions de vue notre gibier auquel nous étions parfaitement dissimulés par une série de petits îlots. Bientôt le patron laissa tomber sa voile pour ralentir notre marche, en même temps, il me fit signe de préparer mes armes, puis se dirigea vers une petite anse naturelle creusée dans l'îlot des phoques, mais derrière le monticule sur le flanc duquel ils étaient couchés. La situation devenait tout à fait délicate, car non seulement ces animaux sont toujours aux écoutes, mais un des leurs est détaché en sentinelle pour donner le signal du danger, et il s'agissait de tromper sa vigilance. Enfin, l'embarcation est amarrée, nous descendons à terre, et marchant doucement, à moitié courbés, nous nous dirigeons vers le côté sud de l'îlot. A peine avions-nous fait quelques mètres qu'un grand bruit se fait entendre; il n'y avait pas de doute, nous étions découverts, le patron s'élance à toutes jambes, je le suis; et au détour d'un pli de terrain nous apercevons nos phoques qui détalent en bondissant vers la mer. Coucher en joue et tirer fut l'affaire d'une seconde, et j'eus la joie de placer ma balle au défaut de l'un des plus beaux de la bande. Mon marin s'empressa de le doubler pour se consoler sans doute d'avoir manqué le sien. C'était une belle pièce mouchetée de noir qui mesurait un mètre quatre-vingt de longueur, et dont je ne pouvais me lasser de caresser la soyeuse et luisante fourrure. Nous eûmes grand peine, le matelot et moi, à le hisser à bord, et nous rentrâmes triomphants au Crotoy où les étrangers purent se convaincre que le veau marin quoique rare dans ces parages n'y est cependant pas une chimère, et qu'il est un habitant de la baie de Somme.

Le GUILLEMOT BRIDÉ (*Uria Ringvia* Brunnick) n'est qu'une race de l'espèce précédente. Comme le Troile il a les parties supérieures d'un gris ardoisé, mais il a en plus un petit trait blanc sur l'œil. Son régime et ses mœurs sont les mêmes, toutefois il est un peu plus septentrional et ne se laisse voir qu'accidentellement sur nos côtes.

Le GUILLEMOT GROS BEC (*Uria arra* Pallas) a aussi la plus grande ressemblance avec le Troile, mais ses parties supérieures sont entièrement noires. Ses habitudes sont les mêmes; mais son œuf est toujours à fond vert ou bleuâtre, jamais jaunâtre.

Le GUILLEMOT GRYLLE (*Uria Grylle* Linné) est sensiblement plus petit que les espèces précédentes avec lesquelles il a d'ailleurs de grands rapports. Nous le voyons assez communément sur notre littoral en automne et en hiver. Il pond deux œufs, quelquefois trois, de forme ovée et d'un blanc grisâtre, ornés de petits points violacés et surtout noirs.

Le GUILLEMOT NAIN (*Uria alle* Linné) est, ainsi que son nom l'indique, le plus petit des Guillemots. Il quitte à peine les régions boréales, et se montre plus commun au Nord de l'Amérique qu'en Europe. Sa ponte n'est que d'un seul œuf, d'un vert tendre, habituellement sans tache, ou, s'il en a, elles sont d'un rouge brique et si petites qu'elles sont à peine visibles.

Le MACAREUX ARCTIQUE (*Fratercula arctica* Linné) est répandu dans le nord de notre hémisphère. Mon ami le Dr Louis Bureau, conservateur du muséum de Nantes, a publié sur cet oiseau un mémoire extrêmement remarquable. Il le décrit sous trois formes qui diffèrent par leur taille et leur habitat. La première est la plus petite, il l'appelle *Armoricana*, elle se reproduit en Bretagne, en Angleterre et aux îles Féroé. La deuxième l'*Islandica* niche en Islande, en Laponie et à Terre-Neuve. La troisième, la plus grande, qu'il a nommée *Glacialis* habite le Spitzberg et le Labrador. Le même auteur a signalé les mues insolites auxquelles cet oiseau est soumis. Au printemps, il perd à la fois toutes ses rémiges, et, par là même, la faculté du vol; puis son bec revêt avec de brillantes couleurs des plaques cornées qui en modifient singulièrement la forme. En août, il perd les plaques cornées du bec et subit une nouvelle mue qui transforme en partie son plumage, en sorte que, avant la découverte de M. Bureau, les ornithologues croyaient avoir affaire à plusieurs espèces distinctes. Le Macareux arctique se nourrit de crustacés, de mollusques et de petits poissons, il vit habituellement assez loin du rivage et ne s'en rapproche que pour y nicher en colonies très considérables. Sur les côtes bretonnes où je l'ai étudié, il choisit une île déserte, y creuse un long terrier semblable à ceux des lapins, avec lesquels il paraît vivre en bonne intelligence, puis il garnit le fond de sa galerie de quelques brins de varech sur lesquels il pond, dans le courant de mai, un seul œuf de forme ovée, d'un blanc plus ou moins pur, et orné de quelques marbrures peu apparentes d'un brun vineux très pâle. Le poussin est très laid, dès sa naissance, il est couvert d'un duvet noir, long, épais et hérissé, il ne quitte le nid qu'en juillet lorsqu'il a sa taille et qu'il peut tenir la mer; il gagne alors le large pour ne revenir à la côte qu'à l'approche des tempêtes.

Le MACAREUX A CROISSANTS (*Fratercula corniculata* Naumann) est confiné dans l'extrême Nord. Il a le régime de l'espèce précédente et sa mue du bec et des rémiges paraît soumise aux mêmes règles ; l'œuf est le même, mais un peu plus gros.

Le PINGOUIN TORDA (*Alca Torda* Linné) habite comme le Macareux arctique les mers boréales ; quelques-uns cependant viennent se reproduire sur les côtes de la Bretagne, de la Normandie et de l'Angleterre, en hiver, il est commun sur tout notre littoral. En robe de noce c'est un bel oiseau dont les parties inférieures sont d'un blanc d'argent, et les parties supérieures d'un noir profond avec un léger trait d'un blanc pur passant sur l'œil. Comme tous les alcidés, il est assez farouche, mais cherche son salut en plongeant plutôt qu'en se servant de ses ailes ; aussi, lorsqu'on le poursuit en bateau on le tire souvent plusieurs fois avant de le décider à prendre son vol. Il est vrai que celui qui n'a pas l'expérience de ce genre de chasse et qui n'est pas habitué au mouvement de la mer le manque facilement. Le Pingouin Torda a le même régime que le Macareux, comme lui niche dans les trous, et ne pond qu'un seul œuf énorme eu égard à la taille de l'oiseau. Cet œuf est de forme ovalaire, à calcaire rugueux, d'un blanc fauve, et couvert de taches ou de traits d'un brun foncé ou quelquefois verdâtre, mais il est toujours jaunâtre dans sa transparence.

PINGOUIN BRACHYPTÈRE (*Alca impennis* Linné). Tout indique que cette espèce est aujourd'hui éteinte et ne doit plus figurer sur la liste des êtres vivants. Il avait assez d'analogie avec le précédent, mais il était beaucoup plus grand, avait des ailes très courtes et impropres au vol, et portait sur les côtés de la tête une tache oblongue d'un blanc pur. Il se reproduisait sur les îlots escarpés et déserts de cette partie de l'océan comprise entre le Labrador et la Norvège, spécialement près de Terre-Neuve, de l'Islande, des Orcades et des Hébrides. Il était très commun au XVIᵉ et au XVIIᵉ siècle, et offrait aux navigateurs de précieuses ressources alimentaires ; d'autant plus faciles à se procurer que, si cet habile nageur était surpris sur la terre ferme, son impuissance pour la marche comme pour le vol le laissait à la merci de ses ennemis. Malheureusement les marins ne surent pas ménager cette ressource que la Providence leur avait préparée, et en firent des massacres inutiles qui diminuèrent l'espèce avec une rapidité d'autant plus grande, que chaque couple ne pondait qu'un œuf par an.

Au commencement de notre siècle, de nouvelles expéditions dirigées contre cet oiseau, notamment en 1833, et des éruptions volcaniques qui engloutirent quelques-uns des rochers sur lesquels il nichait, amenèrent sa destruction presque complète ; aussi, depuis cette époque, on n'en rencontra plus qu'exceptionnellement, et le dernier survivant de sa race a dû être capturé vers 1846.

Depuis qu'on a acquis la certitude de la disparition du Pingouin brachyptère, il a pris une très grande valeur ; l'œuf surtout, d'un prix si modique au début, s'est élevé dans des proportions considérables : ainsi M. des Murs nous dit (*Revue zoologique*, 1863) qu'il en a payé un, le 10 mai 1833, trois francs, et un autre, le 5 juin 1840, 5 francs. Cependant, à cette même époque, il avait déjà pris une certaine valeur dans les ports, où les marins l'avaient surnommé l'*œuf d'or*. En effet, M. Hardy, armateur à Dieppe, et ornithologiste distingué, prévoyant la disparition de l'espèce, promettait une prime élevée aux marins de ses terre-neuviers qui lui en rapporteraient. En 1844, Parzudacki, marchand naturaliste à Paris, en offrait un à cent francs; en 1853, Kuntz, de Leipzig, en a vendu un spécimen assez beau, quoique un peu fendu, au baron de Vèze pour quatre cent cinquante francs. Vers la même époque, l'administrateur du musée de Boulogne en cédait un à un Anglais pour six cents francs. Depuis, sa valeur n'a fait qu'augmenter dans les différentes transactions dont il a été l'objet, notamment sur le marché de Londres où, en décembre 1887, il a atteint en vente publique le chiffre de cent soixante guinées, soit quatre mille cent soixante francs, et le 12 mars 1888, celui de deux cent vingt-cinq livres, soit cinq mille sept cent vingt-cinq francs.

Cet œuf est énorme relativement à la taille de l'oiseau; il mesure en moyenne cent vingt millimètres sur soixante-quinze; le calcaire en est épais, assez granuleux, d'un blanc habituellement ocracé, marqué de points et de traits en zigzag, quelquefois d'un brun verdâtre ou violacé, mais le plus souvent d'un noir profond. J'ai la bonne fortune d'en posséder dans ma collection quatre exemplaires authentiques que j'ai décrits et figurés dans la *Revue zoologique de France pour 1888.*

CONCLUSION

Ainsi que je l'ai promis en commençant ce livre, j'ai résumé tout ce que je sais sur les oiseaux, leurs mœurs, leur régime, leur propagation, leur chant, enfin tout ce qui constitue leur vie intime et que j'ai appris par leur observation persévérante dans la nature. Si, comme je l'espère, je ne suis pas resté trop en dessous de mon sujet, si j'ai pu faire passer dans l'esprit de mes lecteurs un peu de l'intérêt que m'inspirent ces charmantes et utiles créatures, il me reste encore, pour que ma tâche soit remplie, à donner aux jeunes naturalistes qui voudraient s'occuper d'Ornithologie quelques conseils dictés par l'expérience.

Les terribles désastres de 1870-71, qui ont laissé dans tous les cœurs français de si poignants souvenirs, en nous forçant à étudier la cause de nos malheurs, ont excité parmi nous une noble émulation. L'instruction, en général, s'est développée même à l'excès, et les sciences naturelles ont eu une large part dans ce grand mouvement intellectuel ; toutefois, il n'a pas eu le même élan dans toutes les branches de la Zoologie. Tandis que les travaux et les recherches concernant les animaux inférieurs étaient poussés avec une extrême ardeur, les études

touchant les vertébrés restaient à peu près stationnaires ;
l'Ornithologie en particulier ne paraît plus intéresser qu'un
nombre restreint de savants. Je me suis demandé bien
des fois quels pouvaient être les motifs de cette défaveur,
et si je ne me trompe, elle tient à deux causes. La première
serait la difficulté matérielle de faire des collections d'oiseaux ; la seconde, l'opinion erronée qu'ils sont parfaitement connus et ne nous offrent plus rien d'intéressant à
découvrir ; je vais essayer de démontrer brièvement que
ces objections ne reposent pas sur un fondement bien
sérieux et que nous avons le plus grand intérêt à connaître et à étudier ces charmants petits êtres qui comptent parmi les plus utiles d'entre les animaux.

Assurément les oiseaux coûtent fort cher à faire monter, exigent de vastes locaux pour leur logement, des
armoires vitrées pour les mettre à l'abri de la poussière
et des insectes ; aussi peu d'amateurs sont-ils à même de
faire des collections complètes ; mais les musées d'histoire
naturelle sont publics, à la portée de tous, et les ornithologistes qui voudront étudier sérieusement sont assu-
rés de trouver chez MM. les conservateurs une obligeance
sans bornes à laquelle on ne fait pas assez souvent
appel ; d'ailleurs l'on peut toujours faire des collections
locales, qui sont souvent les plus intéressantes, ou se
borner aux petites espèces et alors les monter soi-même.

Les Anglais, gens pratiques par excellence, ont depuis
longtemps abandonné les oiseaux montés pour ne plus
collectionner que les sujets en peau. Cette manière de
faire, si elle flatte moins le regard, a de nombreux avantages ; d'abord, elle est économique, puis elle permet de
conserver un grand nombre d'espèces dans un espace

restreint; enfin, on peut manier et étudier facilement chaque individu sans craindre de le détériorer. La mise en peau est du reste une opération très facile qui ne demande qu'un peu d'adresse et de patience; quelques leçons d'un préparateur suffisent pour être rapidement au courant; à leur défaut, on en trouvera la théorie dans un traité de taxidermie.

Depuis quelques années, les amateurs se sont mis à collectionner les nids, et vraiment rien n'est plus curieux. Les oiseaux sont non seulement d'habiles architectes, mais sans les avoir appris, ils savent tous les métiers : ils pétrissent, maçonnent, feutrent, cousent, tressent avec un art infini, et le berceau de leur famille est souvent une véritable merveille qui excite l'admiration de tous ceux qui l'examinent. Tous les musées devraient les faire figurer à côté des œufs et des poussins. Leur conservation est très simple : il suffit de couper les rameaux ou les plantes sur lesquels ils sont édifiés, de les passer si l'on veut, dans une liqueur préservatrice et de remplacer les feuilles fraîches par des feuilles artificielles : on les dispose alors dans une vitrine particulière où ils offrent un coup d'œil des plus variés. M. Bureau les présente d'une façon qui lui est spéciale. Chaque nid est placé sur un socle plat en bois et abrité par une sorte de boîte transparente formée de cinq feuilles de verre coupées carrément, et réunies par d'étroites bandes de papier collé. Le procédé est réellement d'un effet charmant, mais il exige beaucoup de temps.

Les collections d'œufs présentent un plus grand intérêt encore, tant par la jolie coloration des sujets que par leur grande diversité de force et de contexture, et elles sont d'un très grand secours dans la classification des oiseaux. Il faut lire le *Traité d'Oologie* de M. des Murs pour se rendre compte de l'importance que joue en Ornithologie le produit ovarien des oiseaux. Cette collection a tous les avantages; elle tient peu de place et ne demande aucun secours étranger dans sa préparation. Il suffit, pour bien conserver les œufs, qu'ils soient parfaitement vidés. Il y a deux manières d'opérer, la première en faisant deux trous; la seconde en n'en faisant qu'un et en se servant de la pipette en verre. Les trous se font avec une aiguille, et s'arrondissent avec un poinçon à plusieurs pans que l'on roule légèrement dans l'ouverture et au moyen duquel on obtient un trou très rond et de la dimension nécessaire. Si l'on opère au moyen de deux trous, ils se font presque à chaque extrémité de l'œuf, mais un peu sur le côté et toujours sur la moins jolie face. On saisit alors l'œuf par le milieu, entre le pouce et l'index de chaque main, en ne serrant pas trop fort; on souffle par un des trous et le liquide sort par l'autre. Lorsque l'œuf paraît propre, on y insuffle de l'eau, on secoue fortement et on vide de nouveau jusqu'à ce qu'on soit certain qu'il ne reste plus aucun résidu.

Si l'on ne fait qu'une seule ouverture, elle se pratique sur le flanc le moins joli de l'œuf et vers le milieu; on y passe une aiguille afin de mélanger le plus possible le blanc et le jaune, en évitant avec grand soin de rayer l'intérieur de la coquille; puis on y introduit l'extrémité d'une pipette ou chalumeau en verre qui doit être bien effilé et plus petit que le trou; en soufflant dans la pipette, le liquide reflue, et on continue jusqu'à ce que l'œuf paraisse bien vidé; on y introduit alors de l'eau

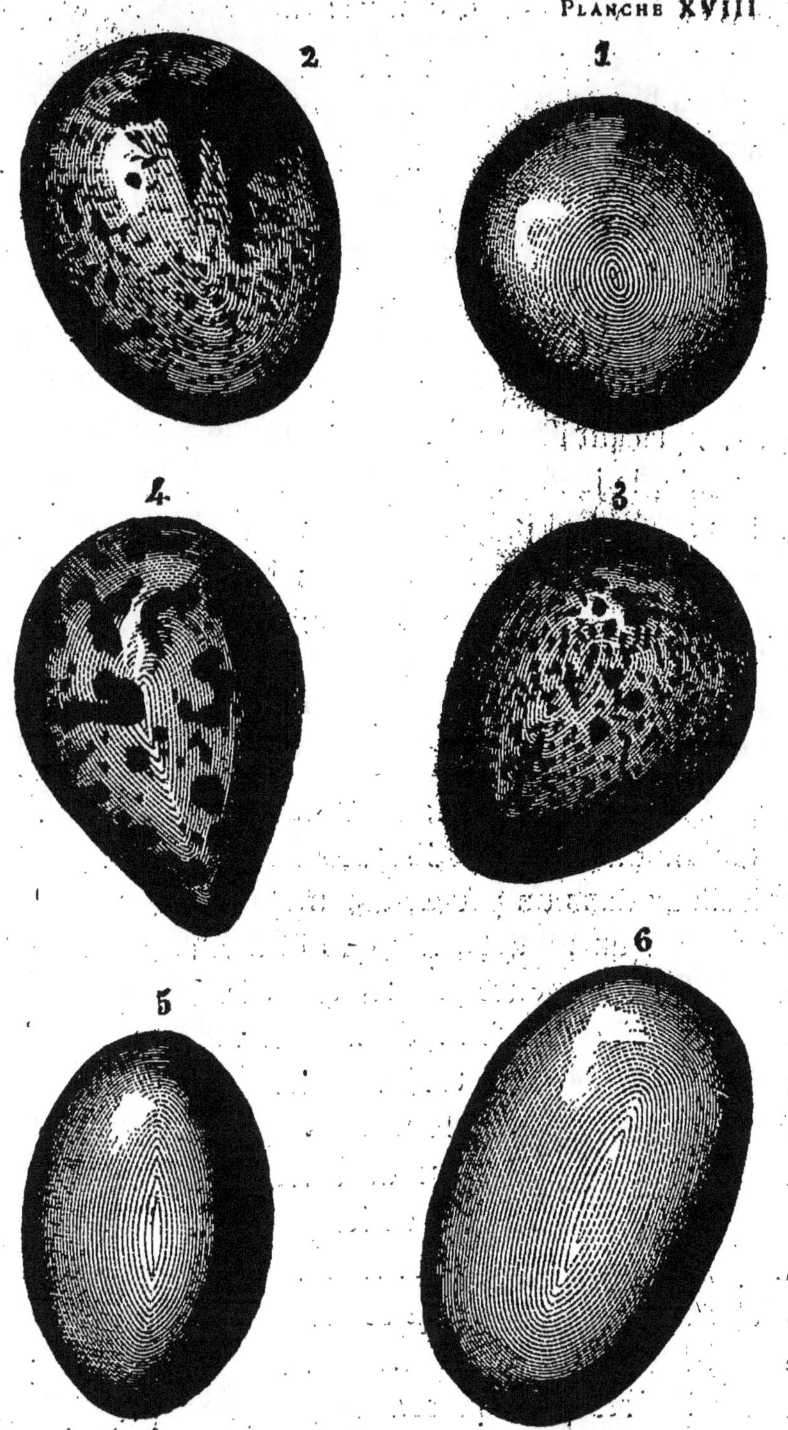

Formes de l'œuf d'après O. des Murs : 1. Sphérique. — 2. Ovalaire. — 3. Ovée. — 4. Ovoïconique. — 5. Elliptique. — 6. Cylindrique.

destinée à bien laver l'intérieur et on l'expulse au moyen de la pipette.

Lorsque les œufs sont couvés, il est nécessaire de faire les trous un peu plus gros; si ces œufs sont suffisamment forts, on peut, avec un petit crochet en fil de fer, retirer par lambeaux le petit oiseau de sa coquille; on peut aussi le laisser se corrompre et, en passant chaque jour de l'eau dans la coquille, arriver à le vider parfaitement. En remplaçant l'eau par une forte dissolution d'alcali fixe de soude, le jeune oiseau se détruira plus vite encore.

Les œufs ainsi préparés sont placés sur un lit de coton dans des boîtes fermées ou dans un meuble à tiroirs, à l'abri de la poussière et du grand jour, dans une pièce sèche et aérée, après avoir toutefois mis légèrement à la plume sur chaque œuf un numéro d'ordre correspondant à un catalogue sur lequel sont inscrits le nom de l'oiseau, le pays de provenance et la date de la prise.

Quand on veut expédier des œufs, on enveloppe chacun d'eux dans un peu de coton et on les range sur un lit de matériaux mollets, tels que filasse, bourre de soie ou autre; on commence par les œufs les plus gros, qui se trouvent ainsi au fond de la boîte, et on continue en ayant soin de mettre toujours une petite garniture entre chaque lit et tout autour de la caisse. Une précaution importante à prendre est de serrer assez les œufs pour éviter le ballottement, et de les placer de façon à ce qu'ils ne puissent se frotter et se rayer. On ne doit dans aucun cas se servir de son ou de sciure de bois dans les emballages. Les petits œufs se rangent à part dans de petites boîtes légères qui se placent dans la caisse principale avec les gros œufs.

J'ai dit que l'état stationnaire où se trouve aujourd'hui l'Ornithologie tenait à une seconde cause, la croyance erronée que cette science n'a plus rien à découvrir. Il y a, en ce moment, environ 10.000 espèces d'oiseaux nommés et décrits dans les nombreux ouvrages spéciaux qui ont paru depuis une centaine d'années, tant en France qu'à l'étranger, et il est certain qu'à part un très petit nombre d'espèces qui ne quittent jamais l'intérieur des grands continents où l'homme blanc n'a pu encore pénétrer, on les connaît à peu près toutes, et à ce point de vue il reste peu de chose à faire. Mais, parce que l'on a décrit telle ou telle espèce, signalé les différences qui caractérisent un état d'âge, une race, une variété, peut-on dire que l'on connaît parfaitement les oiseaux, leurs mœurs, leur régime, leur utilité, leur nocuité ? Assurément non. Le nombre des auteurs qui ont étudié les oiseaux à ce point de vue est très restreint ; en France, je ne connais que M. Lescuyer de Saint-Dizier qui se soit complètement adonné à ce travail, et cependant, cet observateur hors ligne, aussi zélé que consciencieux, n'a pu porter ses recherches que sur trois ou quatre cents espèces seulement de la région qu'il habitait ; qu'on juge d'après cela de ce qui reste à faire dans cet ordre d'idées. Je ne saurais donc trop le dire aux jeunes naturalistes :

« Allez dans les musées, pour apprendre à reconnaître, sans risquer de les confondre, les espèces de la région que vous voulez explorer, et une fois munis de ce bagage scientifique, faites votre voyage et étudiez dans la nature. Si vous savez observer, bientôt vous reconnaîtrez vos favoris à leur chant, à leur vol ; vous remarquerez ce que l'on sait encore si peu, leurs habitudes intimes ou publiques, leurs mœurs, leur nidification, leur nourriture aux différentes époques de l'année, s'ils sont monogames ou polygames, comment ils conduisent leurs petits, comment ils les initient à la vie ; l'époque, les règles des migrations et surtout le rôle que le Créateur leur a assigné. Alors vous ressentirez les grandes joies du naturaliste qui a compris quelques-unes des lois qui régissent tous les êtres et concourent aux admirables harmonies de la nature. »

Je dois cependant reconnaître qu'à l'étranger, particulièrement en Angleterre et en Allemagne, on s'est beaucoup plus qu'en France occupé de l'étude des oiseaux, tant au point de vue de leurs mœurs qu'à celui des services qu'ils nous rendent journellement ; aussi, c'est avec un véritable enthousiasme que fut accueillie, par les naturalistes de tous les pays, l'heureuse initiative prise par le gouvernement d'Autriche-Hongrie, de la réunion à Vienne d'un premier congrès ornithologique qui eut lieu en avril 1884. Un jeune prince, l'héritier du trône, S. A. I. et R. l'archiduc Rodolphe, amateur aussi zélé qu'instruit, animé du feu sacré de la science, s'en fit le protecteur ; à son appel, accoururent de tous les points du globe, les ornithologistes les plus distingués. Malheureusement, la mort est venue frapper prématurément un prince si richement doué, l'espoir de sa race et l'orgueil de la science, et l'enlever subitement à l'affection de tout un peuple et au dévouement des Lorrains qui ont conservé un profond attachement à l'illustre famille dont ils furent les sujets. Ce congrès, organisé sous ces royales auspices, ne pouvait que donner les meilleurs résultats ; de nombreux travaux sur l'Ornithologie y furent discutés, il y eut des récompenses et des encouragements, enfin, on y arrêta un programme qui portait spécialement sur les deux points suivants : 1° Protéger les oiseaux au moyen d'une loi internationale; 2° Établir sur toutes les parties du globe un réseau de stations destinées à des observations ornithologiques.

La conséquence fut l'organisation d'un comité international permanent, siégeant à Vienne et où sont représentées toutes les nations civilisées. MM. Milne Edwards et Oustalet ont l'honneur d'en faire partie au titre français.

Si mes jeunes lecteurs ont compris tout ce qu'il y a encore d'intéressant à apprendre sur les oiseaux, qu'ils ne craignent donc pas de se livrer à l'étude de cette science. En retour de leurs recherches et de leurs travaux, elle leur donnera les jouissances les plus élevées et les plus pures, celles qui prennent leur source dans l'intelligence et dans le cœur!

Et maintenant, charmants oiseaux, vous qui êtes les plus privilégiés des êtres puisque votre simple volonté vous rapproche du ciel, créatures mignonnes qui animez et réjouissez la nature, Troglodytes qui égayez les frimas par votre chant hivernal, Rouge-Gorge familier, avant-coureur du réveil de la nature; Hirondelle, messagère des beaux jours; Rossignol, chantre de l'amour, et vous, douce Perdrix, la plus tendre des mères, prenez sur vos ailes ce petit volume. Puisse-t-il prouver à tous, même à l'ingrat laboureur, que vous êtes la joie, la vie, l'indispensable auxiliaire de ses travaux et vous obtenir partout la protection et l'amour auxquels vous avez droit.

FIN

TABLE DES MATIÈRES

LYON. — IMPRIMERIE PITRAT AÎNÉ, 4, RUE GENTIL

de Kerville, à Rouen ; M. Barthélemy, directeur du service de santé de la marine, à Brest ; MM. Ravenez et Kopff, médecins-majors de l'armée ; M. Montillot, directeur de télégraphie militaire, etc.

En Belgique et en Suisse, M. Léon Fredericq, de l'Université de Liège ; M. Dollo, aide-naturaliste au Muséum de Bruxelles ; M. Herzen, de l'Académie de Lausanne.

Dans le cadre de cette *Bibliothèque* sont comprises toutes les sciences physiques, chimiques, naturelles et médicales.

Parmi les sujets traités, nous signalerons :

En astronomie et en météorologie : *la Prévision du temps, les Phénomènes électriques de l'atmosphère, les Merveilles du ciel.*

En physique : *le Microscope, la Lumière et les Couleurs, les Anomalies de la vision.*

En chimie : *le Lait, la Coloration des vins, les Ferments et les fermentations, les Théories et Notations de la Chimie moderne.*

En applications industrielles des sciences : *la Photographie, la Galvanoplastie et l'Électro-métallurgie, la Navigation aérienne, la Télégraphie moderne.*

En agriculture : *la Truffe, les Abeilles, l'Alcool.*

En minéralogie et en géologie : *les Tremblements de terre, les Vosges, les Minéraux utiles, les Volcans, les Glaciers.*

En paléontologie : *les Ancêtres de nos animaux, les Plantes fossiles l'Origine des arbres cultivés.*

En anthropologie et en archéologie : *les Pygmées, l'Homme avant l'histoire, le Préhistorique en Europe, l'Archéologie préhistorique, l'Égypte au temps des Pharaons.*

En zoologie : *le Transformisme, Sous les mers, les Parasites, les Laboratoires de zoologie marine, la Famille et les Sociétés chez les animaux, les Industries animales, la Lutte pour l'existence chez les animaux marins, les Animaux lumineux, le Monde des oiseaux, les Sens chez les animaux inférieurs.*

En botanique : *la Biologie végétale, la Vie des champignons, la Géographie botanique, la Vigne et le raisin.*

En physiologie : *Magnétisme et hypnotisme, le Somnambulisme provoqué, Double conscience et altérations de la personnalité, le Cerveau et l'Activité cérébrale, la Suggestion mentale, le Monde des rêves, les Variations de la personnalité.*

En hygiène : *Nervosisme et névroses, le Cuivre et le Plomb, les Nouvelles Institutions de bienfaisance, Hygiène des orateurs, Hygiène de la vue.*

En médecine : *le Secret médical, Microbes et maladies, la Folie chez les enfants, Fous et Bouffons, les Frontières de la folie.*

GÉOLOGIE, MINÉRALOGIE, PALÉONTOLOGIE

LES VOSGES

LE SOL ET LES HABITANTS; GÉOGRAPHIE PHYSIQUE,
GÉOLOGIE, MÉTÉOROLOGIE,
CLIMATOLOGIE, FLORE, FAUNE, ARCHÉOLOGIE PRÉHISTORIQUE,
ANTHROPOLOGIE ETHNOGRAPHIE

Par G. BLEICHER

Docteur ès sciences, professeur d'histoire naturelle à l'École de Nancy.

1 vol. in-16, de 320 pages, avec 28 figures. . . . . . 3 fr. 50

LES ANCÊTRES DE NOS ANIMAUX

DANS LES TEMPS GÉOLOGIQUES

Par Albert GAUDRY

Membre de l'Institut, Professeur au Muséum d'histoire naturelle

1 vol. in-16, avec 49 figures. . . . . 3 fr. 50

LES PLANTES FOSSILES

Par B. RENAULT

Aide-naturaliste au Muséum, Lauréat de l'Institut.

1 vol. in-16 de 400 pages avec 53 figures. . . . . . 3 fr. 50

ORIGINE PALÉONTOLOGIQUE DES ARBRES CULTIVÉS

OU UTILISÉS PAR L'HOMME

Par G. de SAPORTA

Correspondant de l'Institut.

1 vol. in-16, avec 44 figures. . . . . 3 fr. 50

LES TREMBLEMENTS DE TERRE

Par FOUQUÉ

Membre de l'Institut. Professeur au Collège de France.

1 vol. in-16, avec 16 figures. . . . . 3 fr. 50

MINÉRAUX UTILES ET EXPLOITATION DES MINES

Par Louis KNAB

Ingénieur, répétiteur à l'École centrale des Arts et manufactures.

1 vol. in-16, de 392 pages, avec 74 figures. . . . . . 3 fr. 50

ENVOI FRANCO CONTRE UN MANDAT POSTAL

ANTHROPOLOGIE ET ARCHÉOLOGIE

LE PRÉHISTORIQUE EN EUROPE

CONGRÈS, MUSÉES, EXCURSIONS

Par G. COTTEAU

1 vol. in-16, avec 87 figures. . . . . 3 fr. 50

LES PYGMÉES

LES PYGMÉES DES ANCIENS, LES NÉGRITOS
ET LES NÉGRILLES, LES HOTTENTOTS ET LES BOSCHIMANS

Par A. de QUATREFAGES

Membre de l'Institut, Professeur au Muséum

1 vol. in-16, de 350 pages, avec 31 figures. . . . . . 3 fr. 50

ARCHÉOLOGIE PRÉHISTORIQUE

Par le baron J. de BAYE

1 vol. in-16 de 340 pages, avec 51 figures. . . . . . 3 fr. 50

L'HOMME AVANT L'HISTOIRE

Par Charles DEBIERRE

Professeur à la Faculté de Lille.

1 vol. in-16, avec 84 figures. . . . . 3 fr. 50

L'ÉGYPTE AU TEMPS DES PHARAONS

LA VIE, LA SCIENCE ET L'ART

Par Victor LORET

Maître de conférences à la Faculté de Lyon.

1 vol. in-16, avec 18 figures. . . . . 3 fr. 50

ZOOLOGIE

LE MONDE DES OISEAUX

SCÈNES D'APRÈS NATURE

Par le baron d'HAMONVILLE

1 vol. in-16, avec figures. . . . . 3 fr. 50

LES INDUSTRIES DES ANIMAUX

Par Fréd. HOUSSAY

Maître de conférences à l'École normale

1 vol. in-16, avec 50 figures. . . . . 3 fr. 50

LA LUTTE POUR L'EXISTENCE

CHEZ LES ANIMAUX MARINS

Par L. FREDERICQ

Professeur de physiologie à l'Université de Liége

1 vol. in-16, avec 37 figures. . . . . 3 fr. 50

LE TRANSFORMISME

Par Edmond PÉRIER

Professeur au Muséum.

1 vol. in-16, avec 87 figures. . . . . 3 fr. 50

LES VÉGÉTAUX ET LES ANIMAUX LUMINEUX

Par H. GADEAU de KERVILLE

1 vol. in-16, avec 50 figures. . . . . 3 fr. 50

LES SENS CHEZ LES ANIMAUX INFÉRIEURS

Par E. JOURDAN

Professeur à la Faculté de Marseille.

1 vol. in-16, avec 50 figures. . . . . 3 fr. 50

LES SCIENCES NATURELLES

ET LES PROBLÈMES QU'ELLES FONT SURGIR

Par Th. HUXLEY

Membre de la Société royale de Londres

1 vol. in-16 de 503 pages. . . . . 3 fr. 50

SOUS LES MERS

CAMPAGNES D'EXPLORATIONS SOUS-MARINES

Par le marquis de FOLIN

1 vol. in-16, avec 45 figures. . . . . 3 fr. 50

LES PARASITES DE L'HOMME

ANIMAUX ET VÉGÉTAUX

Par R.-L. MONIEZ

Professeur à la Faculté de Lille.

1 vol. in-16, avec 72 figures. . . . . 3 fr. 50

LES ABEILLES

ORGANES ET FONCTIONS, ÉDUCATION ET PRODUITS, MIEL ET CIRE

Par Maurice GIRARD

Docteur ès sciences naturelles.

Deuxième édition.

1 vol. in-16, avec 30 figures et 1 planche coloriée. . . 3 fr. 50

ENVOI FRANCO CONTRE UN MANDAT POSTAL

BOTANIQUE ET AGRICULTURE

LA BIOLOGIE VÉGÉTALE
Par P. VUILLEMIN
Chef des travaux d'histoire naturelle à la Faculté de Nancy.

1 vol. in-16 de 380 pages, avec 83 figures. . . . . . 3 fr. 50

LA TRUFFE
ÉTUDE SUR LES TRUFFES ET LES TRUFFIÈRES
Par le docteur FERRY de la BELLONE

1 vol. in-16, avec 21 figures et 1 eau-forte. . . . . . 3 fr. 50

LA VIGNE ET LE RAISIN
HISTOIRE BOTANIQUE ET CHIMIQUE, EFFETS PHYSIOLOGIQUES ET THÉRAPEUTIQUES
Par le docteur HERPIN

1 vol. in-16, de 362 pages. . . . . 3 fr. 50

ASTRONOMIE ET MÉTÉOROLOGIE

PHÉNOMÈNES ÉLECTRIQUES DE L'ATMOSPHÈRE
Par G. PLANTÉ
Lauréat de l'Institut.

1 vol. in-16, avec 50 figures. . . . . 3 fr. 50

LA PRÉVISION DU TEMPS
ET LES PRÉDICTIONS MÉTÉOROLOGIQUES
Par G. DALLET

1 vol. in-16 de 336 pages, avec 39 figures. . . . . . 3 fr. 50

LES MERVEILLES DU CIEL
Par G. DALLET

1 vol. in-16 de 372 pages, avec 74 figures. . . . . 3 fr. 50

ENVOI FRANCO CONTRE UN MANDAT POSTAL

CHIMIE

LE LAIT

ÉTUDES CHIMIQUES ET MICROBIOLOGIQUES

Par DUCLAUX

Professeur à la Faculté des sciences de Paris.

1 vol. in-16 de 336 pages, avec figures. . . . . . . 3 fr. 60

LES THÉORIES ET LES NOTATIONS DE LA CHIMIE
MODERNE

Par Antoine de SAPORTA

Introduction par **C. FRIEDEL**, membre de l'Institut

1 vol. in-16. . . . . 3 fr. 50

LA COLORATION DES VINS

PAR LES COULEURS DE LA HOUILLE. MÉTHODES ANALYTIQUES
ET MARCHE SYSTÉMATIQUE
POUR RECONNAITRE LA NATURE DE LA COLORATION

Par P. CAZENEUVE

Professeur à la Faculté de Lyon.

1 vol. in-16, avec 1 planche. . . . . 3 fr. 50

FERMENTS ET FERMENTATIONS

ÉTUDE BIOLOGIQUE DES FERMENTS. ROLE DES FERMENTATIONS
DANS LA NATURE ET DANS L'INDUSTRIE

Par Léon GARNIER

Professeur à la Faculté de Nancy.

1 vol. in-16, avec 65 figures. . . . . 3 fr. 50

L'ALCOOL

AU POINT DE VUE CHIMIQUE, AGRICOLE, INDUSTRIEL,
HYGIÉNIQUE ET FISCAL

Par A. LARBALETRIER

Professeur à l'École d'Agriculture du Pas-de-Calais.

1 vol. in-16, avec 62 figures. . . . . 3 fr. 50

ENVOI FRANCO CONTRE UN MANDAT POSTAL

PHYSIQUE

LE MICROSCOPE

ET SES APPLICATIONS A L'ÉTUDE DES ANIMAUX ET DES VÉGÉTAUX

Par Ed. COUVREUR

Chef des Travaux de physiologie à la Faculté des Sciences de Lyon.

1 vol. in-16, avec 112 figures. . . . . 3 fr. 50

LA LUMIÈRE ET LES COULEURS

AU POINT DE VUE PHYSIOLOGIQUE

Par Aug. CHARPENTIER

Professeur à la Faculté de Nancy.

1 vol. in-16, avec 22 figures. . . . . 3 fr. 50

LES ANOMALIES DE LA VISION

Par IMBERT

Professeur à la Faculté de Montpellier

Introduction par **E. JAVAL**, membre de l'Académie de médecine.

1 vol. in-16 de 363 pages, avec 48 figures. . . . . . 3 fr. 50

LES COULEURS

AU POINT DE VUE PHYSIQUE, PHYSIOLOGIQUE, ARTISTIQUE ET INDUSTRIEL

Par E. BRUCKE

Professeur à l'Université de Vienne.

1 vol. gr. in-8 de 344 pages avec, 46 figures. . . . 3 fr. 50

ART MILITAIRE

L'ARTILLERIE ACTUELLE

EN FRANCE ET A L'ÉTRANGER, CANONS, FUSILS, POUDRES ET PROJECTILES

Par le Colonel GUN

1 vol. in-16, avec 96 figures. . . . . 3 fr. 50

L'ÉLECTRICITÉ

APPLIQUÉE A L'ART MILITAIRE

Par le Colonel GUN

1 vol. in-16, avec figures. . . . . 3 fr. 50

ENVOI FRANCO CONTRE UN MANDAT POSTAL

INDUSTRIE

LA LUMIÈRE ÉLECTRIQUE

GÉNÉRATEURS, FOYERS, DISTRIBUTION, APPLICATIONS

Par L. MONTILLOT

Directeur de télégraphie militaire.

1 vol. in-16 de 406 pages, avec 190 figures. . . . . . 3 fr. 50

LA PHOTOGRAPHIE

ET SES APPLICATIONS AUX SCIENCES, AUX ARTS ET A L'INDUSTRIE

Par Julien LEFÈVRE

Professeur à l'École des sciences

1 vol. in-16, avec 93 figures et 3 photographies. . . . 3 fr. 50

LA GALVANOPLASTIE

LE NICKELAGE, LA DORURE, L'ARGENTURE
T L'ÉLECTRO-MÉTALLURGIE

Par E. BOUANT

Agrégé des Sciences physiques

1 vol. in-16, avec 34 figures. . . . . 8 fr. 50

LA NAVIGATION AÉRIENNE

ET LES BALLONS DIRIGEABLES

Par H. de GRAFFIGNY

1 vol. in-16 de 344 pages, avec 43 figures. . . . . . 3 fr. 50

LA TÉLÉGRAPHIE ACTUELLE

EN FRANCE ET A L'ÉTRANGER
LIGNES, RÉSEAUX, APPAREILS, TÉLÉPHONES

Par L. MONTILLOT

Directeur de Télégraphie militaire,

1 vol. in-16 de 334 pages, avec 131 figures. . . . . . 3 fr. 50

ENVOI FRANCO CONTRE UN MANDAT POSTAL

PHYSIOLOGIE

L'ÉVOLUTION DU SYSTÈME NERVEUX
Par H. BEAUNIS
Professeur de physiologie à la Faculté de Nancy.
1 vol. in-16, avec 60 figures. . . . . 3 fr. 50

LA SCIENCE EXPÉRIMENTALE
Par Claude BERNARD
Membre de l'Institut.
1 vol. in-16 de 449 pages, avec 19 figures. . . . . . 3 fr. 50

MAGNÉTISME ET HYPNOTISME
EXPOSÉ DES PHÉNOMÈNES OBSERVÉS PENDANT LE SOMMEIL NERVEUX PROVOQUÉ
AVEC UN RÉSUMÉ HISTORIQUE DU MAGNÉTISME ANIMAL
Par le docteur A. CULLERRE
1 vol. in-16 de 358 pages, avec 28 figures. . . . . . 3 fr. 50

HYPNOTISME, DOUBLE CONSCIENCE
ET ALTÉRATIONS DE LA PERSONNALITÉ
Par le docteur AZAM
Professeur à la Faculté de médecine de Bordeaux
1 vol. in-16, avec figures. . . . . 3 fr. 50

VARIATIONS DE LA PERSONNALITÉ
Par les docteurs H. BOURRU et P. BUROT
Professeurs à l'École de médecine de Rochefort.
1 vol. in-16, avec 15 photogravures. . . . . 3 fr. 50

LA SUGGESTION MENTALE
ET L'ACTION A DISTANCE DES SUBSTANCES TOXIQUES ET MÉDICAMENTEUSES
Par les docteurs H. BOURRU et P. BUROT
Professeurs à l'École de médecine de Rochefort.
1 vol. in-16, avec 10 photogravures. . . . . 3 fr. 50

ENVOI FRANCO CONTRE UN MANDAT POSTAL

LE SOMNAMBULISME PROVOQUÉ
ÉTUDES PHYSIOLOGIQUES ET PSYCHOLOGIQUES
Par H. BEAUNIS
Professeur à la Faculté de Nancy.

1 vol. in-16, avec figures. . . . . 3 fr. 50

LE CERVEAU ET L'ACTIVITÉ CÉRÉBRALE
AU POINT DE VUE PSYCHO-PHYSIOLOGIQUE
Par A. HERZEN
Professeur à l'Académie de Lausanne.

1 vol. in-16. 3 fr. 50

LE MONDE DES RÊVES
LE RÊVE, L'HALLUCINATION, LE SOMNAMBULISME ET L'HYPNOTISME, L'ILLUSION, LES PARADIS ARTIFICIELS, LE RACLE, LE CERVEAU ET LE RÊVE
Par le docteur P. Max SIMON
Médecin de l'Asile public des aliénés de Lyon

1 vol. in-16, de 325 pages. . . . . 3 fr. 50

LA VIE ET SES ATTRIBUTS
DANS LEUR RAPPORT AVEC LA PHILOSOPHIE ET LA MÉDECINE
Par E. BOUCHUT
Professeur agrégé à la Faculté de Paris.

1 vol. in-16, de 444 pages. . . . . 3 fr. 50

LE GÉNIE, LA RAISON ET LA FOLIE
LE DÉMON DE SOCRATE,
APPLICATION DE LA SCIENCE PSYCHOLOGIQUE A L'HISTOIRE
Par L.-F. LELUT
Membre de l'Institut.

1 vol in-16, de 348 pages. . . . . 3 fr. 50

HYGIÈNE

LES EXERCICES DU CORPS
ET LE DÉVELOPPEMENT DE LA FORCE ET DE L'ADRESSE
Par E. COUVREUR
Chef des travaux de Physiologie à la Faculté des sciences de Lyon
1 vol. in-16. avec 75 figures. . . . . 3 fr. 50

L'HYGIÈNE A L'ÉCOLE
PÉDAGOGIE SCIENTIFIQUE
Par le Docteur A. COLLINEAU
Professeur aux cours normaux de la Société pour l'instruction élémentaire.
1 vol. in-16 de 314 pages avec 50 figures. . . . . . 3 fr. 50

LE SURMENAGE INTELLECTUEL
ET LES EXERCICES PHYSIQUES
Par le docteur A. RIANT
Professeur d'hygiène à l'École normale de la Seine
1 vol. in-16 de 320 pages. . . . . 3 fr. 50

LA VIE DU SOLDAT
AU POINT DE VUE DE L'HYGIÈNE
Par le docteur RAVENEZ
Médecin-major à l'École de Saumur
1 vol. in-16 de 375 pages, avec 55 figures. . . . . . 3 fr. 50

NERVOSISME ET NÉVROSES
HYGIÈNE DES ÉNERVÉS ET DES NÉVROPATHES
Par le docteur CULLERRE
1 vol. in-16, de 352 pages. . . . . 3 fr. 50

LES NOUVELLES INSTITUTIONS DE BIENFAISANCE
LES DISPENSAIRES POUR ENFANTS MALADES, L'HOSPICE RURAL
Par le docteur A. FOVILLE
1 vol. in-16, avec 10 planches. . . . . 3 fr. 50

HYGIÈNE DE LA VUE
Par les docteurs X. GALEZOWSKY et KOPFF
1 vol. in-16 de 328 pages, avec 44 figures. . . . . . 3 fr. 50

ENVOI FRANCO CONTRE UN MANDAT POSTAL

L'ALCOOLISME

DANGERS ET INCONVÉNIENTS POUR LES INDIVIDUS, LA FAMILLE ET LA SOCIÉTÉ
MOYENS DE MODÉRER LES RAVAGES DE L'IVROGNERIE
Par le Docteur BERGERET

1 vol. in-16 de 380 pages. . . . . 3 fr. 50

LE CUIVRE ET LE PLOMB

DANS L'ALIMENTATION ET L'INDUSTRIE, AU POINT DE VUE DE L'HYGIÈNE
Par A. GAUTIER
Professeur à la Faculté de médecine de Paris.

1 vol. in-16. . . . . 3 fr. 50

L'EXAMEN DE LA VISION

DEVANT LES CONSEILS DE REVISION ET DE RÉFORME DANS LA MARINE ET DANS L'ARMÉE
ET DEVANT LES COMMISSIONS DE CHEMIN DE FER
Par le docteur BARTHÉLEMY
Directeur du service de Santé de la marine à Brest.

1 vol. in-16, avec 17 figures et 3 planches coloriées. . 3 fr. 50

LA GOUTTE ET LES RHUMATISMES

PAR LES DOCTEURS
J.-H. RÉVEILLÉ-PARISE et   **Ed. CARRIÈRE**
Membre de l'Académie de médecine   Lauréat de l'Institut.

1 vol. in-16. . . . . 3 fr. 50

HYGIÈNE DE L'ESPRIT

PHYSIOLOGIE ET HYGIÈNE DES HOMMES LIVRÉS AUX TRAVAUX INTELLECTUELS
PAR LES DOCTEURS
J.-H. RÉVEILLÉ-PARISE et   **Ed. CARRIÈRE**
Membre de l'Académie de médecine   Lauréat de l'Institut

1 vol. in-16 de 435 pages. . . . . 3 fr. 50

HYGIÈNE DES GENS DU MONDE

Par Al. DONNÉ

1 vol. in-16 de 448 pages. . . . . 3 fr. 50

HYGIÈNE DES ORATEURS

HOMMES POLITIQUES, MAGISTRATS, AVOCATS, PRÉDICATEURS, PROFESSEURS,
ARTISTES, ET DE TOUS CEUX QUI SONT APPELÉS A PARLER EN PUBLIC
Par le docteur RIANT

1 vol. in-16. . . . . 3 fr. 50

MÉDECINE

LE SECRET MÉDICAL
Par P. BROUARDEL
Doyen de la Faculté de médecine de Paris.

1 vol. in-16. . . . . 3 fr 50

LES FRONTIÈRES DE LA FOLIE
Par le docteur CULLERRE

1 vol. in-16 de 360 pages. . . . . 3 fr. 50

LES IRRESPONSABLES
DEVANT LA JUSTICE
Par le Docteur A. RIANT

1 vol. in-16. . . . . : . . . 3 fr. 50

MICROBES ET MALADIES
Par le Docteur J. SCHMITT
Professeur agrégé à la Faculté de Nancy

1 vol. in-16, avec 24 figures. . . . . 3 fr. 50

LA FOLIE CHEZ LES ENFANTS
Par le Docteur Paul MOREAU (de Tours).

1 vol. in-16. . . . . 3 fr. 50

FOUS ET BOUFFONS
ÉTUDE PHYSIOLOGIQUE, PSYCHOLOGIQUE ET HISTORIQUE
Par le docteur Paul MOREAU (de Tours)
Deuxième édition

1 vol. in-16 de 444 pages. . . . . 3 fr. 50

LES PANSEMENTS MODERNES
LE PANSEMENT OUATÉ ET SON APPLICATION A LA THÉRAPEUTIQUE CHIRURGICALE

Par le Docteur Al. GUÉRIN
Ancien Président de l'Académie de médecine

1 vol. in-16 de 392 pages, avec figures. . . . . . 3 fr. 50

ENVOI FRANCO CONTRE UN MANDAT POSTAL

OPINION DE LA PRESSE

Les applications de la science, sinon la science elle-même, se renouvellent et se multiplient aujourd'hui si rapidement, que la publication d'une nouvelle bibliothèque scientifique était assurée de répondre à un besoin véritable. C'est dans cette pensée que MM. J.-B. Baillière et fils ont entrepris la publication de la *Bibliothèque scientifique contemporaine*. D'un format commode et d'un prix modique, elle s'adresse à tous ceux qui, désireux de ne pas rester étrangers au mouvement scientifique de leur époque, n'ont ni le temps ni la facilité de courir aux sources.

On craint toujours dans une publication de ce genre que, pour mieux vulgariser, on ne sacrifie quelque peu l'exactitude et la précision scientifiques. Nous avons été très heureusement surpris en parcourant les volumes déjà parus de cette collection, de voir que cette crainte n'était nullement justifiée. Ces petits livres sont beaucoup mieux que des œuvres de vulgarisation dans le sens ordinaire du mot ; ce sont de vrais traités scientifiques, souvent originaux, sérieusement écrits et que les hommes d'étude consulteront souvent avec fruit.

(Cosmos. Rev. des sc. et de leurs appl., 27 octobre 1888.)

Quand les savants qui ont travaillé à faire avancer la science veulent bien travailler aussi à la répandre, ils se montrent généralement des vulgarisateurs hors ligne, par cette raison que pour vulgariser il faut connaître à fond, et qu'on ne connaît bien les difficultés d'un sujet que lorsqu'on s'est efforcé de les résoudre. Les personnes qui s'intéressent aux progrès de la science, comme les savants de profession, auront donc plaisir et profit à la lecture des volumes de la *Bibliothèque scientifique contemporaine* : les premières y trouveront de la science sérieuse sous une forme lucide et élégante qui fait de ces livres non seulement des œuvres de vulgarisation, mais encore et plutôt des œuvres d'initiation à des méthodes et à des recherches dont ils développent le goût et la curiosité ; et les savants aussi aimeront à revoir, avec l'expression même que leur a donnée leur auteur, les théories qui leur sont familières, et à retrouver, à côté des faits acquis de la science fixée, toutes les prévisions de la science pressentie que l'avenir devra plus tard justifier. *(Revue scientifique.)*

Les sciences ont fait de rapides progrès. Les savants n'ont pas besoin qu'on leur décrive ce mouvement, qui est leur œuvre ; mais les gens du monde, les personnes à l'esprit cultivé ne sauraient le contempler avec indifférence. C'est dans le but de mettre à leur portée les dernières acquisitions de la science que la Librairie J.-B. Baillière et Fils a fondé la *Bibliothèque scientifique contemporaine:* en quelques pages d'une lecture facile, les hommes spéciaux y exposent les questions nouvelles, à la solution desquelles ils ont contribué. *(Revue des Deux Mondes.)*

Les gens du monde sont gens heureux, chacun s'empresse à leur faciliter l'accès des sciences qui resteraient lettre close pour eux, si toujours ne se rencontraient écrivains et éditeurs désireux de récolter leurs suffrages. La *Bibliothèque scientifique contemporaine* est la preuve de ce fait. Nous suivons avec intérêt son développement, car nous sommes de ceux qui pensent que la science ne perd pas à être vulgarisée, et que, lorsque ses admirateurs seront plus nombreux, la haute culture à laquelle chaque nation doit tendre n'en sera que plus certaine. *(Moniteur scient.)*

ENVOI FRANCO CONTRE UN MANDAT POSTAL

N. 440   LYON. — IMP. PITRAT AÎNÉ — 1890.